高等教育高职高专园林景观类『十二五』规划教材

园林工程技术与施工管理

郑燕宁 江芳 薛君艳 编著

中国水利水电出版社

www.waterpub.com.cn

内 容 提 要

本教材作为院级精品课程，按照高职院校的教学模式将内容分为三大模块，模块一是园林工程技术应用，模块二是园林施工管理技术应用，模块三是园林工程与施工管理实训指导。本教材的编写加强学生对园林施工等应用型技能的阐述，突出对学生实践操作能力的训练和培养。

本教材的编写，注重工学结合，更贴近企业与市场要求，内容新颖独特，具有很好的实用性、广泛性，体现明显的高职特色。

本教材适合高职高专园林专业、环艺专业、景观设计专业师生使用，也可供企业行业园林施工员资格证书考证培训学生自学、参考。

图书在版编目（CIP）数据

园林工程技术与施工管理 / 郑燕宁，江芳，薛君艳编著. -- 北京 : 中国水利水电出版社，2014.3（2021.6重印）
普通高等教育高职高专园林景观类"十二五"规划教材

ISBN 978-7-5170-1863-6

Ⅰ . ①园⋯ Ⅱ . ①郑⋯ ②江⋯ ③薛⋯ Ⅲ . ①园林－工程施工－施工管理－高等职业教育－教材 Ⅳ . ①TU986.3

中国版本图书馆CIP数据核字（2014）第061582号

书　　名	普通高等教育高职高专园林景观类"十二五"规划教材 **园林工程技术与施工管理**
作　　者	郑燕宁　江芳　薛君艳　编著
出版发行	中国水利水电出版社
	（北京市海淀区玉渊潭南路 1 号 D 座　100038）
	网址：www.waterpub.com.cn
	E－mail：sales@waterpub.com.cn
	电话：（010）68367658（营销中心）
经　　售	北京科水图书销售中心（零售）
	电话：（010）88383994、63202643、68545874
	全国各地新华书店和相关出版物销售网点
排　　版	中国水利水电出版社微机排版中心
印　　刷	天津嘉恒印务有限公司
规　　格	210mm×285mm　16 开本　13.25 印张　392 千字
版　　次	2014 年 3 月第 1 版　2021 年 6 月第 3 次印刷
印　　数	5001—8000 册
定　　价	**45.00 元**

凡购买我社图书，如有缺页、倒页、脱页的，本社营销中心负责调换

前言
Preface

　　本教材依据教育部精品课程的高标准要求，确定了本教材的主要核心目标、任务和岗位要求，为了对学生和读者的学习、研究和实际工作有所帮助，本教材全面吸收了园林工程技术及施工管理技术方面的最新研究内容、研究趋势和研究方向，收集了园林工程及施工管理方面的相关法规、条例，针对高职人才培养模式的要求，结合高职园林专业的教学特点，利用大量的企业实例和学生课题中的实用步骤与方法，突出对学生实践操作能力的训练和培养，加强学生对园林施工等应用型技能的阐述。目前，编者所讲授的该门课程已被评为顺德职业技术学院的院级精品课程。本教材所遵循的工学结合更贴近企业与市场要求，教材内容新颖独特，具有很好的实用性、广泛性。

　　本教材由顺德职业技术学院的专业教师和杨凌职业技术学院老师共同编写，按照高职院校的教学模式把内容分为三大模块：模块一是园林工程技术应用；模块二是园林施工管理技术应用；模块三是园林工程与施工管理实训指导。其中模块一包括园林工程概述、园林工程建设程序、土方工程应用、园林给排水工程应用、水景工程应用、园路工程应用、假山工程应用、园林供电应用、园林建设工程概算与预算应用等任务；模块二包括园林绿化工程合同书的起草与鉴订应用、园林施工方案与计划的编制应用、植树工程的施工组织应用、草坪的施工与管理应用、花卉与花坛的施工与管理应用等任务；模块三包括土方工程、园路工程、水景工程、假山工程、园林照明工程、园林植物种植工程等任务实训。

　　本教材编写分工：模块一的项目一至项目五及模块三由顺德职业技术学院郑燕宁副教授完成，模块一的项目六至项目九和模块二的项目二由顺德职业技术学院的江芳副教授完成，模块二的项目一和项目三至项目五由杨凌职业技术学院的薛君艳老师完成。本教材在编写过程中参考了大量的专著和教材，在论述过程中引用了一些国内外的设计实例及图片，在此对这些作品的著者表示感谢！由于编者的水平有限，书中疏漏之处在所难免，敬请专家、读者提出宝贵意见，批评指正。

编　者

2013.09

● 目 录 ‖
Contents ‖

模块三　园林工程与施工管理实训指导

绪　　论

一、引言

（一）性质和地位

随着社会、经济的飞速发展，如何改善人类生活的环境质量，成为人们研究的热点，城市建设和绿化服务行业迅猛发展，对园林工程技术与施工管理专业人才，特别是园林专业高质量设计人才的需求量日益增加。因此，本教材的培养目标是面向生产、建设、管理、服务第一线的高素质、高技能的园林专业人才。

针对园林技术专业实践性强的教学条件、学生一专多能的特色和社会对高等学校园林专业人才要求等特点，配合职业教育的任务，本教材构建了园林工程技术与施工管理的课程体系，根据面向生产、建设、管理、服务第一线的高素质、高技能人才的培养目标，探讨如何在最大限度地发挥园林综合功能的前提下，解决园林中的工程建筑物、构筑物和园林风景的矛盾统一问题。旨在让学生掌握工程原理、工程设计、制作模型和指导现场施工等方面的技能，把科学性、技术性和艺术性相结合，创造出技艺合一、既经济实用又美观的好作品，达到中级施工员的技能要求。园林工程技术与施工管理是园林专业培养职业能力的核心专业课程，该课程在园林人才的知识结构、分析问题、解决问题的能力及素质培养过程中占据重要地位。

（二）基本理念

（1）教材内容与企业实践紧密结合，以职业活动来引导组织教学。

（2）强调以园林实际项目为载体来设计园林实践教学活动，以工作结构为主线整合理论和实践。

（3）园林工程实行"行动领域"工作过程，即资讯（调查现状、前期设计资料分析）——计划（施工组织设计）——决策（施工组织实施）——实施（项目施工表现）——检查（项目研讨汇报）——评估（企业与学校共同评价）。

（三）标准制定的原则

教学标准制定遵循的基本原则是在保证掌握应知应会内容的前提下，注意与国家职业资格标准相衔接，强调其实用性和可操作性，适当精减理论授课时间，增加实践教学环节内容，充分反映就业岗位对该门课程的能力需求，紧密结合职业岗位能力建设的需要，与专业课程教学形成呼应，突出重点和难点。新制定体现实践性适用的项目式课程教学标准，使教师组织教学方向更明确更具针对性，与专业人才培养目标更具呼应性。

二、目标

（一）总体目标

《园林工程技术与施工管理》课程教学始终坚持以学生为中心、以任务为中心的原则，在以项目教学为主要特征的学习情境中让园林专业的学生，不仅掌握园林工程技术与施工管理相关的基础专业知识，更是从实际项目的运作过程中去结合实践的技能操作，掌握一种知识的应用和创新，全方位激发学生积极性，培养高素质的园林技术技能人才。

1. 知识与技能领域方面

(1) 了解园林工程技术与施工管理土方施工的内容。

(2) 了解园林给排水、水景工程、园路工程、假山工程、园林供电等设计施工的内容。

(3) 了解园林建设工程概算与预算。

(4) 了解园林机械的基本知识。

(5) 掌握土方工程计算。

2. 过程与方法、情感态度领域

学生能够参加工学结合的行动导向的项目教学，正确遵守行业规范，激发学生的学习主动性、参与性，增强学生的自我管理能力以及管理他人的能力，并具有尊重岗位、尊重他人的精神，特别是团体的协作性和较强的合作精神。

3. 价值观领域

使学生成为德、智、体全面发展、热爱祖国、坚持三个"代表"、坚持四项基本原则、具有社会责任感和事业心、树立正确的人生观、价值观的园林专业人才。

4. 职业资格证书

通过学习可取得的职业资格证书有中级施工员以及初级景观设计师。

（二）学段目标

第一模块（第五学期）——园林项目的施工图设计。

第二模块（第五学期）——园林工程技术与施工管理基本施工方法和工序。

第三模块（第五学期）——园林项目的施工管理。

三、内容标准

内容标准如表 0-1 所示。

表 0-1
内 容 标 准

项目	模 块	内 容	学时数
1	模块一 园林工程技术应用	园林项目的施工图设计	32
		(1) 顺德学院江滨公园局部施工图现场设计与施工（现场指导）。 (2) 广州张宅庭院施工图设计与绘制（独立）	32
2	模块二 园林施工管理技术应用	园林工程基本施工方法和工序	20
		(1) 顺德学院江滨公园现场施工组织方案编制与施工。 (2) 广州张宅庭院施工组织方案编制	12
3	模块三 园林工程与施工管理实训指导	(1) 顺德学院江滨公园现场施工与指导。 (2) 广州张宅庭院休息亭的模型制作。 课程考察项目（2天）: (1) 佛山梁园实地考察。 (2) 番禺余荫山房实地	2 周
合计			96＋2 周

职业行动能力：

　　进行园林工程施工图的设计；

　　进行园林工程的预结算；

　　进行园林工程土方施工；

　　进行园林给排水、水景工程、园路工程、假山工程操作；

　　安排组织园林工程施工的工序；

　　进行园林绿化工程合同书的起草与签订；

　　园林施工进度安排与工程管理

专 业 内 容	教学论与方法论建议
园林施工图； 园林工程的预结算； 园林工程基本施工方法和工序计划； 园林绿化工程合同书； 项目设计的施工管理程序与规章	分析、草拟实际项目工程合同； 进行实际项目的园林施工图设计，图设计进行现场施工放线和土方等操作； 进行现场园林施工进度安排与工程管理的安排； 进行现场的园林给排水、水景工程、园路工程、假山工程操作； 进行实际项目的预算计算

四、实施建议

（一）教材编写建议

（1）开展教材改革，建立以项目活动为中心、以项目单元为主要结构形式，吸纳和更新知识点和技能点，编写适合的教材与实验实训指导书。形成工学结合高职特色的教材体系。

（2）注重教材内容的前瞻性、实践性和系统性，注重教材建设的系统配套和不断更新。编写的教材和实践项目配套参考资料，结构更合理，体系更完整，教学内容更具系统性、新颖性和可操作性，满足园林类专业人才培养目标的教学要求，充分反映最新的科研动态和企业实践新成果，有效地帮助教师授课和学生学习，对知识的理解和掌握更有帮助。

（3）打破以纸质为主的单一的、平面的、静态的教材形式，变为立体化、动静结合、多种介质组合的形式。

（二）教学要求

1. 注意生源特点

课程内容的教学注意高职生源结构特点，发挥学生主体作用，以"从实践到理论再到实践"的模式安排课程内容顺序。通过项目式课程内容体系与项目式教学法，提高学生学习的兴趣，让他们"有意义地"掌握这些知识，有效培养学生的能力。改革传统的教学方法——学生被动学习的弊病，充分调动学生的学习兴趣和参与意识，提高学生分析解决实际问题的能力，充分体现职业技术教育以培养受教育者操作技能为主的特色，有利于充分发挥学生学习主体的作用，培养学生的自学能力、观察能力、动手能力、研究和分析问题的能力、协作和互助能力、交际和交流能力、生活和生存的能力。在项目进行过程当中，学生必须自己查找资料、独立制定项目完成计划、项目实施计划，还必须自我评价项目完成情况，这可以培养学生的独立性和主动性。将园林企业、园林项目的建设单位等引入本教材的教学过程中来，充分发挥学生学习主体的作用，突出技能的训练以及与生产和生活实践的结合，有效提高学生的学习兴趣和参与意识。

2. 教法与学法改革

教法上以项目教学法为主，灵活运用任务驱动法、探究式教学、发现式教学、问题式教学、情境式教学、支架式教学、讨论式教学、合作教学、案例教学、随机访问教学等多种教学方法开展本课题教学改革。根据课程性质、教学内容和学生的特点，创造性地进行教学设计，恰当地运用必要的现代教育技术和信息资源，寻求适当的教学方式、方法来组织实施研究性课堂教学，努力提高教学质量。

学习引导上，以项目学习法的形式把学生融入有意义的任务完成的过程中，让他在经历中获得经验和知识，使学生积极地学习、自主地进行知识的建构。通过激发学生学习兴趣，培养学习能力，能力提高反过来会激起更高的学习兴趣。

3. 教学建议

教学方法摆脱了学科体系的束缚，而采用工学结合的最新案例与实际项目以及以项目任务为中心来调整新的教学方法。强调系统学习与实践学习的有机结合，来实现专业知识的获得与职业技能的掌握，使本课程内容得到优化，以工作过程为基点，向先进性和科学性发展。

4. 评价建议

建立多方位考察、全面评价、重视。过程性评价结合终结性评价、小组评价和个体评价，再加上企业与学校的结合，还有国家职业技能鉴定紧密结合的多元化考核评估模式。

（1）评价的主要对象、内容和依据。

评价对象是学生项目完成的全过程以及项目实施的成果，通过综合的资料、信息、构思以及技能的处理协调，特别是项目课程的考核评价指向学生在项目课程实施中的整个"过程"，包括每个学生在各项目开展中的参与程度，所起作用以及工作态度等，同时注重对学生创新精神、实践能力的形成与提高的评价；考核评价内容包括能力形成过程和实践操作客观结果两个方面，即学生职业核心能力和关键能力，园林设计的内容、深度、完整性和图面效果，学生的态度、合作精神等也占有一定的比例，做到职业资格证书与高等职业教育学历证书的有效结合；考核主体是学生、企业、教师，向学生项目小组和学生个人延伸。

（2）评价方法。

传统的书面答卷形式的单一考核方式，只能单纯的检查学生理论知识的掌握情况，很难测试学生的实际运用能力。改革考核制度，全面考核学生的基础理论、基础知识和检测学生的实践运用能力，重点考核实践操作技能和解决实际问题的能力。设计的考核结构有利于全面检验学生对《园林工程技术与施工管理》这门专业核心课程知识的理论学习效果和实践运用能力，防止出现高分低能现象，比较科学、全面、系统地引导学生重视实践能力的培养和学习。考核形式多样，方式灵活，结合国家职业技能标准，对项目实施过程和实施结果进行量化，依据量化指标学生自主评价，企业参与。采取操作、合作、答辩、专题报告以及学习成果汇报等多种考核形式来展现学生学习的过程和结果，同时引进企业评价作为考核参考。

（3）结合国家职业标准，建立多元化考核评价模式。

实施方式灵活、学生自主、企业参与，以学生自我学习评价等为特征的科学合理、行之有效的考核评价方式。在企业的参与下，紧密结合国家职业技能鉴定要求，将过程性评价结合终结性评价、小组评价和个体评价，再加上企业与学校四者结合，将考核要求与项目完成的质量进行量化，按量化指标对项目完成的过程和结果进行综合评价。改变目前的考核评价单一、学生被动评价、不能很好体现学生实际情况的问题，建立起以自我学习评价等为特征的多元化考试模式与新的考核评价方案；充分发挥学生学习主体的作用，在项目学习过程中培养学生的自学能力、观察能力、动手能力、研究和分析问题的能力、协作和互助能力、交际和交流能力、生活和生存的能力。

如《园林工程技术与施工管理》整个模块以两个课程作业和两个项目任务为目标，具体内容如下。

项目任务课题一为40％；项目任务课题二为30％；项目任务课题三为30％。

项目《职院滨江公园景观设计施工图》作品评分标准又以总分100分来构架：①领会设计构思为10％；②制图标准规范为30％；③图纸完整性为20％；④基本做法为20％；⑤植物配置合理性为20％。

（4）班级规模。

30人左右的小班在实际工地现场中进行教学。

五、课程资源的开发与利用建议

（一）教材选用

选用相关高等职业技术教育园林专业系列教材，以及校企合作形式积极开发工学结合的项目式教材讲义为主。

（二）图书馆教学资源的建设

图书馆订阅了大量有关国内外园林景观设计的书和期刊及电子图书与电子期刊，作为教师和学生的园林设计扩充性学习资料，能够及时了解掌握国际、国内最新的园林设计专业信息。图书馆在不断加强硬件建设的同时还应增加开放时间。

（三）基于信息技术和互联网的课程资源建设

建设课件、虚拟实验室等软件、精品课程网和课程网络教学平台等数字化电子资源，提供海量自主学习资料与信息，给学生更快捷方便的教学指导。教师利用精品课程平台给学生提供大量的共享资源，包括上百个国内外专业网站，如景观中国、美国景观设计职业网等网站的链接，国内、外文献书目，丰富的专业图库、作品资料，课程课件，行业标准与企业案例等。

模块一 园林工程技术应用

项目一 园林工程概述

任务一 园林工程的相关概念

（一）园林环境

园林是指土地及土地上的空间和物体所构成的综合体，它是复杂的自然过程和人类活动在大地上的烙印，是多种功能（过程）的载体，是视觉审美过程的对象，是人类生活其中的空间和环境，也是一个具有结构和功能、具有内在和外在联系的有机系统。

（二）园林建筑

园林建筑是园林景观建筑师运用地形、植物、组合材料等材料创造各种用途和条件的空间，将天然和人工元素设计并统一的艺术和科学，如图1-1所示。

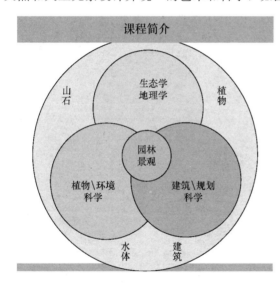

图1-1 园林景观概念图解

（三）园林设计

园林设计是关于如何合理安排和使用土地，解决土地、人类、城市和土地上的一切生命的安全与健康，以及可持续发展的问题。它涉及地方区域、新城镇、邻里和社区规划设计、公园和游憩规划、交通规划、校园规划设计、景观改造和修复、遗产保护、花园设计、疗养，及其他特殊用途区域等很多的领域。

（四）园林工程

园林工程是建设风景园林绿地的工程，是为人们提供一个良好的休息、文化娱乐、亲近大自然、满足人们回归自然愿望的场所，是保护生态环境、改善城市生活环境的重要措施。泛指园林城市绿地和风景名胜区中涵盖园林建筑工程在内的环境建设工程，包括园林建筑工程、土方工程、园林筑山工程、园林水工程、园林铺地工程、绿化工程、园林供电工程等，它是应用工程技术来表现园林艺术，使地面上的工程构筑物和园林景观融为一体。

园林是一个非常复杂的学科，它既要求有实用性又要求有艺术性，要由优秀的园林设计师和经验丰富的施工人员共同合作才能完成。

任务二 园林工程的定位与发展

随着中国特色社会主义建设步伐的不断加快，社会各方面的建设工作也取得了令人瞩目的巨大进步，无论是在经济、文化，还是在科学、艺术等各个领域，都在迅猛发展，而人民群众生活水平和文化艺术素质也在不断提高。因此，人们特别是生活在城市的人们，对其所居住的生活环境、学习环境、工作环境都有了更高的要求。所以，今天的园林建设工程在改善城市环境、营造城市良好生态环境、保护环境、提高人民群众生活文化与艺术水平、提升城市品位总体形象等各个方面都具有十分重要的意义，同时，园林建设也是城市执行可持续发展长期战略、提高社会经济效益的重要途径。

在城市建设中，从城市的社会功能来看，园林建设是一种综合性的功能。它是环保效益、环境效益、社会效益、经济效益、生态效益的总体现，是城市总体形象的体现，是人民群众生活水平素质的表征，是保持城市可持续发展长期战略目标的重要依托。所以，在城市建设中，园林建设工程常常被认为是艺术手段与技术手段的完美结合，经过高超综合工艺流程处理的艺术结晶。从技术的角度来看，园林建设工程应该适应城市建设，涉及建筑、生物、生态、气象、景观、文学、美术、化学等诸多不同的学科领域。

任务三　园林工程的特点和分类

一、园林工程的特点

（一）实施对象生物性

因为园林工程是通过各种树木、地被植物、花卉、草皮的栽植与配置，利用各种苗木的特殊功能，来净化空气、吸尘降温、隔音杀菌，营造观光休闲与美化环境空间。实施对象大部分是生物活体，为了保证园林植物的成活和生长，达到预期设计效果，栽植施工时就必须遵守一定的操作规程，养护中必须符合其生态要求，并要采取有力地管护措施。

（二）养护管理的长期性

园林工程中的各种苗木只有长期的精心养护管理，才能确保苗木的成活和良好长势。工程建成后必须提供长期的养护计划和必要的资金投入。

（三）营造工程的艺术性

园林工程不单是一种工程，更是一种艺术，是一门艺术工程，具有明显的艺术性特征。园林艺术涉及造型艺术、建筑艺术和绘画艺术、雕刻艺术、文学艺术等诸多艺术领域。园林工程产品不仅要按设计搞好工程设施和构筑物的建设，还要讲究园林植物配置手法、园林设施和构筑物的美观舒适以及整体空间的协调。这些都要求采用特殊的艺术处理才能实现，而这些要求得以实现都体现在园林工程的艺术性之中。

（四）工程建设的广泛性

园林建设工程是综合性强、内容广泛、涉及部门较多的工程，大的、复杂的综合性园林工程项目，涉及到地形的处理、建筑、水景、给水排水、园路假山、园林植物栽种、艺术小品点缀、环境保护等诸多方面的内容；施工中又因不同的工序需要将工作面不断转移，导致劳动资源也跟着转移，这种复杂的施工环节需要有全盘观念、有条不紊；园林景观的多样性导致施工材料也多种多样，例如园路工程中可采取不同的面层材料，形成不同的路面变化；园林建设工程施工多为露天作业，经常受到刮风、冷冻、下雨、干旱等自然条件的影响，而树木花卉栽植、草坪铺种等又是季节性很强的施工项目，应合理安排，否则成活率就会降低，而产品的艺术性又受多方面因素的影响，必须仔细考虑。诸如此类错综复杂的问题，就需要对整个工程进行全面的组织管理，这就要求组织者必须具有广泛的多学科知识与先进技术。在园林工程建设中，协同作业、多方配合已成为当今园林工程建设的总要求。

（五）工程建设的附属性

除了大型公园、绿化广场、高速公路、大的社区、小区建设项目外，一般来说，园林工程多为建筑配套附属工程，其规模较小，工程量分散，不便于管理。

园林工程其特性表现在科学性、技术性和艺术性高度结合。现代园林工程就是以工程技术为手段，塑造园林艺术的形象。在园林工程中运用新材料、新设备、新技术是当前的重大课题。如何在综合发挥园林的生态效益、社会效益和经济效益功能的前提下，处理园林中的工程设施与风景园林景观之间的矛盾则是园林工程的中心内容。

（六）时代性特征

园林工程是随着社会生产力的发展而发展的，在不同的社会时代条件下，总会形成与其时代相适应的园林工程产品。因而园林工程产品必然带有时代性特征。当今时代，随着人民生活水平的提高和人们对环境质量要求的不断提高，对城市的园林建设要求亦多样化，工程的规模和内容也越来越大，新技术、新材料、新科技、新时尚已深入到园林工程的各个领域，如以光、电、机、声为一体的大型音乐喷泉、新型的铺装材料、无土栽培、组织培养、液力喷植技术等新型施工方法的应用，形成了现代园林工程的又一显著特征。

（七）生物、工程、艺术的高度统一性特征

园林工程要求将园林生物、园林艺术与市政工程融为一体，以植物为主线，以艺驭术，以工程为陪衬，一举三得。并要求工程结构的功能和园林环境相协调，在艺术性的要求下实现三者的高度统一。同时园林工程建设的过程又具有实践性强的特点，要想变理想为现实、化平面为立体，建设者就既要掌握工程的基本原理和技能，又要使工程园林化、艺术化。

二、园林工程的分类

园林工程可按项目和建设程序进行分类。

（一）园林工程项目分类

一个园林工程建设项目是由多个基本的分项工程构成的，为了便于对园林工程建设进行管理，一般把园林工程建设划分为以下几项。

1. 园林工程建设总项目

园林工程建设总项目是指在一个场地上或数个场地上，按照一个总体设计进行施工的各个工程项目的总和。如一个公园、一个植物园、一个动物园或一个风景区的建设等就是一个工程总项目。

2. 单项园林工程

单项园林工程是指在一个园林工程项目中，具有独立的设计文件，竣工后可以独立发挥生产能力或工程效益的园林工程。它是园林工程项目的组成部分。一个园林工程项目中可以有几个单项园林工程，也可以只有一个单项园林工程，比如一个公园里的码头、水榭、餐厅等。单项园林工程是根据园林工程建设的内容来划分的，主要定为 3 类：园林建筑工程、园林构筑工程和园林绿化工程。

（1）园林建筑工程可分为亭、廊、榭、花架等建筑工程。

（2）园林构筑工程可分为筑山、水体、道路、小品、花池等工程。

（3）园林绿化工程可分为道路绿化、行道树移植、庭园绿化、绿化养护等工程。

3. 单位园林工程

单位园林工程是指具有单列的设计文件，可以进行独立施工，但不能单独发挥作用的园林工程，是在单项园林工程的基础上将园林的个体要素划归为相应的单项园林工程。它是单项园林工程的组成部分，比如茶室工程中的给排水工程、照明工程等。

4. 分部园林工程

分部园林工程一般是指按单位工程的各个部位或是按照使用不同的工种、材料和施工机械而划分的园林工程项目。它是单位园林工程的组成部分,通过工程技术要素划分为土方工程、基础工程、砌筑工程、混凝土工程、装饰工程、栽植工程、绿化养护工程等。

5. 分项园林工程

分项园林工程是指分部园林工程中按照不同的施工方法、不同的材料、不同的规格等因素而进一步划分的最基本的园林工程项目。

(二)园林工程建设程序分类

根据园林工程建设的程序,一般把园林工程建设分为土方工程、给排水工程、水景工程、园路与广场工程、假山工程、绿化工程、园林供电工程7部分。

1. 土方工程

园林工程理想地形的实现必然要依靠土方施工来完成,任何建筑物、构筑物、道路及广场等工程的修建,都要在地面做一定的基础,挖掘基坑、路槽灯,这些基础工程都是从土方施工开始的。主要依据竖向设计进行土方施工,从而塑造整理园林建设场地。对地形的整理,改造与合理利用是园林建设的基础,也是建园的主要工程之一。园林地形是园林中所有景观与设施的载体,它为所有景观与设施提供了赖以存在的基面。园林中所有的景物、景点和大多数的功能设施都对地形有着多方面的需要;由于功能、性质的不同,对地形条件的要求也有着很大不同,如果原有地形条件与设计意图和使用功能不符,就需加以处理和改造,使之符合造园的需要,这就是园林土方工程。

土方施工的速度和质量,直接影响着后续工程,所以它和整个园林建设工程的关系密切,并且占有重要地位。土方工程一般在园林工程建设中是一项大的基础工程,其投资和工程量一般都很大,有的大工程施工期很长。为了使工程能多快好省地完成,必须做好土方工程的施工安排,遵守有关的技术规范和设计意图,使工程质量和艺术造型都符合设计要求。

2. 给排水工程

园林绿地的给水与排水工程是园林工程建设的重要组成部分。在各类园林工程中,由于造景及生活、生产活动的需要,需要设置给水系统。为使污水变害为利,必须建造一系列的设施对污水进行处理,构成排水系统。

(1)给水工程。园林给水工程按其工作过程可分为取水工程、净水工程和配水工程3个部分。如果园林用水直接取自城市自来水,则园林给水工程就简化为单纯的配水工程。

(2)排水工程。园林中的排水,一般包括地面水和生活污水的排除。排水的方式分为地面排水、明沟排水和管道排水3种形式。

3. 水景工程

水体在园林造景中有着重要的作用,所涉及的内容有水体类型和各种水体布置。常见的园林水体根据形式可分为自然式、规则式、混合式3种;又可按其所处状态将其分为静态水体、动态水体和混合水体3种。

(1)静态水体。静态水体是指园林中成片状汇聚的水面,常以湖、塘、池等形式出现。它的主要特点是安详、宁静、朴实、明朗。

(2)动态水体。动态水体就流水而言,流动水体的主要形式有溪涧、喷水、瀑布、跌水等。动态水体常利用水姿、水色、水声创造活泼、跳跃的水景景观。

(3)混合水体。混合水体指既有静态水体,又有动态水体的类型,这种类型比较多见,常存在于大型的综合性景观中,水体形式丰富多变。

4. 园路与广场工程

园路与广场既是贯穿全园的交通网络,又是联系组织各个景区和景点的自然纽带,还可形成独特的风景。园路与广场除了担负交通、导游、组织空间、划分景区功能外,还具有造景作用。

(1)园路工程。园路多用硬质材料铺装,一般由路基、路面和道牙3部分组成。常见的园路类型有以下几种。

1）整体路面。包括水泥混凝土路面、沥青混凝土路面。

2）块状路面。包括砖铺地、冰纹路、乱石路、条石路、预制水泥混凝土方砖路、步石与汀步、台阶与磴道等。

3）碎料路面。包括花街铺地、卵石路、雕砖卵石路等。

（2）广场工程。园林广场的主要功能是汇集园景、休闲娱乐、人流集散、车辆停放等。与之相适应，园林广场分为园景广场、休闲娱乐广场、集散广场、停车场与其他广场等。

5. 假山工程

假山作为中国传统造园的重要组成部分以其独具中华民族文化艺术的魅力，在各类园林工程建设中得到了广泛的应用。通常所说的假山，包括假山、置石和园林塑山。

（1）假山。假山是以造景、游览为主要目的，以自然山水为蓝本，经过艺术概括、提炼、夸张，以自然山石为主要材料，用人工再造的山景或山水景物的统称。假山的布局多种多样，体量大小不一，形式千姿百态。与置石相比假山体量大而集中，布局严谨，能充分利用空间，可观可游，令人有置身于自然山林之感。

（2）置石。置石是以具有一定观赏价值的自然山石，进行独立造景或作为配景布置，主要表现山石的个体美或局部组合美，而不具备完整山形的山石景物。比之假山，置石体量较小，因而布置容易且灵活方便，多以观赏为主。

（3）园林塑山。近年流行的园林塑山，是采用石灰、砖、水泥等非石质性材料经过人工塑造的假山。园林塑山又分为塑山和塑石两类。

园林塑山根据其骨架材料的不同，又可分为两种。

（1）砖骨架塑山。以砖作为塑山的骨架，适用于小型塑山及塑石。

（2）钢骨架塑山。以钢材作为塑山的骨架，适用于大型塑山。

6. 绿化工程

植物造景是造园的主要手段，因此，园林植物栽植与种植自然成为园林工程的基本工程。由于园林植物的品种繁多，习性差异较大，而多数栽植、种植场地立地条件较差，为了保证其成活和生长，达到设计效果，栽植、种植时必须遵守一定的操作规程，才能保证工程质量。栽植、种植工程分为栽植种植、养护管理两部分。栽植、种植属短期施工工程，养护管理属长期、周期性工程。

栽植、种植工程一般分为现场准备、定点放线、起苗、苗木运输、苗木假植、挖坑、栽植和养护等。

7. 园林供电工程

园林工程用电，既要有动力电（如电动游艺设施、喷水池、喷灌以及电动机具等），又要有照明用电，但一般来说，园林用电中还是照明多于动力。

园林照明除了创造一个明亮的园林环境，满足夜间游园活动等要求之外，最重要的一点是园林照明与园景密切相关，是创造新园林景色的手段之一。

项目二 园林工程建设程序

园林建设工程作为建设项目中的一个类别，必定要遵循建设程序，即建设项目从设想、选择、评估、决策、设计、施工到竣工验收、投入使用，发挥社会效益、经济效益的整个过程，而其中各项工作必须遵循其先后次序的法则，如图1-2所示。

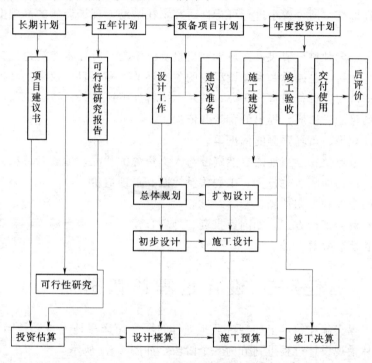

图1-2 园林建设程序示意图

（1）根据地区发展需要，提出项目任务书。

（2）在踏勘、现场调研的基础上，提出可行性研究报告。

（3）有关部门进行项目立项。

（4）根据可行性研究报告编制设计文件，进行初步设计。

（5）初步设计批准后，作好施工前的准备工作。

（6）组织施工，竣工后经验收可交付使用。

（7）经过一段时间的运行，一般是1～2年，应进行项目后评价。

任务一 项目建议书阶段分析

项目建议书是根据当地的国民经济发展和社会发展的总体规划或行业规划等要求，经过调查、预测分析后所提出的。它是投资建设决策前对拟建设项目的轮廓设想，主要是说明该项目立项的必要性、条件的可行性、可获取效益的可能性，以供上一级机构进行决策之用。

在园林建设项目中其内容一般有以下几项。

（1）建设项目的必要性和依据。

（2）拟建设项目的规模、地点以及自然资源、人文资源情况。

（3）投资估算以及资金筹措来源。

（4）社会效益、经济效益、生态环境效益、景观效益、游憩效益等的估算。

（5）建设时间、进度设想。

按现行规定，凡属大中型或限额以上的项目建议书，首先要报送行业归口主管部门，同时抄送国家计委。行业归口部门初审后再由国家计委审批。而小型和限额以下项目的项目建议书应按项目隶属关系由部门或地方计委审批。

任务二　可行性研究报告阶段分析

项目建议书一经批准，即可着手进行可行性研究，在踏勘、现场调研的基础上，提出可行性研究报告。

可行性研究是运用多种科研成果，在建设项目投资决策前进行技术经济论证，以保证实现最佳经济效益的一门综合学科，是园林基本建设程序的关键环节。当项目建议书一经批准，在踏勘、现场调研的基础上，即可着手进行可行性研究，其基本内容如下所述。

（1）项目建设的目的、性质、提出的背景和依据。

（2）建设项目的规模、市场预测的依据等。

（3）项目建设的地点位置、当地的自然资源与人文资源的状况，即现状分析。

（4）项目内容，包括面积、总投资、工程质量标准、单项造价等。

（5）项目建设的进度和工期估算。

（6）投资估算和资金筹措方式，如国家投资、外资合营、自筹资金等。

（7）经济效益和社会效益。

任务三　设 计 过 程 阶 段 分 析

设计是对拟建工程实施在技术上和经济上所进行的全面而详尽地安排，是园林建设的具体化。目前较为通用的园林景观设计过程可划分为 6 个阶段，如图 1-3 所示。

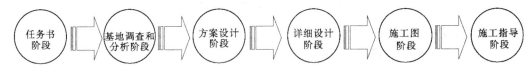

图 1-3　园林景观设计过程阶段

一、任务书阶段

任务书是以文字说明为主的文件，在本阶段，设计人员作为设计方（"乙方"）在与建设项目业主（"甲方"）初步接触时，应充分了解任务书内容，这些内容往往是整个设计的根本依据，如图 1-4所示。

二、基地调查和分析阶段

甲方会同规划设计师至基地现场踏勘，收集规划设计前必须掌握的与基地有关的原始资料，并且补充并完善不完整的内容，对整个基地及环境状况进行综合分析。

作为场地分析的一部分，设计师结合业主提供的基地现状图（又称"红线图"），对基地进行总体了解，必须首先对于土地本身进行研究，对较大的影响因素能够加以控制，在其后作总

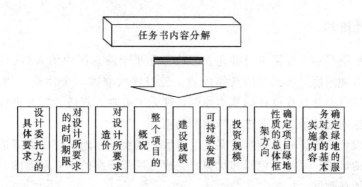

图1-4 任务书内容分解

体构思时，针对不利因素加以克服和避让，有利因素充分合理利用。对于土地的有利特征和需要实施改造的地形，最好同时进行总体研究，当规划完成的时候，所有这些都将被细化。此外，还要在总体和一些特殊的基地地块内进行拍照，将实地现状的情况带回去，以便加深对基地的感性认识，如图1-5所示。

图1-5 项目现状场景图

收集来的资料和分析的结果应尽量用图面、表格或图解的方式表示，通常用基地资料图记录调查的内容，用基地分析图表示分析的结果。项目用地接着设计分析结果被分为满足功能的可用部分，并进行必要地带的改造规划。然后便可以规划出遮荫、防风、屏障和围合空间区域，但是不要选择任何具体材质。

三、方案设计阶段

在进行总体规划构思时，要将业主提出的项目总体定位作一个构想，并与抽象的文化意义以及深层的社会、生态目标相结合，同时必须考虑将设计任务书中的规划内容融合到有形的规划构图中去。方案设计阶段对整个园林景观设计过程所起的作用是指导性的。

综合考虑任务书所要求的内容、基地及环境条件，提出一些方案构思和设想，权衡利弊，确定一个较好的方案或几个方案构思所拼合成的综合方案，最后加以完善完成初步设计。

这一阶段的工作主要包括进行功能分区，在这一设计阶段，也应该考虑所有的环路设计。同样，最好也是只确定人行道、车道、内院等的大体形状和尺寸，而不要决定具体用哪种材料，美观的问题可以以后再来考虑。

构思草图只是一个初步的规划轮廓，当对空间区域的大小、形状、环境需求、环路有了总体的想法之后，再来考虑设计中的美学因素。这个时候，设计变得更加具体。需要决定：是使用廊架还是树木来遮荫；是用墙、围栏、树篱，还是植物群做屏障等。当选择了地面铺装材料并确定了分界线后，地面的形式便确定了，而材质的选择可以说是设计过程的最终阶段。

在一个设计中，所有园林景观元素，如质地、色彩、形式有机地融合在一起，从而形成视觉美感，满足功能的园林空间。

四、初步设计阶段

将收集到的原始资料结合草图进行补充、修改。逐步明确总图中的入口、广场、道路、水面、绿地、建筑小品、管理用房等各元素的具体位置。经过这次修改，会使整个规划在功能上趋于合理，在构图形式上符合园林景观设计的基本原则，视觉上美观、舒适。方案设计完成后应与委托方共同商议，然后根据商讨结果对方案进行修改和调整。

本阶段为初步设计阶段，一旦初步方案定下来后，就要全面地对整个方案进行各方面详细的设计，包括确定准确的形状、尺寸、色彩和材料，完成各局部详细的平立剖面图、详图，园景的透视图，表现整体设计的鸟瞰图。

五、施工图设计阶段

施工图设计阶段是将设计与施工连接起来的环节。根据所设计的方案，结合各工种的要求分别绘制出具体、准确地指导施工的各种图纸。

六、施工指导阶段

施工指导阶段指的是设计人员对施工图后期的执行，以及施工期间工程上出现的问题进行现场调整和指导。

任务四　建设准备阶段分析

项目在开工建设前要切实做好各项准备工作，其主要内容为：征地、拆迁、平整场地，其中拆迁是一件政策性很强的工作，应在当地政府及有关部门的协助下，共同完成此项工作。完成施工所用的供电、水、道路设施工程。组织设备及材料的订货等准备工作，落实分包协作单位，主要物资苗木的订购。组织施工招、投标工作，精心选定施工单位和施工条件，具体落实施工任务。

一、施工前的准备

（1）熟悉设计文件。施工前由负责施工的部门组织有关人员熟悉设计文件，编制施工方案，为施工任务创造条件。

（2）根据工程进度计算劳动力、机械和工具的需要量，以此订出需求计划。

（3）编制各种材料（包括自采材料和外购材料）供应计划。

二、现场准备工作

开工前施工现场准备工作要迅速做好，以利工程有秩序地按计划进行。所以现场准备工作进行的快慢，会直接影响工程质量和施工进展。现场开工前将以下几点主要工作做好。

（一）修建房屋（临时工棚）

按施工计划确定修缮房屋数量或工棚的建筑面积。

（二）场地清理

在铺装工程涉及的范围内，凡是影响施工进行的地上、地下物均应在开工前得以清理，对于保留的大树应确定保护措施。

（三）便道便桥

凡施工路线，均应在工程开工前作好维持通车的便道便桥和施工车辆通行的便桥（如通往料场、搅拌站地的便道）。

（四）备料

自采材料在现场备料，外购材料的调运和储存在不影响施工的条件下可随用随运。

三、技术交底

进行施工图交底，认真阅读施工图，对照施工技术规范及质检标准，制订相应技术措施，检查落实班组的施工准备情况，做到施工质量、进度的事前控制。然后将施工技术方案报请监理工程师审批方可施工。

四、物资准备

物资准备工作包括材料准备、施工机具准备和安全防护用品等的准备。

1. 主要建筑材料

对主要建筑材料，应根据实际情况做好材料采购计划，分批进场，对各种材料的入库、检验、保管和出库应严格遵守公司质量文件的规定，同时加强防盗、防火的管理。

2. 植物材料的准备

按种植设计所要求的苗木种类、规格、数量编制苗木所需量计划。对公司苗圃地自有的苗木，依工程进度安排好起苗、运苗、栽植的时间、方法；对于需购买的苗木，提前选好供货商，选好苗木，签订供购合同；安排好运输、栽植方案。

3. 种植材料准备

种植材料准备包括种植土、机肥、农药及生长剂等辅助材料，根据工程内容确定需用量，确定好货源，签订购买合同，据进度要求制订进场计划，组织好运输。

4. 施工机具准备

根据施工工艺的需要，编制施工机械使用计划，工程进度要求，确定进退场的时间，对公司自有的机械设备，提前检修，保养好，对于需租赁的大型设备，提前签好租赁合同。

5. 安全防护用品的准备

主要安全防护用品需用量计划，如表 1-1 所示。

表 1-1　　　　　　　　　　　安全防护用品计划表

序号	名称	规格	单位	数量
1	安全帽	塑料	顶	150
2	安全带	尼龙	付	15
3	手套		双	20
4	干粉灭火器			5
5	水鞋		双	25
6	防护衣		套	15
7	安全标志牌		个	20
8	消防栓	$\phi50$	个	2
9	泡沫灭火器		个	15
10	漏电保护器		个	10

任务五 建设实施阶段分析

一、工程施工的方式

工程施工方式有2种：①由实施单位自行施工；②委托承包单位负责完成。目前常用的是通过公开招标以决定承包单位。其中最主要的是订立承包合同（在特殊的情况下，可采取订立意向合同等方式）。承包合同主要内容如下所述。

（1）所承担的施工任务的内容及工程完成的时间。

（2）双方在保证完成任务前提下所承担的义务和权利。

（3）甲方支付工程款项的数量、方式以及期限等。

（4）双方未尽事宜应本着友好协商的原则处理，力求完成相关工程项目。

二、施工管理

开工之后，工程管理人员应与技术人员密切合作，共同搞好施工中的各项工程、质量、安全、成本及劳务管理等工作，组织综合施工；落实各项技术组织措施；跟踪检查计划的实施，及时反馈；加强组织平衡，保证供应；对施工进度、施工质量和施工成本进行严格控制；保证施工安全，做到文明施工等。

1. 工程管理

开工后，工程现场行使自主的施工管理，对甲方而言，是如何在确保工程质量的前提下，保证工程的顺利进行，在规定的工期内完成建设项目。对于乙方来说，则是以最少的投入取得最好的效益。工程管理的重要指标是工程速度，因而应在满足经济施工和质量要求下，求得切实可行的最佳工期。

为保证如期完成工程项目，应编制出符合上述要求的施工计划，包括合理的施工顺序、作业时间和作业均衡、成本等。在制定施工计划过程中，将上述有关数据图表化，以编制出工程表。工程上也会出现预料不到的情况，因此应可补充或修正，以灵活运用。

2. 质量管理

其目的是为了有效地建造出符合甲方要求的高质量的项目，因而需要确定施工现场作业标准量，并测定和分析这些数据，把相应的数据填入图表中并加以研究运用，即进行质量管理。有关管理人员及技术人员正确掌握质量标准，根据质量管理图进行质量检查及生产管理，确保质量稳定。

3. 安全管理

安全管理是杜绝劳动伤害、创造秩序井然的施工环境的重要管理业务，应在施工现场成立相关的安全管理组织，制定安全管理计划以便有效地实施安全管理，严格按照各工种的操作规范进行操作，并应经常对工人进行安全教育。

4. 成本管理

园林建设工程是公共事业，甲方乙方的目标应是一致的，就是将高质量的园林作品交付给社会。因而必须提高成本意识。成本管理不是追逐利润的手段，利润应是成本管理的结果。

5. 劳务管理

劳务管理应包括招聘合同手续、劳动伤害保险、支付工资能力、劳务人员的生活管理等。它不仅是为了保证工程劳务人员的权益，同时也是项目顺利完成的必要保障。

三、园林工程施工流程分析

园林工程施工流程如图1-6所示。

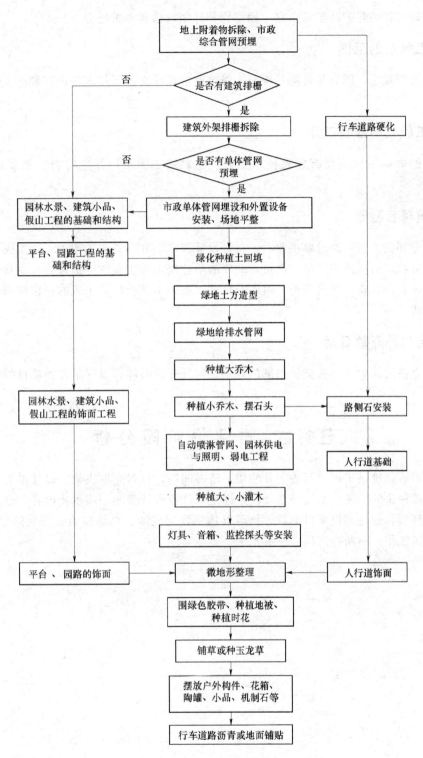

图1-6 园林工程施工流程

任务六 竣工验收阶段分析

竣工验收阶段是建设工程的最后一环，是全面考核园林建设成果、检验设计和工程质量的重要步骤，也是园林建设转入对外开放及使用的标志。竣工验收和养护管理阶段的管理工作有：预检、隐检及签证工作；整理和审定交工验收资料，组织办理工程交工验收；负责编写施工技术与管理的总结资料；做好工程的养护前技术交底，编写保养计划，落实养护任务。

一、竣工验收的范围

根据国家现行规定，所有建设项目按照上级批准的设计文件所规定的内容和施工图纸的要求全部建成。

二、竣工验收的准备工作

竣工验收的准备工作主要有整理技术资料、绘制竣工图纸，并应符合归档要求、编制竣工决算。

三、组织项目验收

工程项目全部完工后，经过单项验收，符合设计要求，并具备竣工图表、竣工决算、工程总结等必要的文件资料，由项目主管单位向负责验收的单位提出竣工验收申请报告，由验收单位组织相应的人员进行审查、验收，作出评价，对不合格的工程则不予验收，工程的遗留问题则应提出具体意见，限期完成。

四、确定对外开放日期

项目验收合格后，应及时移交使用部门并确定对外开放时间，以尽早发挥项目的经济效益与社会效益。

任 务 七　后 评 价 阶 段 分 析

建设项目的后评价是工程项目竣工并使用一段时间后，再对立项决策、设计施工、竣工使用等全工程进行系统评价的一种技术经济活动，是固定资产投资管理的一项重要内容，也是固定资产管理的最后一个环节，通过建设项目的后评价可以达到肯定成绩、总结经验、研究问题、吸取教训、提出建议、改进工作，不断提高项目决策水平。

项目三 土方工程应用

任务一 园林场地的竖向设计

园林建设中，土方工程首当其冲，对地形的整理、改造与合理利用是园林建设的基础，也是建园的主要工程之一。或凿水筑山，或场地平整，或挖沟埋管，或开槽铺路等，安装园林设施、构件，修建园林建筑等均需要动用土方，由于土方工程较为繁重，因此施工前必须进行设计。土方工程的设计包括平面设计和竖向设计两方面。

一、园林地形概念

（一）园林地形分类

园林地形是园林空间的构成基础，是园林中所有景观与设施的载体，它为所有景观与设施提供了赖以存在的基面，与园林性质、形式、功能与景观效果有直接关系，也涉及到园林的道路系统、建筑与构筑物、植物配植等要素的布局。园林中所有的景物、景点和大多数的功能设施都对地形有着多方面的需要；由于功能、性质的不同，对地形条件的要求也有着很多不同，如果原有地形条件与设计意图和使用功能不符，就需加以处理和改造，使之符合造园的需要，这就是园林土方工程。园林地形处理是园林规划设计的关键。

园林地形分陆地和水体两大部分。

1. 陆地

（1）平地。平地要有 5‰ 以上的排水坡度，以免积水。自然式园林中的平地面积较大时，可有起伏的坡度，坡度为 1‰～7‰。坡地的坡度要在土壤的安息角内，一般为 20%，如有草皮护坡也不超过 25%。平地是组织开敞空间的有利条件，也是游人集中、疏散的地方。在现代公园中，游人量大而集中，活动内容丰富。所以平地面积须占全园面积的 30% 以上，且须有一二处较大面积的平地。

平地的地面处理有以下几种。

1）土壤地面。可设于平地林中。

2）沙石地面。为防止地表径流对土壤的冲刷，上面铺撒一层细砂砾与黏土胶结，或有天然的岩石质地，上面以卵石、砂砾找平，作为游人的活动场地和风景游息地，如山麓下部的停车场，自然风景区的山麓人工平地，湖河滩地。

3）铺装地面。主要是在园林中的道路、广场应用较多。

4）植被地面。主要指园林中的草坪、草地、疏林草地，可供游览观赏，也可进行一定程度的文体活动。

（2）坡地。按倾斜度可分为以下几种。

1）缓坡。坡度为 8%～12%，可进行一些活动内容。一般是平地与陡坡的过渡。

2）陡坡。坡度在 12% 以上，游人不能在上面集中活动，但结合露天剧场、球场的看台设置，也可配置疏林或花台。一般是平地与山地之间的过渡形式。

（3）山地。山地是自然山水园中的主要组成部分。不管园林的大小，都是竖向景观的表现内容。很多园林是以山体为主的，苏州的沧浪亭、北京的景山公园，以及泰山、华山、嵩山等的群山峻岭为景观的自然风景名胜。园林中的山地大多是利用原有地形、土方，经过适当的人工改造而成。山地面积应低于总面积的 30%。

1) 山地类型。土山可以利用园内挖出的土方堆置，投资比石山少，土山的坡度要在土壤的安息角（一般为 30°）以内，否则要进行工程处理。土山的设计上要注意未山先麓，陡缓相间，山坡缓升高；歪走斜伸，逶迤连绵；主次分明，互相呼应；左急右缓，收放自如；丘陵相伴，虚实相生。丘陵的高度在 1～3m 变化，在人的视线上下。

按其组景的功能不同分为以下几种。

主景山：高在 10m 以上。

背景山：高在 8m 以上。

障景山：高在 1.5m 以上。

配景山：高在 5m 以上，不能超过主景山。

石山：以石料掇山，可分为天然石山（北方为主）和人工塑山（南方为主）两种，可形成峥嵘、明秀、玲珑、顽拙等丰富多变的山景，并且因不受坡度的限制，山体在占地不大的情况下，亦能达到较大的高度。石山上不能多植树木，但可穴植或预留种植坑。石料可就地取材，否则投资太大。

2) 山体的位置。园林中的山体安排主要有 2 种形式：①属于全园的重心，这种布局一般在山体的四周或两面都有开敞的平地或水面，使山体形成空间的分隔，可登临的山峰、山岭构成全园的竖向构图中心，并可与平地和水面以上的、临近园墙的山冈形成可呼应的整体；如北京紫竹院公园、天津水上公园；②居于全园的一侧，以一侧或两侧为主要景观面，构成全园的主要构图中心，如北京的颐和园，一山北坐，南向昆明湖；北海的琼华岛，位于全园的东南角，面向西北的开阔湖面。

3) 山体构成。园林中的山体形态与平地、陡坡与岗阜应浑如一体，忌讳孤峰独起。因为园林须借用山体构成多种形态的山地空间，故山地要有峰、有岭、有沟谷、有丘阜。要有高低的对比，又要有蜿蜒连绵的调和。岗阜与平地使山体、山地似断非断，似连非连。山体要"横看成岭侧成峰，远近高低各不同"，力求高低起伏，层次丰富。山道须之字形，回旋而上，或陡或缓富于韵律，并要适时设置缓台和休息性兼远眺静观的亭、台等建筑设施。山道要与山体绿化相结合，使游人在进行中时露时隐，视线时放时收。在陡峭的山道处，还须设置护栏和铁链。要充分利用山地的空间特点，运用山洞、隧道、悬崖、峡谷构成垂直空间、纵深空间与倾斜空间效果，使游人领略大自然的艰险境界。园林中的山体又是创造小气候的条件，尤其在寒冷的北方，坐北向南的山谷可形成良好的小气候。

2. 水体

常见的园林水体多种多样，根据水体的形式可将其分为自然式、规则式或混合式 3 种。其所处状态将其分为静态水体、动态水体和混合水体 3 种。湖池属静态水体。湖面宽阔平静，具平远开朗之感。有天然湖和人工湖之分。天然湖是大自然施于人类的天然园林佳品，可在大型园林工程中充分利用。人工湖是人工依地势就低挖凿而成的水域，沿岸因境设景，可自成天然图画。人工湖形式多样，可由设计者任意发挥，一般面积较小，岸线变化丰富且具有装饰性，水较浅，以观赏为主，现代园林中的流线型抽象式水池更为活泼、生动，富于想象。动态水体是水可流动性的充分利用，可以形成动态自然景观，补充园林中其他景观的静止、古板而形成流动变化的园林景观，给人以丰富的想象与思考。是现代园林艺术中多用的一种水体方式。常用的动态水体有溪涧、瀑布、跌水、喷泉等几种形式。溪涧是连续的带状动态水体。溪浅而阔，涧深而窄。平面上蜿蜒曲折，对比强烈，立面上有缓有陡，空间分隔开合有序。整个带状游览空间层次分明，组合合理，富于节奏感。

（二）地形的功能作用

1. 分隔空间

地形可以不同的方式创造和限制外部空间。平坦地形仅是一种缺乏垂直限制的平面因素，视觉上缺乏空间限制。而斜坡的地面较高点则占据了垂直面的一部分，并且能够限制和封闭空间。斜坡越陡越高，户外空间感就越强烈。地形除能限制空间外，它还能影响一个空间的气氛。平坦、起伏、平缓的地形能给人美的享受和轻松感，而陡峭、崎岖的地形极易在一个空间中造成兴奋的感受。地形不仅可制约一个空间的边缘，还可制约其走向。一个空间的总走向，一般都是朝向开阔地带的。地形一侧为一片高地，而另一侧为一片低矮地时，就可形成一种朝向较低，更开阔的空间走向。

园林竖向设计对原地形充分利用改造，能有效组织空间，合理安排各种要素、坡度和各点高程，使所有山水、植物、建筑满足造景与游人进行各种活动的需求；用地的功能性质决定了用地的类型，不同类型、不同使用功能的园林绿地对地形的要求各异。如公园中的安静休息区，要求地形复杂，有一定的地形地貌；而用于游人活动的区域，地形就不宜变化过于强烈，以便开展大量游人短期集散的活动；儿童活动区不宜选择过于陡峭、险峻的地形，以保证儿童活动的安全；建筑等多需平地地形；水体用地则要调整好水底标高、水面标高和岸边标高；园路用地，则依山随势，灵活掌握，控制好最大纵坡、最小排水坡度等关键的地形要素，如表1-2所示。

表1-2　　　　　　　　　　地形特征及其运用

地形特征	性　质	运　用
平地	开朗、平稳、宁静、多向	广场、大建筑群、运动场、学校、停车场的合适场地
凸地（土丘/土山）	向上、开阔、崇高、动感	理想的景观焦点和观赏景观的最佳处。建筑与活动场所
凹地	封闭、汇聚、幽静、内向	露天观演、运动场地、水面、绿化休息场所
山脊	延伸、分隔、动感、外向	道路、建筑布置的场地。脊的端部具有凸地的优点可供运用
山谷	延伸、动感、内向、幽静	道路、水面、绿化

2. 控制视线

地形能在景观中有助于视线导向和限制视野，将视线导向某一特定点，影响某一固定点的可视景物和可见范围，形成连续观赏或景观序列，为了能在环境中使视线停留在某一特殊焦点上，突出主要的景观，可在视线的一侧或两侧将地形增高，在这种地形中，视线两侧的较高地面犹如视野屏障，封锁了分散的视线，从而使视线集中到景物上。地形的另一类似功能是构成一系列赏景点，以此来观赏某一景物或空间。或完全封闭通向不悦景物的视线，影响旅游线路和速度。在园林设计中，地形影响行人和车辆运行的方向、速度和节奏。竖向设计的高低变化、坡度的陡缓以及道路的宽窄、曲直变化等来组织交通，影响和控制游人的游览线路及速度。在平坦的土地上，人们的步伐稳健持续。而在变化的地形上，随着地面坡度的增加，或障碍物的出现，游览也就越发困难。为了上、下坡，人们就必须使出更多的力气，时间也就延长，中途的停顿休息也就逐渐增多。对于步行者来说，在上、下坡时，其平衡性受到干扰，每走一步都必须格外小心，最终导致尽可能地减少穿越斜坡的行动。

3. 改善小气候

地形可影响园林某一区域的光照、温度、风速和湿度等。从采光方面来说，朝南的坡面一年中大部分时间，都保持较温暖和宜人的状态。从风的角度而言，凸面地形、脊地或土丘等，可以阻挡刮向某一场所的冬季寒风。反过来，地形也可被用来收集和引导夏季风。夏季风可以被引导穿过两高地之间形成的谷地或洼地、马鞍形的空间。

4. 美学功能

地形可被当作布局和视觉要素来使用。在大多数情况下，土壤是一种可塑性物质，它能被塑造成具有各种特性、具有美学价值的悦目的实体和虚体。地形有许多潜在的视觉特性。作为地形的土壤，可将其成形为柔软、具有美感的形状，这样它便能轻易地捕捉视线，并使其穿越于景观。借助于岩石和水泥，地形便被浇铸成具有清晰边缘和平面的挺括形状结构。地形的每一种功能，都可使一个设计具有明显差异的视觉特性和视觉感。

地形不仅可被组合成各种不同的形状，而且它还能在阳光和气候的影响下产生不同的视觉效应。阳光照射某一特殊地形，并由此产生的阴影变化，一般都会产生一种赏心悦目的效果。当然，这些情形每一天、每一个季节都在发生变化。此外，降雨和降雾所产生的视觉效应，也能改变地形的外貌。

5. 工程功能

地形可看作由许多复杂的坡面构成的多面体。地表的排水由坡面决定，在地形设计中应考虑地形与排水的关系、地形和排水对坡面稳定性的影响。地形过于平坦不利于排水，容易积涝，破坏土壤的稳定，对植物的生长、建筑和道路的基础不利。因此应创造一定的地形起伏，合理安排分水和汇水线，保证地形具有较好的自然排水条件，既可以及时排除雨水，又可避免修筑过多的人工排水沟渠。但是，若地形起伏过大或坡度不大，但同一坡度的坡面延伸过长时，则会引起地表径流、产生坡面滑坡。所以，形成良好的排水工程坡面，避免形成过大的地表径流的冲刷，造成滑坡或塌方，保障工程稳定性。

二、坡度概念

在地形设计中，地形坡度不仅关系到地表面的排水、坡面的稳定，还关系到人的活动、行走和车辆的行驶。一般来讲，坡度小于1％的地形易积水；坡度介于1％～5％的地形排水较理想，如停车场、运动场等；坡度介于5％～10％之间的地形仅适合安排用地范围不大的内容，但这类地形的排水条件很好，而且具有起伏感；坡度大于10％的地形只能局部小范围地加以利用，如表1－3所示。

表 1－3　　　　　　　　　　　　极限和常用的坡度范围

内　容	极限坡度	常用坡度
主要道路	0.5～10	1～8
次要道路	0.5～20	1～12
服务车道	0.5～15	1～10
边道	0.5～12	1～8
入口道路	0.5～8	1～4
步行坡道	≤12	≤8
停车坡道	≤20	≤15
台阶	15～50	33～50

三、竖向设计

（一）竖向设计概念

竖向设计是园林总平面设计的一个不可缺少的组成部分。竖向设计是指在一块场地上进行垂直于水平面方向的布置和处理。表现了各个景点、设施、地貌等在高程上的变化。在平面上反映，用等高线表示，重点部位用标高表示，在断面上反映，用断面图表示。园林用地的竖向设计就是根据造园的目的和要求并与平面规划相协调，对造园用地范围内的各个景点、各种设施及地貌等在高程上如何创造高低变化和协调统一的设计。

在建园过程中，原地形通常不能完全满足造园的要求，所以在充分利用原地形的情况下必须进行适当的改造。竖向设计的任务就是从最大限度地发挥园林的综合功能出发，统筹安排园内各种景点、设施和地貌景观之间的关系，使地上设施和地下设施之间、山水之间、园内与园外之间在高程上有合理的关系。

（二）竖向设计的原则

1. 功能优先，造景并重

园林地形的塑造要符合各功能设施的需要。建筑等多需平地地形；水体用地，要调整好水底标高、水面标高和岸边标高；园路用地，则依山随势，灵活掌握，控制好最大纵坡、最小排水坡度等关键的地形要素。注重地形的造景作用，地形变化要适合造景需要。

2. 利用为主，改造为辅

尽量利用原有的自然地形、地貌；尽量不动原有地形与现状植被。需要的话进行局部的、小范围的地形改造。

3. 因地制宜，顺应自然

利用与改造相结合，在利用的基础上，进行合理的改造。尤其是园址现状地形复杂多变时，更宜利用保护为主，改造修整为辅。地形塑造应因地制宜，就低挖池就高堆山。园林建筑、道路等要顺应地形布置，少动土方。

4. 填挖结合，土方平衡

在地形改造中，使挖方工程量和填方工程量基本相等，即达到土方平衡。注意节约原则，降低工程费用，维持土方平衡。土方工程费用通常占造园成本的 $30\% \sim 40\%$，有时高达 60%。因此，在地形设计时需尽量缩短土方运距，就地挖填，保持土方平衡，从而节省投资。

（三）竖向设计的内容

1. 地形设计

根据造景和功能的需要，应用设计等高线法、纵横断面设计法等对园林地形进行竖向设计。

2. 水体设计

确定水体的水位，解决水体和排放问题，创造水景。

3. 园路、铺装场地、桥梁的竖向设计

根据有关规范要求，确定园林中道路、场地、桥梁的标高和坡度，使之与周边建筑物、构筑物的有关标高相适应，使场地标高与道路连接处的标高相适应。

4. 建筑和其他园林小品的竖向设计

确定建筑室内地坪标高以及室外整平标高。

5. 植物种植对高程的要求

确定植物种植的标高，使之满足植物种植空间感强，错落有效。

6. 地面排水设计

确立全园的排水系统，保证排水通畅，地面不受山洪冲刷。

7. 排水构筑物设计

根据排水和护坡的实际需要，合理配置必要的排水构筑物如截水沟、排洪沟、排水渠，以及工程构筑物如挡土墙、护坡等，建立完整的排水管渠系统和土地保护系统。

8. 土石方工程量设计

计算土石方工程量，并进行设计标高的调整，使挖方量和填方量接近平衡；并做好挖、填土方量的调配安排，尽量使土石方工程总量达到最小。

（四）竖向设计的方法

1. 等高线法

一般地形测绘图和园林设计图都是以等高线和点标高来表示其地形状况。

（1）等高线的概念。用一组垂直间距相等、平行于水平面的假想面与自然地貌相切，所得到的交线在平面上的投影即为等高线。

（2）用设计等高线进行竖向设计。

1）坡度的改变：将等高线之水平距离（疏密）改变。

2）平整场地：广场、建筑地坪等草地。

3）园路设计等高线的计算和绘制。

2．断面法

（1）断面法概念。断面法，即用许多断面表达设计地形以及原有地形的状况的方法。断面法表示了地形按比例在纵向和横向的变化。此种方法可以表达实际形象轮廓，使视觉形象更明了。同时，也可以说明地形上地物的相对位置和室内外标高的关系；说明植物分布及林木空间的轮廓以及在垂直空间内地面上不同界面的处置效果（如水体岸坡坡度变化延伸情况等）。

（2）断面法应用。应用断面法设计园林用地，首先要有较精确的地形图。

断面的取法可以沿所选定的轴线取设计地段的横断面，断面间距视所要求精度而定。也可以在地形图上绘制方格网，方格边长可依设计精度确定，设计方法是在每一方格角点上，求出原地形标高，再根据设计意图求取该点的设计标高。对各角点的原地形标高和设计标高进行比较，求得各点的施工标高，依据施工标高沿方格网的边线绘制出断面图，沿方格网长轴方向绘制的断面图称为纵断面图，沿其短轴方向绘制的断面图叫横断面图。

从断面图上可以了解各方格点上的原地形标高和设计地形标高，这种图纸便于土方量计算，也方便施工。其缺点是一般不能全面反映园林用地的地形地貌，当断面过多时既繁琐又容易混淆。因此一般仅用于要求不很高且地形狭长的地段的地形设计及表达，或将其作为设计等高线的辅助图，以便较直观地说明设计意图。不过，对于用等高线表示的设计地形借助断面图可以确认其竖向上的关系及其视觉效果。

1）定方向（轴线等）取横断面。

2）上取断面。

3）利于土方量计算，但不能详细地反映出地形状况。

3．模型法

（1）模型法的特点是直观、形象。本法可以直观地形地貌的形象，具有三维空间表现力，适宜于表现起伏较大的地形。可以在地形规划阶段斟酌地形规划方案。但模型的制作费工费时，并且不易搬动。

（2）模型制作过程简介如下。

1）模型制作工具。测绘工具常用的测绘工具除直尺、三角板、圆规、比例尺等外，还有下面几种。

模板：可用于测量绘制不同形状的线条、图案。

自由曲线尺（俗称蛇尺）：是一种可以根据曲线的形状任意弯曲的测量、绘图工具，用于测量自然曲线的长度。

2）剪裁、切割工具。

推拉刀：俗称壁纸刀。大多数板材（如木板、泡沫板、吹塑纸等）都可用推拉刀进行切割和细部处理。

手锯：切割木质材料的专用工具。

钢锯：主要用于切割木质类、塑料类等材料。

（五）竖向设计的步骤

1．资料的收集

（1）园林用地及附近地区的地形图，比例1：500或1：1000。

（2）当地水文地质、气象、土壤、植物等的现状和历史资料。

（3）城市规划对该园林用地及附近地区的规划资料，市政建设及其地下管线资料。

（4）园林总体规划初步方案及规划所依据的基础资料。

（5）所在地区的园林施工队伍状况和施工技术水平、劳动力素质与施工机械化程度等方面的参考材料。

2. 现场踏勘与调研

对地形图等关键资料进行核实。在掌握上述资料的基础上，应亲临园林建设现场，进行认真的踏勘、调查，并对地形图等关键资料进行核实。如发现地形、地物现状与地形图上有不吻合处或有变动处，要搞清变动原因，进行补测或现场记录，以修正和补充地形图的不足之处。对保留利用的地形、水体、建筑、文物古迹等要加以特别注意，要记载下来。对现有的大树或古树名木的具体位置，必须重点标明。还要查明地形现状中地面水的汇集规律和集中排放方向及位置，城市给水干管接入园林的接口位置等情况。

3. 设计图纸的表达

竖向设计应是总体规划的组成部分，需要与总体规划同时进行。在中小型园林工程中，竖向设计一般可以结合在总平面图中表达。但是，如果园林地形比较复杂，或者园林工程规模较大时，在总平面图上就不易清楚地把总体规划内容和竖向设计内容同时都表达地很清楚。因此，就要单独绘制园林竖向设计图。

根据竖向设计方法的不同，竖向设计图的表达也有高程箭头法、纵横断面法和设计等高线法等3种方法。由于在前面已经讲过纵横断面设计法的图纸表达方法，下面就按高程箭头法和设计等高线法相结合进行竖向设计的情况来介绍图纸的表达方法和步骤。一般用高程和设计等高线相结合进行竖向设计。

（1）在有原地形等高线的总平面底图上，用设计等高线对地形作重新设计。

（2）标注园林内各处场地的控制性标高。

（3）标注各主要设施的坐标和标高。如园林建筑室内地坪标高以及室外整平标高；园路的纵坡度、变坡点距离和园路交叉口中心的坐标及标高；排水明渠的沟底面起点和转折点的标高、坡度和明渠的高宽比等。

（4）进行土方工程量计算，根据算出的挖方量和填方量进行平衡；如不能平衡，则调整部分地方的标高，使土方总量基本达到平衡。

（5）用排水箭头，标出地面排水方向。

（6）将以上设计结果汇总，绘出竖向设计图。绘制竖向设计图的要求如下所述。

1）图纸平面比例采用1:200~1:1000，常用1:500。

2）等高距：一般0.25~1.0m之间。

3）图纸内容：用国家颁发的《总图制图标准》（GB/T 50103—2010）所规定的图例，表明园林各项工程平面位置的详细标高，如建筑物、绿化、园路、广场、沟渠的控制标高等；并要表示坡面排水走向。作土方施工用的图纸，则要注明进行土方施工各点的原地形标高与设计标高，表明填方区和挖方区，编制出土方调配表。

（7）在有明显特征的地方，如园路、广场、堆山、挖湖等土方施工项目所在地，绘出设计剖面图或施工断面图，直接反映标高变化和设计意图，以方便施工。

（8）编制出正式的土方量估算表和土方工程预算表。

（9）将图、表不能表达出的设计要求、设计目的及施工注意事项等需要说明的内容，编写成竖向设计说明书，以供施工参考。

任务二 土方工程量计算

土方工程分2类：①建筑场地平整土方工程量，或称一次土方工程量；②建筑、构筑物基础、道路、管线工程土方工程量，也称二次土方工程量。

土方量的计算工作，就其要求精度不同，可分为估算和计算二种。估算一般用于规划阶段，而施工设计时，土方量则必须精确计算。计算土方量的方法很多，常用的大致可以归纳为以下3类：体积公式估算法、断面法、方格网法。

一、体积公式估算法

体积公式估算法，就是利用求体积的公式计算土方量。在建园过程中，把所设计的地形近似地假定为锥体、棱台等几何形体，然后用相应的公式进行体积计算。这种方法简易便捷，但精度不够，一般多用于估算。

各种近似于几何形状的土方计算公式如下所列。

圆锥体：
$$V=\frac{1}{3\pi r^2 h}$$

圆台体：
$$V=\frac{1}{3\pi h}(r_1^2+r_2^2+r_1+r_2)$$

球缺体：
$$V=\frac{\pi h}{6(h^2+3r^2)}$$

棱锥体：
$$V=\frac{1}{3} \quad V=\frac{1}{3s\cdot h}$$

棱台体：
$$V=\frac{1}{3h(s_1+s_2+s_1\,s_2-2)}$$

式中　V——土方体积，m³；

r——土体半径，m；

s——土体底面积，m²；

h——土体高度，m；

r_1——圆台上底半径，m；

r_2——圆台下底半径，m。

二、断面法

断面法是一种常用的土方量计算方法，多用于园林地形横纵坡度有规律变化的地段。当采用高程流水箭头法进行竖向设计时，用断面法计算土方量比较方便。以一组等距（或不等距）的互相平行的截面将拟计算之对象分成"段"，分别计算每"段"之体积，然后相加，即得对象的总土方量。

但是这种方法的计算精度也不很高。采用断面法计算土石方工程量的方法和步骤如下所述。

（1）绘制断面图。

（2）作断面图。

（3）计算各断面挖填面积。

（4）断面之间土方量计算。

三、方格网法

土方工程量方格网计算法最适宜平整大型场地的土方量计算。

将竖向设计图分成20m×20m或40m×40m的方格网（局部地形复杂多变时，可以加密到10m×10m）。方格网最好与测量坐标网或施工坐标网重合设置。

在每个方格网交点的右下角标出该点的自然地面标高，右上角标示该点的设计标高，左上角标示施工标高（设计标高与自然地面标高的差值），填方为（＋）号，挖方为（－）号。

在方格网计算图上计算出并绘制零界点、零界线（不填不挖的点和界线）。零界点的计算可用公式或查图表。

求零界点公式：
$$x=\frac{h_1}{h_1+h_2}a$$

式中　a——方格网边长；

　　　h——方格网交点的施工标高（用绝对值）。

用公式或查计算图表计算土方工程量，用计算机可使计算速度和精度大大提高。

方格网土方计算图示例。

由土方计算所得之填、挖方量，均须乘以土的可松系数，才得到实际的填、挖方工程量。这是因为土经过挖掘，孔隙增大，体积增加，即使挖方用作回填土，夯实后仍不能回复到原来体积。此时其体积与原土体积之比称之为松土系数。

任务三　土　方　施　工

一、土方施工基本知识

（1）容重：单位体积内天然状况下的土壤重量。

（2）自然倾斜角（安息角）：土壤自然堆积，经沉落稳定后的表面与地平面所形成的夹角。

（3）土壤含水量：土壤孔隙中的水重和土壤颗粒重的比值。

（4）土壤可松性：土壤经挖掘后，土体变得松散而使体积增加的性质。

最初可松性系数：　　　$k_p=\dfrac{\text{开挖后土壤的松散体积}\ v_2}{\text{开挖前土壤的自然体积}\ v_1}$

最后可松性系数：　　　$k'_p=\dfrac{\text{填方夯实后土壤的体积}\ v_3}{\text{开挖前土壤的自然体积}\ v_1}$

也可将上面两式换算成土方体积增加百分比。

作用：土方施工组织及运输考虑。

$k_p=1.26$，挖方为 1000m³，运输时为 1260m³。

$k'_p=1.06$，到填方区填夯后为 1060m³。

二、土壤的工程分类

（1）主要根据施工中开挖难易程度分为 8 类。

（2）按土壤颗粒级配和塑性指数划分。

塑性指数 I_P：土壤处于塑态时的含水量范围。

碎石类土（大于 2mm 颗粒超过 50%）

砂土（>2mm 颗粒<50%，$I_P\leqslant3$）

砾砂>2mm	25%～50%
粗砂>0.5mm	>50%
砂>0.25mm	>50%
细砂>0.1mm	>75%
粉砂>0.1mm	≤75%

黏性土（$I_P>3$）

黏土	$I_P>17$
亚黏土	$10<I_P<17$
轻亚黏土	$3<I_P\leqslant10$

三、土方施工

主要依据竖向设计进行土方施工，从而塑造整理园林建设场地。土方施工的前序工作包括先审阅设计图；要对照园林总平面图、竖向设计图和地形图，在施工现场一面踏勘，一面核实自然地形现状。然后收集与施工现场有关资料如地质、市政、气象等，了解具体的土石方工程量、施工中可能遇到的困难和障碍、施工的有利因素和现状、地形能否继续利用等多方面的情况，接着了解施工单位情况：人力、装备、效率；土方施工的组织设计，包括进度、方法、人员、设备安排，绘制场地布置图，完成以上工作后，进场，尽可能掌握全面的现状资料，以便为施工计划或施工组织设计奠定基础。

（一）准备工作

1. 清理场地

施工现场残留有一些影响施工并经有关部门审查同意砍伐的树木，要进行伐除工作。凡土方开挖深度不大于 50cm，或填方高度较小的土方施工，其施工现场及排水沟中的树木，都必须连根拔除。清理树兜除用人工挖掘外，直径在 50cm 以上的大树兜还可用推土机铲除或用爆破法清除。大树一般不允许伐除，如遇到现场的大树、古树很有保留价值时，要提请建设单位或设计单位对设计进行修改，以便将大树、古树保留下来。因此，大树、古树的伐除要慎而又慎，凡能保留的要尽量设法保留。

有一些土石方施工工地可能残留了少量待拆除的建筑物或地下构筑物，在施工前要拆除掉。拆除时，应根据其结构特点，遵循现行《建筑工程安全技术规范》的规定进行操作。操作时可以用镐、铁锤，也可用推土机、挖土机等设备。

如果施工现场内的地面、地下或水下发现有管线通过，或有其他异常物体，如地下文物、地下矿物或地下不明物时，应事先请有关部门协同查清。未查清前，不可动工，以免发生危险或造成严重损失。

2. 场地排水

在挖方工程中，随着地面不断被挖低，遇雨时就会在挖出的土坑里积满雨水，使施工无法再进行下去。施工场地积水不仅不便于施工，而且也影响施工质量。被水浸泡的土壤挖起成为稀泥，用来填方时不便夯实，会造成填土区沉降不均匀，以后在使用填方地面时，将会产生不好的影响。因此，在挖方施工前及施工过程中必须安排好施工场地的排水措施。排水措施有：利用地面自然坡度排水、用明沟排水、用井点排水等。

地面水的排水处理，对于施工场地一般地面积水的排除，主要采用在场地周围设置临时排水沟的做法，在山坡地区，边坡上沿 5~6m 设截洪沟。使场地内排水通畅，而且场外的水也不致流入。即使采用地面排水或井点排水方式，其积水的汇集和集中排放，还是要使用排水沟渠。低洼处周围设围堰或防水堤。排水沟要求：纵向坡度不小于 2%；边坡 1:0.7~1:1.5；沟底宽及沟深不小于 50cm。地下水的处理排水，支渠间隔 1.5m 或疏些；集水井 30~40m 一个，深度比沟深 1m，截面不小于 80cm×80cm，井壁用竹木等作临时加固。

3. 定点放线

首先平整场地的放线，用经纬仪将方格放到地面，自然地形的放线以方格网控制；接着边坡处以边坡板控制坡度，水沟等采用 30~100m 龙门板隔，视沟渠纵坡变化情况而定。

定点放线常用的是方格网法。

（1）在平面图上按比例关系并确定某一点具有明确的标志点。地形勘测桩号、建筑物、构筑物等为起点，打上方格网。（适用于不规则地形及园林，方格间距 20~40cm 或根据实际情况自定。）

编号　纵向：1，2，3，4，…

　　　横向：A，B，C，D，…

方格的大小（边长）取决于放样的精度。

（2）将方格网测设到施工现场，对应确定的各交点，打桩编号。

首点确定后，用经纬仪（罗盘仪）定出两条边后，以起点为始点，用皮尺或钢尺按施工图上方格网的大小，落实在地面上，每个电先用白灰撒上标记，再打桩。

（3）确定等高线与方格的交点，用比例尺换算后（量出）在现场找到位置后用灰撒上标记，订出轮廓线。

（4）木桩。施工标高有"＋""－"；"＋"为挖方，"－"为填方。

$$施工标高＝原有标高－设计标高（保留小数点后两位）$$

（5）护桩。为了防止破坏和被土淹没、被人起走，可设明显标记（挂旗、涂色）。

（二）土方施工

土方施工按挖、运、填、压等施工顺序组织安排。

1. 挖掘土方

（1）人力挖方。人力挖方一般适用于中小型规模的土方工程，施工点分散，或场地条件恶劣，机械无法进入，采用人工挖掘。

比较灵活、机动，但功效较低，安全性差，在挖掘过程中一定注意安全，随时检查排水隐患。

方法：1）保证人的工作面积在 4～6m²。

2）在 1.5m 深以上的深度作业时，要用木板，铁管架等对土壁加以支撑，工具有锹、镐、钎、锤等。

注意：推土过程中，对表土层（熟土）加以保护，一般 50cm 原有的表土层推到一边，于 50cm 以下的土（生土）分开堆放，以备后用。

（2）机械挖方。机械挖方适于较大的面积和较大工作量的工程，优点是工效高，施工速度快，施工费用相对较低，在狭窄、边缘或转角处，机械操作不到的地方再用人工修整。

机械施工的桩点，桩点要醒目，并随时检测工具（推土机、挖掘机、装载机等）。

2. 土方运输

要注意运输路线的组织及卸土地点的准确，应有专人指挥，避免乱堆乱放，路线呈环形，防止相互阻碍。30～60m 采用推土机；200～300m 采用铲运机施工。

3. 土方填筑

土方的填埋质量直接影响后期表面工程的施工使用。

（1）填埋顺序。先填石方，后填土方。

（2）填埋方式。采用分层填埋，一般工程每层 30～60cm，要求质量高的工程在 30cm 以下。

填一层压实一层，做到层层压实，在自然斜坡填土时要先做成 1：2 台阶，再填土方，保证土方与斜坡吻合，使新土方稳定。不同土要分层，同层最好不用多种土。填方区底层淤泥，杂质要清除，松土夯实。

4. 土方压筑

土方的压实根据工程量的大小，可采用人工夯压或机械碾压。人力夯压可用夯、硪、碾等工具；机械碾压可用碾压机、振动碾或用拖拉机带动铁碾，小型夯压机械有内燃夯、蛙式夯等。掌握最佳含水量，分层进行。人力夯：每层不大于 20cm，3～4 遍；打夯机：每层 20～25cm，3～4 遍；压路机等：每层 25～30cm（12t，4～6 遍；8～10t，8～10 遍；5t，10～12 遍）；注意均匀，先轻后重，先外后内。填土的含水量对压实质量有直接影响。每种土壤都有其最佳含水量（见表 1－4），土在这种含水量条件下，压实后可以得最大密实效果。为了保证填土在压实过程中处于最佳含水量，当土过湿时，应予翻松晾干，也可掺不同类土或吸水性填料；当土过干时，则应洒水湿润后再行压实。

表 1－4 　　　　　　　　　　　　　各种土壤最佳含水量

土壤名称	最佳含水量	土壤名称	最佳含水量
粗砂	8%～10%	黏土质砂黏土和黏土	20%～30%
细砂和黏质砂土	10%～15%	重砂土	30%～35%
砂质黏土	6%～22%		

尤其是作为建筑、广场道路、驳岸等基础对压实要求较高的填土场合，更应注意这个问题。

另外，在压实过程中还应注意以下几点。

（1）压实工作必须分层进行，每层的厚度要根据压实机械、土的性质和含水量来决定。

（2）压实工作要注意均匀。

（3）松土不宜用重型碾压机械直接滚压，否则土层会有强烈的起伏现象，使碾压工作效率降低。如先用轻碾压实，再用重碾压实就会取得较好的效果。

（4）压实工作应自边缘开始逐渐向中间收拢，否则边缘土方易外挤引起坍落。

5. 人工修整

对于山形，驳岸等自然地形，要进行人工修整，使其符合设计要求。

项目四　园林给排水工程应用

任务一　园 林 给 水 工 程

一、给水工程有关概念

（一）园林用水类型

1. 生活服务用水

生活服务用水包括餐厅、茶室、卫生设备等处的水。

2. 养护用水

养护用水包括动、植物及道路、广场喷洒用水。

3. 造景用水

造景用水包括水体、水景用水。

4. 游乐用水

游乐用水包括泳池、水上乐园用水。

5. 消防用水

消防用水在主要建筑周围设置消防栓用水。

（二）水源

一般接城市自来水，如无自来水，可先考虑使用地下水，最后考虑应用地表水。位于城区的园林绿地，通常是从城市给水管网就近接入，远离城区时需因地制宜设法解决。如生活用水可取用地下水或泉水，其他用水也可从江、河、湖等水源直接取用。

1. 地表水

地表水来源于大气降水，包括江、河、湖水。由于地表水直接与大气接触，长期暴露在地面上，易受周围环境污染，在各种因素的作用下，地表水的浑浊度一般较高，细菌含量大，因此水质较差。但地表水水量充沛，取用较方便。如果地表水比较清洁或受污染较轻可直接用于植物养护或水景用水。作为生活用水则需净化消毒处理。

2. 地下水

地下水是由大气降水渗入地层，或者河水通过河床渗入地下而形成的。地下水一般水质澄清、无色无味、水温稳定、分布面广，并且不易受到污染，水质较好。通常可直接使用，即使用作生活用水也仅需做一些必要的消毒，不再作净化处理。

3. 自来水

自来水是把源水从江河湖泊中抽取到水厂，然后经过沉淀、过滤、消毒、入库（消水库），再由送水泵高压输入城市给水管网中，最终分流到用户。城市给水管网中的水已经过净化消毒，一般能满足各类用水对水质的要求。

二、城市给水系统简介

（一）给水

从水源取水，经处理达到一定标准后，供给用户使用。

（二）城市给水系统的组成

1. 取水工程

取水工程是由取水构筑物、管道、机电设备等设备从江、河、湖、井、泉、水库等各种水源取水的一项工程。

2. 净水工程

对天然水质处理，达到国家生活饮用水标准和工业生产用水水质标准。为了满足生活用水、游戏用水、景观用水和动、植物养护用水，通过混凝、沉淀、过滤、消毒等工序，将水进行净化处理，使水质符合以上用水要求。

3. 输配水工程

将足够达标的水量输送和分配到各用水地点。

取水工程一般由加压泵站（或水塔）、输水管和配水管组成，通过设置配水管网将水送至各用水点的工程。

（三）城市给水系统的布置形式

1. 统一给水系统

城市生活饮用水、工业用水、消防用水等都按照生活饮用水水质标准，用统一的给水管网供给用户的给水系统，管道投资小，但净水成本高。

2. 分质给水系统

取水构筑物从水源地取水，经过不同的净化过程，用不同管道，分别将不同水质的水供给用户。这种给水系统，适用于城市或工业区中低质水占比重极大的情况。

3. 分区给水系统

将城市或工业区按其特点分成几个区，各区自成系统给水，有时系统和系统间可保持适当联系。根据各区不同情况考虑管网布置，可节约动力和管网投资。

4. 分压给水系统

对不同高程地区，采用不同压力的系统供水。

三、园林给水方式

1. 引用式

引用式是直接到城市给水管网上取水。

当园子附近有自来水管道通过时，采用此种给水方式。

管线的引入可考虑一点式或多点式，具体应用哪种方式，要根据用水量的大小及公园地形及周围管道情况来考虑。

（1）当用水量过大，一点接入无法满足水量要求时，采用多点式。

（2）当公园为狭长形，宜采用二点以上式接入，以减少水头损失。

2. 自给式

当附近无自来水通过，可就近取地下水或地表水，自成系统，独立给水。

3. 兼用式

生活用水引用式，造景、生产用水自给式。

四、园林给水管网布置

（一）管网布置形式

管网布置形式分为树枝形和环形两种。

1. 树枝形管网

以一条或少数几条主干管为骨干，从主管上分出许多配水支管连接到各用水点。在一定范围内，用树枝形管网形式的管道总长度比较短，管网建设和用水的经济性比较好，但如果主干管出故障，则整个给水系统就可能断水，用水的安全性较差。

2. 环形管网

主干管道在园林内布置成一个闭合的大环形，再从环形主管上分出配水支管向各用水点供水。所用管道的总长度较长，耗用管材较多，建设费用稍高于树枝形管网。但管网的使用很方便，主干管上某一点出故障时，其他管段仍能通水。

在实际布置管网的工作中，常常将两种布置方式结合起来应用。在园林中用水点密集的区域，采用环形管网；而在用水点稀少的局部，则采用分支较小的树枝形管网，或者，在近期采用树枝形，而到远期用水点增多时，再改造成环形管网形式。园林用水也可以直接从城市给水管网中直接取用，从地面或地下取水。

（二）管网布置要求

布置园林管网，应当根据园林地形，园路系统布局、主要用水点的位置、用水点所要求的水量与水压、水源位置和园林其他管线工程的综合布置情况，来合理地做好安排。要求管网应比较均匀地分布在用水地区，并有两条或几条管通向水量调节构筑物如水塔及主要用水点。在技术上，使园林各用水点有足够的水量和水压。干管应布置在地势较高处，能利用地形高差实行重力自流给水。

在经济上，选用最短的管道线路，施工方便，并努力使给水管道网的修建费用最少。管道埋深冰冻地区，应埋设于冰冻线以下 40cm 处；不冻或轻冻地区，覆土深度也不小于 70cm。当然管道也不宜埋得过深，埋得过深工程造价高，但也不宜过浅，否则管道易遭破坏。阀门及消防栓给水管网的交点称为节点，在节点上设有阀门等附件，为了检修管理方便，节点处应设阀门井。阀门除安装在支管和干管的连接处外，为便于检修养护，要求每 500m 直线距离设一个阀门井。配水管上安装着消防栓，按规定其间距通常为 120m，且其位置距建筑不得少于 5m，为了便于消防车补给水，离车行道不大于 2m。管道材料的选择大型排水管渠有砖砌、石砌及预制混凝土装配式等。在安全上，当管道网发生故障或进行检修时，要求仍能保证继续供给一定数量的水。

五、园林给水管网计算

（一）园林给水管网相关概念

园林给水管网相关概念，如图 1-7 所示。

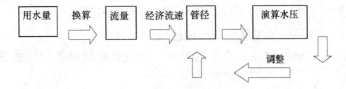

图 1-7　园林给水管网相关概念

1. 用水量标准

用水量标准是国家根据中国各地区用水情况的不同而制定出的标准。

居住区用水量由于各地气候、生活水平、卫生设备及生活习惯不同，因而居民生活用水量标准亦不相同。所以居住区用水量标准是按分区制定的，在中国分五个区。

公共性质的用水，未按分区制定。园林中用水基本属公共性质用水，故其标准未按分区制定。

2. 日变化系数与时变化系数

一年中，公园用水量随季节、节假日的影响，各不相同。

最高日用水量：一年中用水最多的那天的用水量。

平均日用水量：一年中的总用水量除以 1 年的天数。

日变化系数：

$$k_d = \frac{\text{最高日用水量}}{\text{平均日用水量}}$$

园林中的 k_d 通常在 2～3 范围内。

最高时用水量：最高日那天用水量最多的 1h 用水量

平均时用水量：最高日那天总用水量除以 1 天的小时数。

时变化系数

$$k_h = \frac{\text{最高时用水量}}{\text{平均时用水量}}$$

园林中的 k_h 通常在 4～6 范围内。

3. 流量与流速

流量与流速关系

$$Q = VA$$

式中　Q——流量，单位时间内流过管道某一截面的水量，m^3/s（L/s）；

　　　V——流速，单位时间内水流所通过的距离，m/s；

　　　A——过水断面，垂直于水流方向上，水流所通过的断面，m^2。

由此可知：Q 一定，$A\downarrow$，$V\uparrow$；$A\uparrow$，$V\downarrow$

所以在选择管材料大小时，选小的，则 $V\uparrow$，水头损失亦大，→动力投资大，但管材投资小。选大的，则 $V\downarrow$，水头损失小，→动力投资小，但管材投资大。

经济流速：使整个给水系统的成本降至最低时的流速，即管网造价和一定年限内的经营管理费用最低。

不同管径的经济流速：D_g 为 100～400m，V 为 0.6～1.0m/s；$D_g > 400m$，V 为 1.0～1.4m/s。

4. 水头和水头损失

（1）水头。是水的压强的一种形象表示法，指水柱高度。

$$\text{水的压强 } P_s = rh \ (kg/cm^2)$$

式中　r——水的比重，kg/cm^3；

　　　h——水柱高度，kg/cm^2。

当 $P_s = 1kg/cm^2$（压强为 $1kg/cm^2$ 时，也常称压力是 $1kg/cm^2$）。

$$h = \frac{P_s}{r} = \frac{1kg/cm^2}{1kg/cm^3} = \frac{1kg/cm^2}{1kg/1000cm^3} = 1000cm = 10m$$

$1kg/cm^2$ 的水压相当于 10m 高的水柱高度→即水头为 10m。

（2）水头损失。水流中单位重量液体的机械能损失。

液体运动时，由于液体的黏滞性而产生内摩擦，使液体流动具不同流速分布，造成对水流的阻力。

此外，各种不同的边界条件（闸门，弯头，变径处，三通，四通以及泵的进、出水口）对水流运动也产生一定的干扰，造成对水流的阻力。

要克服这些阻力，就要动用水流机械产生，使其转化为热能而散失，这部分机械能即为水头损失。

水头损失有两种形式。

1）沿程水头损失（h_y）：为克服水流全部流程的摩擦阻力而引起的水头损失（大小随长度增加而增加）。

$$h_y = \text{摩擦阻力系数} \times \frac{\text{直管长度}}{\text{管内径}} \times \frac{(\text{管内液体流速})^2}{2g} = \lambda \times \frac{L}{d} \times \frac{V^2}{2g}$$

2）局部水头损失（h_j）。水流因边界的改变而引起断面流速分布发生急骤的变化，从而产生局部阻力，克服局部阻力而引起的水头损失称为局部水头损失。

$$h' = 局部阻力系数 \times \frac{(管内液体流速)^2}{2g} = \xi \frac{V^2}{2g}$$

沿程水头损失可查水力计算表而得。

局部水头损失亦可查表（查 ξ，代入公式计算）。但在实际中常按沿程水头损失的百分比折算。

生活用水管网：$h_j = 25\% \sim 30\% h_y$

生产用水管网：$h_j = 20\% h_y$

消防用水管网：$h_j = 10\% h_y$

（二）计算步骤

（1）在最高日最高时用水量的条件下，确定各管段的设计流量和管径及水头损失，再据此确定所需水泵扬程或水塔高度。

1）收集分析有关的图纸、资料主要是公园设计图纸、公园附近市政干管布置情况或其他水源情况。

2）布置管网在公园设计平面图上根据用水点分布情况、其他设施布置情况等定出给水干管的位置、走向，并对节点进行编号，量出节点间的长度。

3）求公园中各用水点的用水量。

4）确定各管段的管径根据各用水点所求得的设计秒流量及要求的水压，查水力计算表以确定连接园内给水干管和用水点之间的管段的管径。同时还可查得与该管径相应的流速和单位长度的沿程水头损失值。

5）水头计算公园给水干管所需水压可按下式计算

$$H = H_1 + H_2 + H_3 + H_4$$

式中　H——引水管处所需的总水压，Pa；

　　H_1——引水点和用水点之间的地面高程差，m；

　　H_2——用水点与建筑物进水管之间的高差，m；

　　H_3——用水点所需的工作水头，Pa；

　　H_4——沿程水头损失和局部水头损失之和，Pa。

通过上述的水头计算，若引水点的自由水头高于用水点的总水压要求，则说明该管段的设计是合理的。

6）干管的水力计算在完成各用水点用水量计算和确定各段引水管的管径之后，还应进一步计算干管各节点的总流量，据此确定干管各管段的管径，并对整个管网的总水头要求进行复核。

复核一个给水管网各用水点所需水压能否得到满足的方法是：找出管网中的最不利点。所谓最不利点是指处在地势高、距离引水点远、用水量大或要求工作水头特别高的用水点。只要最不利点的水压得到满足，则同一管网中的其他用水点的水压也能满足。

另外，若是从市政给水干管引水，还应将公园给水干管所需的总水压（H）与市政干管的自由水头（H_0）加以比较：当 H_0 大于 H 很多时，应适当缩小公园给水管网中某些管段的管径，以充分利用市政干管的自由水头，可节省管网造价；当 H_0 小于 H 不很多时，为避免设置局部升压设备并增加经营管理费用，可适当扩大公园给水管网中某些管段的管径。而且，园林给水管网的布置和水力计算，是以各用水点用水时间相同为前提的，即所设计的供水系统在用水高峰时仍可保证各用水点对水量和水压的要求。但实际上公园中各用水点的用水时间并不同步，因此通过合理安排用水时间、降低用水高峰时的用水量，也能节约管材和投资。

（2）管网设计过程中，首先根据公园现状各用水点的要求，结合远期规划，定下管线布置；然后计算，以确定管径。

六、给水工程工序

给水管道的敷设一般采取地面浅埋方式，在接近园内建筑物时也常采用明管敷设。水管埋地深度可在 20～50cm 之间。施工时，先要核对园林给水设计图所规定的水管位置与走向、管头连接方式和阀门井的位置，在地面准确地定线；然后依照定线挖浅槽，注意槽底要整平。在土槽中敷设管道，按照设计要求连接好水管的接头，保证不漏水，再安装上阀门和水龙头；最后，将挖出的槽土回填并压实。

任务二　园林排水工程

一、城市排水系统相关概念

1. 排水

排水就是指用户使用的水及降水，经处理再排走。

2. 城市排水系统的体制

在城市中对生活污水、工业废水和降水，采取的排除方式称为排水的体制，也称排水制度。排水制度分别有分流制和合流制。

(1) 分流制。将生活污水、工业废水、降水分别用两个或两个以上管渠系统来汇集和输送。

1) 完全分流制：分别设置污水和雨水两个管渠系统。

2) 不完全分流制：只有污水管道系统，雨水沿地面、路边沟和明渠排走。

(2) 合流制。将生活污水、工业废水、降水用一个管渠系统输送。

合流制包括直泄式合流制、全处理合流制、截流式合流制（雨天，超量部分由溢流井排入水体）。

3. 城市排水系统的平面布置形式（受城市规模，布局情况及地形等影响）

(1) 集中式排水系统。全市污水均汇集到仅有的一个污水处理厂处理后排放。出水口设在城市下游。中小城市，地形变化不大时适用。

(2) 分区式排水系统。按城市布局和地形条件，将城市划分为几个排水区域，各区有独立的排水系统。

地形高差大，形成两个台地。地形中间降起，形成分水岭，地形复杂，布局分散，被河流阻隔成几个区域；大平原规模过大时，为了避免干管太长都是采用这种排水系统。

(3) 区域排水系统。将某区域相邻城镇的污水集中排到一个大型污水处理厂处理排放。

二、园林排水的特点

1. 体制

以不完全分流制为主，污水→管道排放；雨水→地形排除，局部辅以管道。

图 1-8　雨水系统图

2. 组成

污水系统：往往是城市污水系统的一部分，污水排入城市污水管道。

雨水系统如图 1-8 所示。

3. 平面布置形式

分区式排水，根据地形特点，就近排入附近水体或城市污水管道。

4. 园林排水的要点

排水构筑物结合造景在雨水口处理等。最小管径推荐用 300mm，小花园也可用 200mm，城市排水用 150mm。局部地区可考虑短期滞水。

三、地形排水

园林绿地，地形起伏，有一定坡度，而且排水要求不如城市街道高，所以多利用地形排水。仅在地形排水不畅的地方或是道路、广场等排水要求较高的地方，才局部敷设管道。

（一）地形排水的特点

园林中利用地面坡度使雨水汇集，再通过沟、谷、涧、山道等加以组织引导，就近排入附近水体或城市雨水管渠。这是公园排除雨水的一种主要方法。这种方法不仅经济实用便于维修，而且景观自然，通过合理安排可充分发挥其优势。

地面排水的方式可以归结为 5 个字，即拦、阻、蓄、分、导。

（1）拦，把地表水拦截于园地或某局部之外。

（2）阻，在径流流经的路线上设置障碍物挡水，达到消力降速、减少冲刷的作用。

（3）蓄，包括两方面意义：①采取措施使土壤多蓄水；②利用地表洼处或池塘蓄水。这对干旱地区的园林绿地尤其重要。

（4）分，用山石建筑墙体等将大股的地表径流分成多股细流，以减少危害。

（5）导，用多余的地表水或造成危害的地表径流，利用地面、明沟、道路边沟或地下管及时排放到园内（或园外）的水体或雨水管渠中去。

（二）竖向设计与工程措施

地形排水，必然会造成水土流失，我们应通过设计和工程措施来避免和减少水土流失。

1. 竖向设计

（1）控制地面坡度，不致过大。

（2）同一坡度坡面不宜延续过长，要有起伏。

（3）利用盘山道，谷线拦截组织排水。

（4）植物护坡。

2. 工程措施

（1）谷方。山谷中散点的山石。用于缓和水的冲力，减低径流速度，从而减少水对山谷表土的冲刷。

用做谷方的山石，要有一定的体量，部分埋入土中。这样，既可防止水把山石冲走，又形成一景观。山石似岩石露出地面。

（2）挡水石。当利用山道边沟排水时，在局部坡度较大之地，散点的山石。用于降低流速。

这种点石与植物结合，可形成很好的小景。

（3）护土筋。在山路边沟坡度较大或同一坡度过长的地段，可于沟中每隔 10~20m 设置 3~4 道小挡水墙。

可用砖仄铺或其他块料埋置，露出地面 3~5cm，似鱼骨头排列于道路两侧边沟中。

（4）出水口处理。一种可设置消力阶、礓磋、消力块等。另一种是在出水口进行埋管处理。

四、渠排除雨水

渠排除雨水如图 1-9 所示。

（一）管道排水组成部分

1. 雨水口

一般为矩形井，用砖或混凝土做成，按进水篦的布置方式不同，分为 3 种形式，如表 1-5 所示。

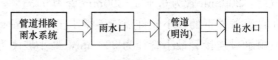

图 1-9 渠排除雨水示意图

表 1-5   雨 水 口 形 式

种类	平篦式	侧篦式	联合式
设置形式	进水篦水平放置在道路边沟里，并稍低于边沟底	进水篦垂直安放，嵌入边石	在道路边沟和边石中都设置进水篦，泄水效果较好

雨水口构造由进水篦、井筒、连接管三部分组成。连接管长度不宜超过 25m，直径 200mm（园林 300mm），坡度一般为 1%。布置在道路边沟或低洼处，进水篦比地面低 2～5cm。道路纵坡与雨水口间距关系如表 1-6 所示。

表 1-6   道路纵坡与雨水口间距关系

坡度（%）	0～1	1～3	3～5	5～10	10～30
L（m）	40	40～60	60～80	80～100	100～140

2. 管道

雨水管道目前常用的有：混凝土管、钢筋混凝土管，特点是 $D_g > 400$，制作方便，便宜，易被腐蚀、陶土管（瓦管）特点是不超过 500～600mm，光滑、耐腐蚀，石棉水泥管特点是用得不多，轻，质脆，及少量的塑料管和铸铁管。

3. 检查井

检查井是为了管道的维修及清理而设。设在管道转弯处，交汇处，变坡点，管径变更处。且两检查井间直线距离不得超过表 1-7 中数值。

表 1-7   两检查井间直线距离

D_g（mm）	<500	500～700	800～1500	>1500
L（m）	50	60	100	120

检查井一般为圆形。在埋深许可时，高度不小于 1.8m，直径不小于 1m，井口直径采用 600～700mm。

4. 跌水井

当上下游两管管底高差大于 1m 时，要设跌水井连接两管道。

常用的有以下两种形式。

（1）竖管式：适于管径≤400mm 的管道。

　　　　　$D_g ≤ 200mm$ 时，一次跌落高度不宜超过 6m

　　　　　$D_g = 250～400mm$ 时，一次跌落高度不宜超过 4m

（2）溢流堰式：适用于大型管渠。

5. 出水口

放在常水位线以上，与河流水流方向相顺，坡度比较大。

（二）管渠排水设计的一般规定

管道排水在园林中的某些局部，如低洼的绿地、铺装的广场和建筑物周围的积水以及污水的排除，多采用敷设管道的方式排水。其特点是不妨碍地面活动、卫生和美观，排水效率高。但造价也高，且检修困难。为了排水通畅、安全、排水管渠设计有许多规范，这些必须遵守。排水管道覆土深度应根据雨水井与连接管的坡度、冰冻深度和外部荷载情况决定，管道覆土深度不小于 70cm。坡度：200mm 管为 0.4%，300mm 管为 0.33%，350mm 管为 0.3%，400mm 管为 0.2%，各种管道在自流条件下的最小允许流速不得小于 0.75m/s（非金属管）。雨水管最小管径不小于 300mm，一般雨水口连接管最小管径为 200mm，最小坡度为 0.01。公园绿地的径流中挟带泥沙及枯枝落叶较多，容易堵塞管道，故最小管径限值可适当放大。排水管道的最大设计流速金属管为 10m/s，非金属管为 5m/s。

园林中的明沟渠也常作为地面的界线使用。根据施工特点，这些明沟渠又分两种情况。

1. 园景小溪

小溪的平面线形多为宛转曲折的带状，施工中应注意水面要有宽有窄，有开有合；岸边不要平行，不要处理得很整齐，要高低陡缓自然地变化。岸壁若做成山石驳岸，则山石要有凹凸变化，不能如砌墙一样。岸边若是土坡岸，那么，应将岸土拍实，保持适宜坡度，以免塌陷；也可用 2∶8 灰土调制成灰土浆，对拍实的岸壁和岸顶作抹面处理，以增加强度。

2. 排灌水渠

排水沟和灌溉渠的平面一般是直线形，断面一般做成倒梯形。林缘、草坪边缘的沟渠可做成自然弯曲形，如果沟土质地密实，渗水性不强，可仅将沟底、沟壁泥土夯实拍紧，不作其他处理。如果沟上易渗漏，就要采取防漏措施。可用黏土填在沟底并拍实，作为防渗土层；或者用混凝土及砖石材料来砌筑沟底和岸壁，再用水泥砂浆作抹面处理，就能够更好地防止渗漏。

（三）雨水管渠的设计

1. 相关概念

平均径流系数 $\overline{\psi}$，径流系数是指流到管渠中的雨水量和降落到地面上的雨水量的比值。不同地面具有不同的径流系数，将该地段所有地面的径流系数加权平均，即得 $\overline{\psi}$。

2. 计算步骤

（1）在绘有规划总图的地形图上安排管渠系统，并划分汇水区（按原地形分水线划分，并使面积相对均匀），雨水口及各种管井按规范设置（小范围内可将管井口和雨水口综合考虑）。标出各段管线长度及各汇水区面积。

（2）求平均径流系数 $\overline{\psi}$。

（3）求降雨强度 q。

（4）水力计算。

参照原地形坡度，并考虑使各段管道坡度大致均匀，做出管道剖面图，以确定各管段坡度。

根据坡度和设计流量 Q，可查出管道管径 D_g。

D_g 要大于最小管径，即 300mm，且 V 要在规范之内。如果 V 超出规范，（0.75～5m/s，10m/s），则调整坡度，使 V 符合规范。总之是 i，D_g，V 三者均要符合雨水管渠设计的一般规定。

（5）绘制管道平面图。

（6）绘制管道纵断面图。

五、暗渠排水

1. 暗渠排水特点

暗渠排水是一种地下排水渠道，又名暗沟排水，也称盲沟排水盲沟，主要是以排除地下水，降低地下水位，适用于一些要求排水很好的全天候型的体育活动场地，如体育场、高尔夫球场、儿童游戏场和地下水位高的地区，以及某些不耐水的园林植物生长区。

暗沟排水的优点是取材方便，可废物利用，造价低廉。不需要检查井之类的排水构筑物，地面不留痕迹，从而保持了园林绿地或其他活动场地的完整性。目前较常用做法，透水材料与管道结合。

2. 暗渠排水布置形式

依地形及地下水的流动方向而定，大致可归纳为 4 种。

（1）自然式。园址处于山坞状地形，由于地势周边高、中间低，地下水向中心部分集中。其地下暗渠系统布置，将排水干渠设于谷底，其支管自由伸向周围的每个山洼以拦截由周围侵入园址的地下水。顺地势布置暗沟。

（2）截流式。园址四周或一侧较高，地下水来自高地，为了防止园外地下水侵入园址，在地下水来向一侧设暗沟截流。

（3）篦式（羽状）。地处豁谷的园址，可在谷底设干管，支管成鱼骨状向两侧坡地伸展。此法排水迅速，适用于低洼地积水较多处。山谷地布置法，运动场采用该法。

（4）耙式。此法适合于一面坡地形的情况，将干管埋设于坡下，支管由一侧接入，形如铁耙式。

3. 暗渠排水的埋置深度

影响埋深的因素主要取决于土壤质地及排水要求。有如下几方面。

（1）植物对水位的要求，例如草坪区的暗渠排水深度不小于 1m，不耐水的松柏类乔木，要求地下水距地面不小于 1.5m。

（2）土壤质地的影响，土质疏松埋置可浅些，黏重土应该深些，但也不宜过浅，最少要在种植土层以下，以免养分损失。

（3）在北方冬季严寒地区，还有冰冻破坏的影响。暗渠排水埋置的深度不宜过浅，否则表土中的养分易被流走。

4. 暗渠排水的纵坡

盲沟沟底纵坡不少于 5%，只要地形等条件许可，纵坡坡度应尽可能取大些，以利地下水的排出。

5. 支管间渠

影响地下水排除速度。

六、运动场排水

1. 足球场基本要求

尺寸：长 90～120m，宽 45～90m，标准球场：105mm×68m，地面排水坡度 2‰～5‰。

2. 排水系统

排水系统分为地表排水和暗沟排水两个系统。

（1）地表排水。将地形设计成龟背形，中间高，四周底，以 2‰～5‰ 的坡度将水向四周排放，四周设有环形排水沟，水沟表面用透水盖覆盖或设雨水井。

（2）暗沟排水。以前多用陶管和混凝土管，现多采用硬 PVC 有孔排水管。管径 100mm 即可。间距 8～9m 平面布置。

七、园林管线工程的综合布置

（一）一般原则

1. 综合管线的布置原则

（1）采用统一的城市坐标系统和高程系统。在平面上布置各种管线时，管线平面定位最好采用统一的城市坐标系统和高程系统，以免后来发生混乱和互不衔接的情况。

（2）尽可能利用原来的管线。对现状中已经有的管线，如穿过园林绿地的城市水电干线和园林基建施工中敷设的永久性管线，必须直接利用；如果有的确不符合园林绿地继续使用要求的，可以考虑放弃和拆除。

（3）尽可能采取最短、最简捷的埋地敷设。各种管线应尽可能采用埋地敷设的形式，并且尽可能地沿着边缘地带敷设。如果管线沿着边缘敷设增长的时候，应该离开边缘地带，而采取最短的路线敷设。

（4）多数管线都最好布置在绿化用地中。在园林中多数管线应该要布置在绿化用地中，这样可以易于检修。

（5）要考虑以后的发展留余地。

（6）布置中应力求减少管线交叉。

（7）架空方式敷设要求。采取架空方式敷设的电信线路和电力线路，最好不合杆架设。

（8）管线过桥要求。一般不允许通过园林桥敷设可燃、易燃管道。应该根据桥的结构特点，尽量采用埋设方式通过桥面或通过桥栏杆外侧。管线过桥一定要隐瞒、安全，不得影响景观。

（9）建筑、围墙边缘敷设要求。管线从建筑围墙边线，围墙边线等向外侧水平方向平行布置时，布置的次序要根据管线的性质及埋设的深度来确定。可燃、易燃的和损坏时对房屋基础及地下室有危害的管道，其埋设位置离建筑物远一些。

（10）一般管线自上向下布置顺序。一般管线自上向下布置顺序是：电力电缆→电线电缆或电信管道→燃气管道→热力管道→给水管道→雨水管道→污水管道。

（11）解决管线冲突的顺序。

1）暂时让长久。

2）小的让大的。

3）可弯曲的让不容易弯曲。

4）压力让重力。

5）未敷设让已经敷设。

（二）间距及覆土深度

深埋——管道覆土深度大于 1.5m，浅埋——管道覆土深度小于 1.5m。

（三）园林排水施工工序

园林中，地面排放雨水过程中先将雨水引入路边和场地边，由路边、场地边所设的排水沟、集水口或进水口，排放到园林排水管网系统中去。排水沟施工按一般浅水沟的方法进行，集水口、管网检查井、排水管道的施工则如下所述。

1. 集水进水口施工

集水口或进水口一般是用砖石材料砌筑一个集水坑，坑底深至少在 15cm 以上的砂坑，坑壁的中部与排水管的管口结合。集水口、进水口的外面要设透水的盖子。盖子要很结实，能承受汽车碾压，一般用铸铁或钢筋混凝土制作；盖子上的孔洞、空槽面积要足够大，有利通畅地排水。

2. 检查井施工

检查井的直径比排水管道大，施工时间也要长一些，因此，开挖井坑时要采用临时的挡土措施，以保证施工安全。砖砌检查井时，砖缝中水泥砂浆要饱满，使井壁有足够的强度。井壁与排水管口的连接要牢固，不能有松动。检查井顶面的竣工高度，要注意与园林道路场地铺装面高度妥善衔接；井盖一般选用标准的制成品。井边回填作业，应分层填埋，层层筑实；若未能筑实，以后有可能因侧土下深或经受振动而造成井壁与管口的移位或破损。

3. 管道的铺设

排水管道一般属于重力自流管道，施工前首先要核对设计的上下游管道管底标高是否正确无误。施工时，先开挖埋管的土槽，土槽各处深度要按设计管底的标高来确定，槽宽应至少比管径大 1 倍。为了防止埋管后因地基不均匀沉降而造成管道折裂与变形，对槽底土质松软段应夯实加固，并且要使槽底相对平整。这项工作一定要保证质量，因为以后管道埋在地下，破裂处的辨认和检修都很困难。埋管时，应该先从下游的管道开始敷设，逐步向上游推移，以利排水。管内异物要清除，管口连接要紧密，要保证密封，不得漏水。敷设过程中，还要随时复核各处管底标高是否符合设计要求。管道铺设好后，再进行简单回填作业，将回填土基本压实即可。

任务三 园林喷灌系统工程

一、喷灌系统的特征、组成及类型

(一) 喷灌系统的特征

园林喷灌是指利用灌溉设施对园林各类绿地的草坪、树木、花卉等的灌溉。采用喷灌系统对植物进行灌溉,能够在不破坏土壤通气和土壤结构的条件下,保证均匀地湿润土壤;还能够节约大量的灌溉用水,比普通浇水灌溉节约水量 40%~60%。喷灌的最大优点在于它使灌水工作机械化,显著提高了灌水工效。目前园林灌溉依据不同的环境要求一般采用喷灌和微灌方式。节水、节能、省工、灌溉质量高。良好灌水系统可达到灌水均匀,灌溉强度不超过土壤渗水能力,灌水量不超过土壤持水量。要达到以上标准,需设计合理,施工正确,运行正常。

(二) 喷灌系统的组成

喷灌系统由水源、控制中心、管道系统、喷头组成。

1. 水源

(1) 井内地下水。水质稳定、干净。

(2) 湖泊、水库、坑塘等地面水。避免污染。

(3) 河流。易堵塞之可能,粉沙堵塞喷头,使土壤渗水速度慢。

(4) 自来水。有时可不需动力,利用自来水本身压力喷水。

2. 控制中心 (以动力设备为主)

水泵,过滤器,闸阀,自动控制设备。

3. 管道系统

干管、支管及各种连接管件。PVC、UPVC 等有取代镀锌钢管之趋势。

4. 喷头

类型多,有工作压力,射程,流量及喷灌强度等参数,是喷头选择的依据。喷头部分根据喷头的结构形式与水流形状,可把喷头分为旋转类、漫射类和孔管类 3 种类型。

(1) 旋转类喷头。其管道中的压力水流通过喷头而形成一股集中的射流喷射而出,再经自然粉碎形成细小的水滴洒落在地面。在喷洒过程中,喷头绕竖向轴缓缓旋转,使其喷射范围形成一个半径等于其射程的圆形或扇形。其喷射水流集中,水滴分布均匀,射程达 30m 以上,喷灌效果较好。这类喷头中,因其转动机构的构造不一样,又可分为摇臂式、叶轮式、反作用式和手持式等四种形式。还可根据是否装有扇形机构而分为扇形喷灌喷头和全圆周喷灌喷头两种形式。

(2) 漫射类喷头。这种喷头是固定式的,在喷灌过程中所有部件都固定不动,而水流却是呈圆形或扇形向四周分散开。喷灌系统的结构简单,工作可靠,在公园苗圃或一些小块绿地有所应用。其喷头的射程较短,在 5~10m 之间,喷灌强度大,在 15~20mm/h 以上,但喷灌水量不均匀,近处比远处的喷灌强度大得多。

(3) 孔管类喷头。喷头实际上是一些水平安装的管子。在水平管子的上面分布有一些整齐排列的小喷水孔,孔径仅 1~2mm。喷水孔在管子上有排列成单行的,也有排列为两行以上的,可分别称为单列孔管和多列孔管。

(三) 喷灌系统类型

1. 移动式喷灌系统

移动式喷灌系统的动力、泵、管道及喷头均可移动。

优点:设备利用率高,降低单位面积投资;操作灵活。

缺点:管理强度大,工作时占地较多。

人工放置式，如图1-10所示。

图1-10 移动式喷灌系统

2. 固定式喷灌系统

固定式喷灌系统的整个系统均固定不动。喷头伸缩式，常年不动。喷头伸出地面，一般几十厘米。也可在非灌溉季节卸下。喷头也可用快速连接阀临时拆卸。可节省投资。投资大，但优点多，且便于自动化控制。

3. 半固定式喷灌系统

动力、水泵、干管是固定的，支管和喷头可移动。

二、灌溉制度的设计

（一）设计灌水定额

灌水定额是指一次灌水的水层深度（mm）或一次灌水单位面积的用水量（m^3/hm^2）。计算时，利用系数的确定可根据水分蒸发量大小而定。气候干燥，蒸发量大的喷灌不容易做到均匀一致，而且水分损失多，因此利用系数应选较小值，具体设计时常取70%；如果是在湿润环境中，水分蒸发较少，则应取较大的系数值。

设计灌水定额：作为设计依据的最大灌水定额（要求：植物有充足的水分，又不浪费水）。

用以下两种方法确定。

（1）利用土壤田间持水量资料计算。在排水良好的土壤中，排水后不受重力影响而保持在土壤中的水分含量。

合理的灌水量是使土壤的含水量等于土壤田间持水量，少了不足，多了会渗走。

最合适的土壤湿度为土壤含水量等于田间持水量的80%～100%，此为灌水的上限。若土壤含水量低于田间持水量的60%～70%，植物吸水困难，此为灌水的下限。

（2）利用土壤有效持水量资料计算。有效持水量是指可以被植物吸收的土壤水分。灌溉主要是补充土壤中的有效水分。通常土壤有效持水量耗去1/3～2/3便需灌水补充。

（二）设计灌溉周期

灌溉周期称为轮灌期，也称间隔时间，在喷灌系统设计中，需确定植物耗水最旺时期的允许最大灌水间隔时间，要适当。灌水过多草坪生长不健壮，发病率高，太少，干旱。

喷头的喷洒方式有圆形喷洒和扇形喷洒两种。一般在管道式喷灌系统中，除了位于地块边缘的喷头作扇形，其余均采用圆形喷洒。

（三）喷灌强度

单位时间喷洒于田间的水层深度称为喷灌强度。喷灌强度的选择很重要，强度过小，土壤蒸发损失大；反之，强度过大，水来不及被土壤吸收便形成径流或积水，容易造成水土流失，破坏土壤结构。而且在同样的喷水量下，强度过大，土壤湿润深度反而减少，灌溉效果不好。灌溉系统工作时的组合喷灌强度，取决于喷头的水力性能、喷洒方式和布置间距等。

（四）喷灌时间

灌水量多少和灌溉时间的长短有关系。每次灌溉的时间长短可以按照公式计算确定。为了达到既定的灌水定额，喷头所需喷水时间。

（五）喷灌系统的用水量

整个喷灌系统需要的用水量数据，是确定给水管管径及水泵选择所必需的设计依据。在采用水泵供水时，用水量 Q 实际上就是水泵的流量。

（六）水头计算

水头要求是设计喷灌系统不可缺少的依据之一。喷灌系统中管径的确定、引水时对水压的要求以及对水泵的选择等，都离不开水头数据。

（七）喷头组合形式

喷头组合形式也称为布置形式，是指各喷头相对位置的安排。

根据灌水量、灌水时间、系统用水量和水头等几方面计算所得数据，可以查相关表格，从表中选择合适的管径来布置灌溉系统的管网。喷灌机、水泵等一般需要设置专用泵房或建造地下构筑物作泵房。

三、喷灌系统设计原理和方法

（一）收集基本资料

喷灌区域的地形、土壤、水源、气象、能源及动力机械等。比例在1：500左右地形图。

（二）喷头选型

1. 喷头类型

按压力分为低压喷头、中压喷头、高压喷头。

按工作特点分为固定式喷头、旋转式喷头。

按安装特点分为地上式喷头和地下埋藏式喷头等。

2. 选型要点

在小面积草坪或长条绿化带及不规划草坪需要选低压喷头。在体育场、高尔夫球场和大草坪适合中、高压喷头。选定喷压后其组合喷灌强度应不大于土壤入渗强度。一个工程尽量选用一种型号，或选用性能相近的喷头。

（三）喷头的组合布置

喷灌系统喷头的布置形式有矩形、正方形、正三角形和等腰三角形4种。在实际工作中采用哪种喷头的布置形式，主要取决于喷头的性能和拟灌溉地段的情况。

1. 喷头排列方式

三角形、正方形或不规则形，但应注意利于计算。

2. 支管走向

在平地上支管宜与场地边缘平行；坡地上支管沿等高线稍向下或与等高线垂直向下布置；支管控制阀设在路边为宜，方便。

3. 设计射程（有风时考虑）

$$R_{设} = KR$$

K 为折减系数 $0.7 \sim 0.9$（风大风小决定）。

以设计射程为标准来画喷洒范围，使之全部为湿润状态。

（四）组合喷灌强度的计算与校核

组合喷灌强度应小于土壤最大允许喷灌强度如表1-8所示。

表1-8　　　　　　　　　　　不同土壤最大允许喷灌强度　　　　　　　　　　　单位：mm/h

土壤类别	最大喷灌强度	土壤类别	最大喷灌强度
中砂、粗砂土	19～26	黏壤土	6～8
砂质壤土、细砂土	12～19	黏土	5～6
中壤土	8～12		

坡度会减少喷灌强度，如表1-9所示。

表 1 - 9		喷灌强度随坡度减少百分数		%
坡度	减少百分数	坡度	减少百分数	
6～8	20	13～20	60	
9～12	40	20 以上	70	

四、园林喷灌系统工程

1. 管沟开挖前的准备工作

（1）按照施工图和管道设计说明规定，测量管道中心线、槽边线；确定堆土范围及布置堆放器材场地。

（2）场地范围内的杂草、树木、石块等妨碍施工的障碍应清除干净，其沟、坎、陡坡等处应予以平整，不影响施工。

2. 管沟开挖

（1）沟槽底部的宽度应保证管子和接头安装以及管子胸腔回填、夯实的方便。

（2）坑挖好后不能进行下道工序，应预留 15～30cm 土层不挖，待下道工序开始前再挖至设计标高。

（3）若需要特殊设备安装接头时，则必须挖好接头工作坑。

（4）沟底平直，沟内无塌方、无积水、无杂物、转角符合设计要求。

（5）挖沟抛土后，堆土距沟槽边距离不应小于 0.3m，堆放高度不得高于 1.5m。

3. 管道基础处理

（1）管道可铺在未经扰动的原土上，但不得铺在石块、木垫、砖垫或其他垫块上，如遇局部基础松软，应适当加固。

（2）基底为岩石、半岩石或卵石时，除设计有规定外，均应铺设厚度不小于 100mm 的砂或砂砾垫层。

4. 管道下沟

（1）管道下沟工序统一指挥，下沟前需将管沟内塌方、石块清除。

（2）管道下沟应与管沟开挖紧密配合，原则上管沟开挖经检查合格后应立即下沟。

（3）管道必须放置在管沟中心，其左右误差不得大于 ±100mm。

5. PP-R 管铺设

（1）埋设于土中的 PP-R 管，铺设完毕，管道周围均应用细土回填，其厚度不应小于 0.15m。

（2）采用粘接时，应先将管口清理干净并干燥。热熔粘接牢固、严密、无孔隙。

6. 管道试压

（1）在管顶以上 0.5m 范围内以回填土，接口部分尚敞露时，进行初次试验。

（2）已全部回填土，并完成该段的各项工作后，进行末次试验。

（3）铺设后必须立即全部回填土或全部回填土后试压有困难的管道，施工中应加强对铺管、接口和回填土等工序的质量检查，此时可进行一次试验。

（4）管道试验时，应遵守下列要求。

1）管道敞口，应事先用管堵或管帽堵严，并加临时支撑，不得用闸阀替代。

2）试验前应将该管段内的闸阀打开。

3）当管道内有压力时，严禁修整管道缺陷和紧动螺栓，检查管道时不得用手锤敲打管壁和接口。

4）排除管道内的空气，灌满清水对管道进行浸润，浸润时间不小于 1 天。

5）试压管段的长度不宜超过 1km。

　　a. 水压试验的压力，PVC 管位工作压力加 0.2MPa。

　　b. 试验时，先将管段内压力逐步升高到工作压力，检查管道和接口，如无渗漏再提高到试验压力观察 10min，压力下降值不超过 0.005MPa（0.5kgf/cm²），即为合格。否则进行渗水量试验。

　　7. 回填

　　（1）沟回填前，施工单位代表与有关部门要共同对管道进行检查。

　　（2）管道在沟内不得有悬空现象，管沟内积水必须清除干净。

　　（3）管道埋深应符合设计要求，管顶标高测量完毕，资料齐全准确。

项目五　水景工程应用

任务一　水景景观的相关概念

水是万物之源，水景景观以水为主，水体在园林造景中有着更为重要的作用，水景工程指园林工程中与水景相关工程的总称。水景设计应结合场地气候、地形及水源条件。所涉及的内容有水体类型、各种水体布置、驳岸、护坡、喷泉、瀑布等。南方干热地区应尽可能为居住区居民提供亲水环境，北方地区在设计不结冰期的水景时，还必须考虑结冰期的枯水景观。水无常态，其形态依自然条件而定，而形状可圆可方、可曲可直、可动可静与特定的环境有关。这就为水景工程提供了广阔的应用前景，常见的园林水体多种多样，根据水体的形式可将其分为自然式、规则式和混合式3种。其所处状态将其分为静态水体、动态水体和混合水体3种。湖池属静态水体，湖面宽阔平静，具平远开朗之感。有天然湖和人工湖之分。天然湖是大自然施于人类的天然园林佳品，可在大型园林工程中充分利用。人工湖是人工依地势就低挖凿而成的水域，沿岸因境设景，可自成天然图画。人工湖形式多样，可由设计者任意发挥，一般面积较小，岸线变化丰富且具有装饰性，水较浅，以观赏为主，现代园林中的流线型抽象式水池更为活泼、生动，富于想象。动态水体是水可流动性的充分利用，可以形成动态自然景观，补充园林中其他景观的静止、古板而形成流动变化的园林景观，给人以丰富的想象与思考，是现代园林艺术中多用的一种水体方式。常用的动态水体有溪涧、瀑布、跌水、喷泉等几种形式。溪涧是连续的带状动态水体。溪浅而阔，涧深而窄。平面上蜿蜒曲折，对比强烈，立面上有缓有陡，空间分隔开合有序。整个带状游览空间层次分明，组合合理，富于节奏感。

一、自然水景

自然水景与海、河、江、湖、溪相关联。这类水景设计必须服从原有自然生态景观，自然水景线与局部环境水体的空间关系，正确利用借景、对景等手法，充分发挥自然条件，形成的纵向景观、横向景观和鸟瞰景观。应能融和居住区内部和外部的景观元素，创造出新的亲水居住形态。

自然水景的构成元素如表1-10所示。

表1-10　　　　　　　　　　　　　自然水景构成元素

景 观 元 素	内 容
水体	水体流向，水体色彩，水体倒影，溪流，水源
水上跨越结构	沿水道路，沿岸建筑（码头、古建筑等），沙滩，雕石
沿水驳岸	桥梁，栈桥，索道
水边山体树木（远景）	山岳，丘陵，峭壁，林木
水生动植物（近景）	水面浮生植物，水下植物，鱼鸟类
水面天光映衬	光线折射漫射，水雾，云彩

二、景观桥

（1）桥在自然水景和人工水景中都起到不可缺少的景观作用，其功能作用主要有形成交通跨越点；横向分割河流和水面空间；形成地区标志物和视线集合点；眺望河流和水面的良好观景场所，其独特的造型具有自身的艺术价值。

（2）景观桥分为钢制桥、混凝土桥、拱桥、原木桥、锯材木桥、仿木桥、吊桥等。居住区一般采用木桥、仿木桥和石拱桥为主，体量不宜过大，应追求自然简洁，精工细做。

（3）木栈道。

1）邻水木栈道为人们提供了行走、休息、观景和交流的多功能场所。由于木板材料具有一定的弹性和粗朴的质感，因此行走其上比一般石铺砖砌的栈道更为舒适。多用于要求较高的居住环境中。

2）木栈道由表面平铺的面板（或密集排列的木条）和木方架空层两部分组成。木面板常用桉木、柚木、冷杉木、松木等木材，其厚度要根据下部木架空层的支撑点间距而定，一般为 3～5cm 厚，板宽一般为 10～20cm 之间，板与板之间宜留出 3～5mm 宽的缝隙。不应采用企口拼接方式。面板不应直接铺在地面上，下部要有至少 2cm 的架空层，以避免雨水的浸泡，保持木材底部的干燥通风。设在水面上的架空层其木方的断面选用要经计算确定。

3）木栈道所用木料必须进行严格的防腐和干燥处理。为了保持木质的本色和增强耐久性，用材在使用前应浸泡在透明的防腐液中 6～15 天，然后进行烘干或自然干燥，使含水量不大于 8%，以确保在长期使用中不产生变形。个别地区由于条件所限，也可采用涂刷桐油和防腐剂的方式进行防腐处理。

4）连接和固定木板和木方的金属配件（如螺栓、支架等）应采用不锈钢或镀锌材料制作。

三、庭院水景

院水景通常为人工化水景为多。根据庭院空间的不同，采取多种手法进行引水造景如叠水、溪流、瀑布、涉水池等，在场地中有自然水体的景观要保留利用，进行综合设计，使自然水景与人工水景融为一体。庭院水景设计要借助水的动态效果营造充满活力的居住氛围。水景效果特点如表 1-11 所示。

表 1-11　　　　　　　　　水 景 效 果 特 点

水 体 形 态		水 景 效 果			
		视觉	声响	飞溅	风中稳定性
静水	表面无干扰反射体（镜面水）	好	无	无	极好
	表面有干扰反射体（波纹）	好	无	无	极好
	表面有干扰反射体（鱼鳞波）	中等	无	无	极好
落水	水流速快的水幕水堰	好	高	较大	好
	水流速低的水幕水堰	中等	低	中等	尚可
	间断水流的水幕水堰	好	中等	较大	好
	动力喷涌、喷射水流	好	中等	较大	好
流淌	低流速平滑水墙	中等	小	无	极好
	中流速由纹路的水墙	极好	中等	中等	好
	低流速水溪、浅池	中等	无	无	极好
	高流速水溪、浅池	好	中等	无	极好
跌水	垂直方向瀑布跌水	好	中等	较大	极好
	不规则台阶状瀑布跌水	极好	中等	中等	好
	规则台阶状瀑布跌水	极好	中等	中等	好
	阶梯水池	好	中等	中等	极好
喷涌	水柱	好	中等	较大	尚可
	水雾	好	小	小	差
	水幕	好	小	小	差

四、瀑布

1. 瀑布跌水

（1）瀑布是一种自然现象，是河床造成陡坎，水从陡坎处滚落下跌时，形成优美动人或奔腾咆哮的景观。园林中人造瀑布的原理是将清水提升到一定高度，然后依靠水自身的重力向下跌落。瀑布的水量较大、流水较急，气势较猛。园林瀑布的落水口位置较高，一般都在2m以上。

瀑布属动态水体，以落水景观为主。有天然瀑布和人工瀑布之分，人工瀑布是以天然瀑布为蓝本，通过工程手段而修建的落水景观。瀑布一般由背景、上游水源、落水口、瀑身、瀑布支座、承水潭和溪流构成，瀑身是观赏的主体。

（2）瀑布按其跌落形式分为滑落式、阶梯式、幕布式、丝带式等多种，并模仿自然景观，采用天然石材或仿石材设置瀑布的背景和引导水的流向如景石、分流石、承瀑石等，考虑到观赏效果，不宜采用平整饰面的白色花岗石作为落水墙体。为了确保瀑布沿墙体、山体平稳滑落，应对落水口处山石作卷边处理，或对墙面作坡面处理。

（3）从瀑布口的设计形式来分，瀑布可有布瀑、带瀑和线瀑3种。

1）布瀑。瀑布的水像一片又宽又平的布一样飞落而下，瀑布口的形状设计为一条水平直线。

2）带瀑。从瀑布口落下的水流，组成一排水带整齐地落下。瀑布口设计为宽齿状，齿排列为直线，齿间的间距全相等。齿间的小水口宽窄一致，相互都在一条水平线上。

3）线瀑。排线状的瀑布水流如同垂落的丝帘，这是线瀑的水景特色。线瀑的瀑布口形状，是设计为尖齿状的。尖齿排列成一条直线，齿间的小水口也呈尖底状。从一排尖底状小水口上落下的水，即呈细线形。随着瀑布水量增大，水线也会相应变粗。

2. 瀑布的设计要点

瀑布支座形式最常见的有假山、承重墙体、金属杆体支架等。假山支座一般是以园林假山的悬崖部分来代替，给水管可直接从石山内部引到瀑布口。石山的崖壁不能太平整，壁面有一些沟槽皱折最好。以砖石墙体为支座时，给水管也从墙体内引到瀑布口。墙顶应做成水槽状、瀑布水由水槽中溢出到瀑布口，可使水口水面平衡，有利于瀑布水形的完整。墙面的形状造型、材料质感等都按设计进行建造。用墙体作为支座的瀑布，就称水墙瀑布。在园景广场上、公共建筑的园内和大厅内等，为了减少占地面积，也可用金属管材做成瀑布支架。水泵是提升水流到瀑布口的基本动力设备。大型瀑布的用水量大，应选用大流量的水泵，并且应在瀑布后面或地下修建泵房构筑物。小型瀑布的水量较小，可以直接用潜水泵放进瀑布承水池潭内隐蔽处，取池水供给瀑布使用。瀑布用水尽量设计为循环供水。跌水是指水流从高向低呈台阶状逐级跌落的动态水景，是呈阶梯式的多级跌落瀑布，既是防止流水冲刷下游的重要工程设施，又是形成连续落水、观景的手段。其梯级宽高比宜在3:2～1:1之间，梯面宽度宜在0.3～1.0m之间。

天然瀑布落水口下面多为一个深潭作为受水池。承水池或石潭的设计按一般规则式或自然式水池的设计处理。如设计为自然式石潭，则水深不小于1.2m。如是规则式水池，则可用浅池，水深可为60cm以上。瀑布的落差越大，池水应越深；落差越小，池水则可越浅。为防止落水水花四溅，水池宽度不小于瀑身高度的2/3。

瀑布口的设计很重要，它直接决定瀑布的水形。上面所述布瀑、带瀑和线瀑的瀑布口形状，就是一般瀑布口可以采用的形状。瀑布与瀑布口的构造除了出水口之外，在出水口的后面还应设计一个缓冲小池，从水管管口涌出的压力水，先在这个小池中消除水压，再以平衡的水态流到出水口去。设缓冲池的作用就是要保证瀑布水形的整齐和完整。

在处理瀑布口形状与瀑布水形的时候，要特别认真研究瀑布落水的边沿。光滑平整的水口边沿，其瀑布就像一匹透明的玻璃片垂落而下。如果水口边沿粗糙，水流就不能呈片状平滑地落下，而是散乱一团撒落下去。此外，另一个需要注意的设计因素，是瀑布所在位置上的光线情况如何。

如果有强烈的光线照射在瀑布的背面，则瀑布会显得晶莹剔透、光彩闪烁，水景效果更能吸引人入胜。

同一条瀑布，如瀑布水量不同，就会演绎出从宁静到宏伟的不同气势。尽管循环设备与过滤装置的容量决定整个瀑布的循环规模，但就景观设计而言，瀑布落水口的流水量（自落水口跌落的瀑身厚度）才是设计的关键。庭院内瀑布瀑身厚度一般在10mm以内，一般瀑布的落差越大，所需水量越多，反之，水量则越小。瀑布因其水量不同，会产生不同视觉、听觉效果，因此，落水口的水流量和落水高差的控制成为设计的关键参数，居住区内的人工瀑布落差宜在1m以下。

对高差小、流水口较宽的瀑布，如果减少水量，瀑流常会呈幕帘状滑落，并在瀑身与墙体之间形成低压区，致使部分瀑流向中心集中，"哗哗"作响，还可能割裂瀑身，需采取预防措施，如加大水量或对设置落水口的山石作沟槽处理，凿出细沟，使瀑布呈丝带状滑落。通常情况下，为确保瀑流能够沿墙体平稳滑落，常对落水口处山石作卷边处理，也可以根据实际情况，对墙面作坡面处理。

五、溪流

溪流是水景中富有动感和韵味的水景形式，溪流的形态应根据环境条件、水量、流速、水深、水面宽和所用材料进行合理的设计，其中，石材景观在溪流中所起到的效果比较独特。

（1）溪流的形态应根据环境条件、水量、流速、水深、水面宽和所用材料进行合理的设计。溪流分可涉入式和不可涉入式两种。可涉入式溪流的水深应小于0.3m，以防止儿童溺水，同时水底应做防滑处理。可供儿童嬉水的溪流，应安装水循环和过滤装置。不可涉入式溪流宜种养适应当地气候条件的水生动植物，增强观赏性和趣味性。

（2）溪流配以山石可充分展现其自然风格，石景在溪流中所起到的景观效果见表1-12。

表1-12　　　　　　　　　　　　石景在溪流中的景观效果

序号	名称	效　　果	应　用　部　位
1	主景石	形成视线焦点，起到对景作用，点题，说明溪流名称及内涵	溪流的首位获转向处
2	隔水石	形成局部小落差和细流声响	铺在局部水线变化位置
3	切水石	使水产生分流和波动	不规则布置在溪流中间
4	破浪石	使水产生分流和飞溅	用于坡度较大、水面较宽的溪流
5	河床石	观赏石材的自然造型和纹理	设在水面下面
6	垫脚石	具有力度感和稳定感	用于支撑大石块
7	横卧石	调节水速和水流方向，形成隘口	溪流宽度变窄和转向处
8	铺底石	美化水底，种植苔藻	多采用卵石、砾石、水刷石、瓷砖铺在基地上
9	踏步石	装点水面，分别步行	横贯溪流，自然布置

（3）溪流的坡度应根据地理条件及排水要求而定。普通溪流的坡度宜为0.5%，急流处为3%左右，缓流处不超过1%。溪流宽度宜在1～2m，水深一般为0.3～1m左右，超过0.4m时，应在溪流边采取防护措施如石栏、木栏、矮墙等。为了使居住区内环境景观在视觉上更为开阔，可适当增大宽度或使溪流蜿蜒曲折。溪流水岸宜采用散石和块石，并与水生或湿地植物的配置相结合，减少人工造景的痕迹。

六、池塘

池塘是指比湖泊细小的水体。池塘也可以是人工建造。而界定池塘和湖泊的方法颇有争议。一般而言，池塘是小得无需使用船只渡过，抑或水浅得阳光能够直达塘底。通常池塘都没有入水口，而是依靠天然的地下水源和雨水或以人工供水方法引水进池。正因为如此，池塘这个封闭的生态系统都跟湖泊有所不同，它是现代庭院景观的重要构造。

为了保水，池塘系统要以合成垫层或黏土层作防渗透处理。防渗透层下有细碎颗粒基层保护，如果是使用黏土作防渗层，保护层下经常要放纤维过滤层。植物通常种植在盆中。池边通常有长植被的缓坡、乱石铺衬或更平滑的表面构成。在人活动频繁或波浪大的地区，池塘边应该用混凝土、拭擦加固以防侵蚀。大型池塘应采用小于 $35°$ 的渐进坡度，作为安全措施，若在池塘边需要有植被的湿地时，植床坡度要更缓，应小于 $10°$。

观赏性和娱乐性池塘还必须严格控制营养流入，以抑制水藻过多生长。池塘周围径流应改变流向，使其不流入池塘。通常要求充气来维持生物生长和热天降低水温，这可以通过喷射或其他具有美学效果的水景展示来实现。

池塘的深度要根据设计意图、池塘的大小和气候来定。在温暖地区最深处至少应该在 $600\sim900mm$，更冷的地区要求最深处至少在 $1500\sim1800mm$ 的范围内。水池的深度应根据饲养鱼的种类、数量和水草在水下生存的深度而确定。一般在 $0.3\sim1.5m$，为了防止陆上动物的侵扰，池边平面与水面需保证有 $0.15m$ 的高差。水池壁与池底需平整以免伤鱼。池壁与池底以深色为佳。不足 $0.3m$ 的浅水池，池底可做艺术处理，显示水的清澈透明。池底与池畔宜设隔水层，池底隔水层上覆盖 $0.3\sim0.5m$ 厚土，种植水草。

观赏池塘更为亲人，设计面面积通常在 $2\sim75m^2$ 范围内。它们一般将聚合物或橡胶卷材直接铺在地基之上的砂垫层上，但在大面积应用时要将压力喷射水泥砂浆注入钢筋网。深度小于 $450mm$ 的浅池，水必须进行循环来增加氧气，切必须监测二氧化碳含量及 pH 值以适应水生生物。通常在这类景观中会使用循环泵、展示性水景及在池边种植大量植物。干旱地区通常利用循环水作水源。

涉水池可分水面下涉水和水面上涉水两种。水面下涉水主要用于儿童嬉水，其深度不得超过 $0.3m$，池底必须进行防滑处理，不能种植苔藻类植物。水面上涉水主要用于跨越水面，应设置安全可靠的踏步平台和踏步石或汀步，面积不小于 $0.4m\times0.4m$，并满足连续跨越的要求。上述两种涉水方式应设水质过滤装置，保持水的清洁，以防儿童误饮池水。

七、泳池水景

泳池水景以静为主，营造一个让居住者在心理和体能上的放松环境，同时突出人的参与性，如游泳池、水上乐园、海滨浴场等。居住区内设置的露天泳池不仅是锻炼身体和游乐的场所，也是邻里之间的重要交往场所。泳池的造型和水面也极具观赏价值。

1. 游泳池

（1）居住区泳池设计必须符合游泳池设计的相关规定。泳池平面不宜做成正规比赛用池，池边尽可能采用优美的曲线，以加强水的动感。泳池根据功能需要尽可能分为儿童泳池和成人泳池，儿童泳池深度为 $0.6\sim0.9m$ 为宜，成人泳池为 $1.2\sim2m$。儿童池与成人池可统一考虑设计，一般将儿童池放在较高位置，水经阶梯式或斜坡式跌水流入成人泳池，既保证了安全又可丰富泳池的造型。

（2）池岸必须作圆角处理，铺设软质渗水地面或防滑地砖。泳池周围多种灌木和乔木，并提供休息和遮阳设施，有条件的小区可设计更衣室和供野餐的设备及区域。

2. 人工海滩浅水池

人工海滩浅水池主要让人领略日光浴的锻炼。池底基层上多铺白色细砂，坡度由浅至深，一般为 $0.2\sim0.6m$ 之间，驳岸需做成缓坡，以木桩固定细砂，水池附近应设计冲砂池，以便于更衣。

八、装饰水景

装饰水景不附带其他功能，只起到赏心悦目，烘托环境的作用，这种水景往往构成环境景观的中心。装饰水景是通过人工对水流的控制，如排列、疏密、粗细、高低、大小、时间差等达到艺术效果，并借助音乐和灯光的变化产生视觉上的冲击，进一步展示水体的活力和动态美，满足人的亲水要求。如喷泉、倒影池等。

九、景观用水

1. 给水排水

（1）景观给水一般用水点较分散，高程变化较大，通常采用树枝式管网和环状式管网布置。管网干管尽可能靠近供水点和水量调节设施，干管应避开道路（包括人行路）铺设，一般不超出绿化用地范围。

（2）要充分利用地形，采取拦、阻、蓄、分、导等方式进行有效的排水，并考虑土壤对水分的吸收，注重保水保湿，利于植物的生长。与天然河渠相通的排水口，必须高于最高水位控制线，防止出现倒灌现象。

（3）给排水管宜用 UPVC 管，有条件的则采用铜管和不锈钢管给水管，优先选用离心式水泵，采用潜水泵的必须严防绝缘破坏导致水体带电。

2. 浇灌水方式

（1）对面积较小的绿化种植区和行道树使用人工洒水灌溉。

（2）对面积较大的绿化种植区通常使用移动式喷灌系统和固定喷灌系统。

（3）对人工地基的栽植地面（如屋顶、平台）宜使用高效节能的滴灌系统。

3. 水位控制

景观水位控制直接关系到造景效果，尤其对于喷射式水景更为敏感。在进行设计时，应考虑设置可靠的自动补水装置和溢流管路。较好的作法是采用独立的水位平衡水池和液压式水位控制阀，用联通管与水景水池连接。溢流管路应设置在水位平衡井中，保证景观水位的升降和射流的变化。

4. 水体净化

（1）居住区水景的水质要求主要是确保景观性如水的透明度、色度和浊度，以及养鱼、戏水等功能性。水景水处理的方法通常有物理法、化学法和生物法 3 种。

（2）水处理分类和工艺原理，见表 1-13。

表 1-13 水处理分类和工艺原理

分类名称		工艺原理	适用水体
物理法	定期换水	稀释水体中的有害污染物浓度，防止水体变质和富氧化发生	适用于各种不同类型的水体
	曝气法	①向水体中补充氧气，以保证水生生物生命活动及微生物氧化分解有机物所需氧量，同时搅动水体达到水循环；②曝气方式主要有自然跌水曝气和机械曝气	适用于较大型水体如（湖、养鱼池、水洼）
化学法	格栅-过滤-加药	通过机械过滤去除颗粒杂质，降低浊度，采用直接向水中投化学药剂，杀死藻类，以防水体富氧化	适用于水面面积和水帘较小的场合
	格栅-气浮-过滤	通过气浮工艺去除藻类和其他污染物质，兼有向水中充氧曝气作用	适用于水面面积和水帘较大的场合
	格栅-生物处理-气浮-过滤	在格栅-气浮-过滤工艺中增加了生物处理工艺，技术先进，处理效率高	适用于水面面积和水帘较大的场合
生物法	种植水生物	以生态学原理为指导，将生态结构与功能应用于水质净化，充分利用自然净化与生物间的相克作用和食物链关系改善水质	适用于观赏用水等多种场合
	养生水生鱼类		

任务二 园林驳岸工程

一、驳岸特征

1. 驳岸概念

(1) 园林中的各种水体需要有稳定、美观的岸线，因而在水体的边缘多修筑驳岸或进行护坡处理。园林驳岸是保护园林水体岸壁的工程设施，护岸是用工程措施加工岸，使其稳固，以免遭受各种自然因素比如风浪、降水、冻胀等及人为因素的破坏。防止水浪对岸壁的淘刷、冲击，使岸壁崩塌。驳岸是一面临水的挡土墙，是支持陆地和防止岸壁坍塌的人工构筑物。按照驳岸的造型形式可分为规则式、自然式和混合式3种。护坡是保护坡面防止雨水径流冲刷及风浪拍击的一种水工措施。目前常见的有草皮护坡、灌木包括花木等护坡、铺石护坡。

(2) 园林护岸是风景的组成部分，必须满足技术功能要求的前提下注意造型美，使护岸与周围景色相协调。驳岸是亲水景观中应重点处理的部位。驳岸与水线形成的连续景观线是否能与环境相协调，不但取决于驳岸与水面间的高差关系，还取决于驳岸的类型及用材的选择。

(3) 对居住区中的沿水驳岸或者池岸，无论规模大小，无论是规则几何式驳岸或池岸，还是不规则驳岸或池岸，驳岸的高度、水的深浅设计都应满足人的亲水性要求，驳岸或池岸尽可能贴近水面，以人手能触摸到水为最佳。亲水环境中的其他设施如水上平台、汀步、栈桥、栏索等，也应以人与水体的尺度关系为基准进行设计。

2. 驳岸分类型式与应用

园林水体驳岸设计中，首先要确定驳岸的设计形式，然后才根据具体建设条件进行驳岸的结构设计，最后才能完成驳岸的设计。

(1) 依据断面形状划分。水体驳岸的断面形状决定其外观的基本形象，据此来划分，则园林内的水体岸坡有下述几个种类。

1) 垂直岸。岸壁基本垂直于水面。在岸边用地狭窄时，或在小面积水体中，采用这种驳岸形式可节约岸边用地。在水位有涨落变化的园林水体中，这种驳岸不能适应水位的涨落。枯水期有岸口显得太高。

2) 悬挑岸。岸壁基本垂直，岸顶石向水面悬挑出一小部分，水面仿佛延伸到了岸口以下。这种驳岸适宜在广场水池、庭院水池等面积较小的、水位能够人为控制的水体中采用。

3) 斜坡岸。岸壁成斜坡状，岸边用地需比较宽阔。这种驳岸比较能适应水位的涨落变化。并且岸景比较自然。当水面比较低，岸顶比较高时，采用斜坡岸能降低岸顶，可以避免因岸口太高而引起的视觉上的不愉快。

(2) 依据景观特点划分，园林水体岸常见有以下10种。

1) 草皮驳坡。岸坡由低缓的草坡构成。由于岸坡低浅，能够很好地突出水体的坦荡、辽阔特点。而且坡岸上青草绿茵，景色优美自然，风景效果很好，因此，这种岸坡在园林湖池水体中应用十分广泛。

2) 山石驳岸。采用天然山石，不经人工整形，顺其自然石形砌筑成崎岖、曲折凹凸变化的自然山石驳岸。这种驳岸适用于水石庭院、园林湖池、假山山涧等水体。

3) 干砌大块石驳岸。这种驳岸不用任何胶结材料，而只是利用大块石的自然纹缝进行拼接镶嵌。在保证砌叠牢固的前提下，使块石前后错落，多有变化，以造成大小深浅形状各异的石峰、石洞、石槽、石孔、石峡等。由于这种驳岸缝隙密布，生态条件比较好，有利于水中生物的繁衍和生长，因而广泛适用于多数园林湖池水体。

4) 浆砌块石驳岸。是采用水泥砂浆，按照重力式挡土墙的方式砌筑块石驳岸，并用水泥砂浆抹缝，使岸壁壁面形成冰裂纹、松皮纹等装饰性缝纹。这种驳岸能适应大多数园林水体使用。

5）整形石砌体驳岸。利用加工整形成规则形状的石格，整齐地砌筑成条石砌体驳岸。这种驳岸规则整齐、工程稳固性好，但造价较高，多用于较大面积的规则式水体作为驳岸。

6）石砌台阶式岸坡。结合湖岸坡地形式游船码头的修建，用整形石条砌筑成梯级形状的岸坡。这样不仅可适应水位的高低变化，还可以利用阶梯作为休息座凳，吸引游人靠近水边赏景、休息或垂钓，以增加游园的兴趣。

7）砖砌池壁。用砖砌体做成垂直的池岸，砖砌体墙面常用水泥砂浆抹面，以加固墙体、光洁墙面和防止池水渗漏。这种池壁造价较高，适用于面积较小的造景水池。

8）钢筋混凝土池壁。以钢筋混凝土材料做成池壁和池底，这种池岸的整齐性、光洁性和防渗漏性都最好，但造价高，并且于重点水池和规则式水池。

9）板桩式驳岸。使用材料较广泛，一般可用混凝土桩、板等砌筑。这种岸坡的岸壁较薄，因此，不宜用于面积较大的水体，而是适用于局部的驳岸处理。

10）卵石及贝壳岸坡。将大量的卵石、砾石与贝壳按一定级配与层次堆积于斜坡的岸边，既可适应池水涨落的冲刷，又带来自然风采。有时将卵石或贝壳粘于混凝土上，组成形形色色的花纹图案，能倍增观赏效果。见驳岸类型及材料列表 1－14。

表 1－14　　　　　　　　　　　驳岸类型及材料

序号	驳岸类型	材质选用
1	普通驳岸	砌块（砖、石、混凝土）
2	缓坡驳岸	砌块，砌石（卵石、块石），人工海滩沙石
3	带河岸裙墙的驳岸	边框式绿化，木桩锚固卵石
4	阶梯驳岸	踏步砌块，仿木阶梯
5	带平台的驳岸	石砌平台
6	缓坡、阶梯复合驳岸	阶梯砌石，缓坡种植保护

3. 驳岸构造

（1）驳岸基础。

材料：C10 混凝土；C15 毛石混凝土（渗 20％～30％的平石块）；钢筋混凝土。

厚度：高度小于 1m 的厚度采用 150mm；高度 1～1.5m 的厚度采用 200mm；高度 1.5～2m 的厚度采用 250mm 基础应做在较硬实土壤上，否则，要予以地基之处理。

1）打桩。直径 10～15cm，长 1.5m 的木桩，以桩径 2～3 倍之间距打入土层，桩间填压石块。现以混凝土桩代替。

2）填块料。软土层或淤泥层中可抛填碎砖烂瓦，石块等块料，挤压淤泥。

3）打石钉。在软土层中，将岸石莲成，并排打入土层中。

4）填灰土。将淤泥挖走，换填一步灰土（二八灰土）。

（2）墙体。用水泥砂浆砌条石或块石建造。水泥砂浆标号：常水位线以上用 M5～M7.5，常水位线以下 M7.5～M15。墙体砌成 10∶1 坡度。山石驳岸常水位线以下 10cm 处分界。上面为山石，底下直驳岸。

（3）盖石。用现浇混凝土，预制混凝土块，条石板，尺寸在宽 30～50cm，比墙身突出 5～10cm 为宜。厚 8～10cm，以 1∶2 水泥砂浆作粘接层。如为了增加稳定性，亦可在盖石下放 2～3 根 φ6 钢筋。

（4）伸缩缝。每隔 10～25m 设伸缩缝一道，缝宽 20～25mm。

（5）出水口。3~5m 设一个出水口。

二、驳岸平面定位及断面的确定

1. 平面定位

平面位置即湖岸线位置，以驳岸向水一侧为准。

2. 断面

（1）驳岸高度。

$$驳岸岸顶高程＝最高水位＋安全超高$$

安全超高一般取 0.25~1m 之间，选值时考虑以下因素。

1）根据湖面大小，风力强弱决定。

2）风浪高度如表 1-15 所示。

表 1-15   风 浪 高 度

浪高（m） 风级 岸前最大距离（km）	4	5	6	7	8	9
0.2	0.20	0.30	0.40	0.50	0.60	0.70
0.4	0.20	0.30	0.40	0.50	0.70	0.80
0.6	0.25	0.30	0.45	0.60	0.75	0.90
0.8	0.30	0.40	0.50	0.60	0.80	1.00
1.0	0.30	0.40	0.55	0.70	0.90	1.10

3）景观效果。园林驳岸低临水面时，观赏效果最好。所以对人流少或人流达不到之地，可考虑安全超高低些，让局部地段短期水淹，使一年中大部分时间有较好的景观效果。

4）安全性。主景区的广场，建筑等地，要保证绝对的不被水淹，安全超高则要取高些。

$$驳岸高度＝岸顶高程－岸边湖底高程＋基础覆土深度$$

基础覆土深度 300~500mm（3m 以下驳岸）。

3. 基础宽度

基础宽度如表 1-16 所示。

表 1-16   基 础 宽 度

土类 宽度	砂砾土	湿砂土	饱含水分土壤
B	0.35~0.4h	0.58~0.6h	0.75h

与城市河流接壤的驳岸按照城市河道系统规定平面位置建造。园林内部驳岸则根据湖体施工设计确定驳岸位置。在平面图上以常水位线显示水面位置。如为岸壁直墙则常水位线即为驳岸向水面的位置。整形式驳岸岸顶宽度一般为 30~50cm。如为倾斜的坡岸，则根据坡度和岸顶高程推求。

岸顶高程应比最高水位高出一段以保证湖水不因风浪拍岸而涌入岸边陆地面。因此，高出多少根据当地风浪拍击驳岸的实际情况而定。湖面广大、风大、空间开旷的地方高出多一些。而湖面分散、空间内具有挡风的地形则高出少一些。一般高出 25~100cm。从造景角度看，深潭和浅水面的要求不一样。一般湖面驳岸贴近水面为好。游人可亲近水面。并显得水面丰盈、饱满。在地下水位高、水面大、岸边地形平坦的情况下，对于游人量少的次要地带可以考虑短时间被高水位淹没以降低由于大面积垫土或加高驳岸的造价。

三、驳岸设计与工程技术要求

1. 破坏驳岸的主要因素

（1）地基不稳下沉。由于水底地基荷载强度与岸顶荷载不相适应而造成均匀或不均匀沉陷，使驳岸出现纵向裂缝，甚至局部塌陷，以及基础变形（冻胀）、桩腐烂、动物破坏、地下水浮托。

（2）湖水浸渗冬季冻胀力的影响。从常水位线至湖底被常年淹没的层段，其破坏因素是湖水浸渗。我国北方天气较寒冷，因水渗入岸坡中，冻胀后便使岸坡断裂。湖面的冰冻也在冻胀力作用下，对常水位以下的岸坡产生推挤力，把岸坡向上、向外推挤；而岸壁后土壤内产生的冻胀力又将岸壁向下、向里挤压以及冲刷、冲蚀等造成岸坡的倾斜或移位。因此，在岸坡的结构设计中，主要应减少冻胀力对岸坡的破坏作用。

（3）风浪的冲刷与风化。常水位线以上至最高水位线之间的岸坡层段，经常受周期性淹没。随着水位上下变化，便形成对岸坡的冲刷。水位变化频繁，则使岸坡受冲蚀破坏更趋严重。在最高水位以上不被水淹没的部分，则主要受波浪的拍击、日晒和风化力的影响。

（4）最高水位以上部分。岸坡顶部受压影响岸坡顶部可因超重荷载和地面水冲刷而遭到破坏。另外，由于岸坡下部被破坏也将导致上部的连锁破坏。

2. 驳岸的工程设计

不同园林环境中，水体的形状面积大小和基本景观各不相同，其岸坡的设计形式和结构形式也相应有所不同。在什么样的水体中选用什么样的岸坡，要根据岸坡本身的适用性和环境景观的特点而确定。

在规则式布局的园林环境如广场、入口大门处，水体一般要选择整齐性、光洁性良好的岸坡形式，如钢筋混凝土池壁、砖砌池壁、整形石砌驳岸等。一些水景形式如喷泉池、瀑布池、滴泉池、休闲泳池等，也应采用这些岸坡形式。

园林中大面积或较大面积的河、湖、池塘等水体，可采用很多形式的岸坡，如浆砌块石驳岸、整形石砌驳岸、石砌台阶式岸坡等。为了降低工程总造价。也可采用一些简易的驳岸形式。如干砌大块石驳岸和浆砌卵石驳岸等。在岸坡工程量比较大的情况下，这些种类的岸坡施工进度可以比较快，有利于缩短工期。另外，采用这些岸坡也能使大面积水体的岸边景观显得比较规整。

对于规整形式的砌体岸坡，设计中应明确规定砌块要错缝砌筑，不得齐缝，而缝口外的勾缝，则勾成平缝、阳缝都可以，一般不勾成阴缝，具体勾缝形式可视整形条石的砌筑情况而定。

对于具有自然纹理的毛石，可按重力式挡土墙砌筑。砌筑时砂浆要饱满，并且顺着自然纹理，按冰裂式勾成明缝，使岸壁壁面呈现冰裂纹。在北方冻害区，应于冰冻线高约1m外嵌块石混凝土，以抗冻害侵蚀破坏。为隐蔽起见，可做成人工斩假石状。但岸坡过长时，这种做法显得单调无味。

山水庭园的水池、溪涧中，根据需要可选用更富于自然特质的驳岸形式。如草坡驳岸、山石驳岸（局部使用）等。庭院水池也常用砖砌池壁、混凝土池壁、浆砌块石池壁等。为了丰富岸边景观并与叠山理水相结合，可利用就地取材的山石（如南方的黄石、太湖石，石灰岸风化石，北方的虎皮石、北太湖石、青石等），置于大面积水体的岸边，拼砌成凹深凸浅，纹理相顺，颜色协调，体态各异的自然山石驳岸。在岸线凸出的地方，再立一些峰石、剑石，增加山石的景观分量。为使游人更能接近水面，在湖池岸边可设挑出水面的山石蹬道。邻近水面处还可设置参差不齐的礁石，并和水边的石矶相结合，时而平卧，进而竖立；有的翘首昂立，剑指蓝天；有的低伏水面，半浸碧波。让人坐踏其上，戏水观鱼怡然自得。此外，还可在山石缝隙间栽植灌木花草，点缀岸坡，展示自然美景。

自然山石驳岸在砌筑过程中，要求施工人员的技艺水平较高，而且工程造价比较高昂，因此，一般都不是大量应用于园林湖池作为岸坡，而是与草皮岸坡、干砌大块石驳岩等结合起来使用。

大、中型园林水体只要岸边用地条件能够满足要求，就应当尽量采用草皮岸坡。草皮岸坡的景色自然优美，工程造价不高，很适于岸坡工程量浩大的情况。

草皮岸坡的设计要点是：在水体岸坡常水位线以下层段，采用干砌石块或浆砌卵石做成斜坡岸体。常水位以上，则做成低缓的土坡，土坡用草皮覆盖，或用较高的草丛布置成草丛岸坡也可以。草皮缓坡或草丛缓坡上，还可以点缀一些低矮灌木，进一步丰富水边景观。

3. 驳岸的技术要求

在一般岸坡施工中，都应坚持就地取材的原则。就地取材是建造岸坡的前提，它可以减少投入在砖石材料及其运输上的工程费用，有利于缩短工期，也有利于形成地方土建工程的特色。

（1）重力式驳岸施工。

1）混凝土重力式驳岸。目前常采用 C10 块石混凝土做岸坡墙体。施工中，要保证岸坡基础埋深在 80cm 以上，混凝土捣制应连续作业，以减少两次浇注的混凝土之间留下的接缝。岸壁表面应尽量处理光滑，不可太粗糙。

2）块石砌重力式驳岸。用 M2.5 水泥砂浆作胶结材料，分层砌筑块石构成岸体，使块石结合紧密、坚实、整体性良好。临水面的砌缝可用水泥砂浆抹成平缝，但为了美观好看，也可勾成凸缝或凹缝。

3）砖砌重力式驳岸。用 MU7.5 标准砖和 M5 水泥砂浆砌筑而成，岸壁临水面 1：3 水泥砂浆粉面，还可在外表面用 1：2 水泥砂浆加 3‰ 防水粉做成防水抹面层。

（2）干砌块石岸坡做法。这种岸坡一般采用直径在 300mm 以上的块石砌成，砌筑上又可分为干砌和浆砌两种。干砌适用于斜坡式块石岸坡，一般采用接近土壤的自然坡，其坡度为 1：1.5～1：2，厚度为 25～30cm；基础为混凝土或浆砌块石，其厚为 300～400mm，需做在河底自然倾斜线的实土以下 500mm 处，否则易坍塌。同时，在顶部可做压顶，用浆砌块石或素混凝土代之。浆砌块石岸坡的做法是：尽可能选用较大块石，以节省水池的石材用量，用 M2.5 水泥砂浆砌筑。为使岸坡整体性加强，常做混凝土压顶。压顶混凝土内放 φ26 统长钢筋，其构造基本上同挡土墙。

（3）虎皮石岸坡施工。在背水面铺上宽 500mm 的级配砂带，以减少冬季冻土对岸坡的破坏。常水位以下部分用 M5 砂浆砌筑块石，外露部分抹平。常水位以上部分用块石混凝土浇灌，使岸体整体性好，不易沉陷。岸顶用预制混凝土块压顶，向水面挑出 50mm。压顶混凝土块顶面高出最高水位 300～400mm。岸壁斜坡坡度 1：10 左右，每隔 15m 设伸缩缝，用涂有防腐剂的木板嵌入，上砌虎皮石，用水泥砂浆勾缝 2～3cm 宽为宜。

（4）自然山石驳岸施工。在常水位线以下的岸体部分，可按设计做成块石重力式挡土墙、砖砌重力式墙、干砌块石岸坡等。在常水位线上下，用 M2.5 水泥砂浆砌自然山石作岸顶。砌筑山石的时候，一定要注意使山石的大小搭配、前后错落、高低起伏，使岸边轮廓线凹深凸线，曲折变化。决不能像砌墙一样做得整整齐齐。石块与石块之间的缝隙要用水泥石浆缝口，可用同种山石的粉末敷在表面，稍稍按实，待水泥完全硬化以后，就可很好地掩饰缝口。待山石驳岸砌筑完全后，要将大块背后用泥土填实筑紧，使山石与岸土结合一体。然后种植花草藻木或铺植草皮，即可完工。

（5）施工中的注意事项。园林水体岸坡工程施工过程中，为了保证工程质量和施工安全，应当注意以下几点。

严格管理，并按工程规范严格施工。这项要求是保证岸坡工程质量好坏的关键。岸坡施工前，一般应放空湖水，以便于施工，新挖湖池应在蓄水之前进行岸坡施工。属于城市排洪河道、蓄洪湖泊的水体，可分段围堵截流，排空作业现场围堰以内的水。选择枯水期施工，如枯水位距施工现场较远，当然也就不必放空湖水再施工，岸坡采用灰土基础时，应以干旱了节施工为宜，否则会影响灰土的凝结。浆砌块石施工中，砌筑要密实，要尽量减少缝穴，缝中灌浆务必饱满。浆砌石块缝宽应控制在 2～3cm，勾缝可稍高于石面。

为了防止冻凝，岸坡应设伸缩缝并兼作沉降缝。伸缩缝要做好防水处理，同时也可采用结合景观的设计使岸坡曲折有度，这样既丰富岸坡的变化又减少伸缩缝的设置，使岸坡的整体性更强。为排除地面渗水或地面水在岸墙后的滞留，应考虑设置泄水孔。泄水孔可为等距离的，平均 3～5m 处可设置一处。在孔后可设倒滤层，以防阻塞。

任务三　园林护坡工程

一、护坡的定义和作用

1. 护坡定义

如河湖坡岸陡直而不采用岸壁直墙时，水体岸坡度较小，在 25°～45°之间时，则要用各种材料和方式扩坡，以保护岸坡，称为护坡。

2. 护坡作用

用各种材料和方式保护岸坡以减少水与风浪的冲刷，防止滑坡，以保证岸坡的稳定。

二、护坡形式

护坡形式分为草皮护坡、花坛式护坡、石钉护坡、预制框格护坡、截水沟护坡和编柳抛石护坡。块石护坡适于园林浅水缓坡岸，1～2m 高左右。适于河流等，坡岸长。园林中流速缓慢的河流，当最高水位与常水位相差较大时，且最高水位期短，护坡仅做到常水位线以上 10cm，上面以植物护坡。

1. 编柳抛石扩坡

采用新截取的柳条呈十字交叉编织。编柳空格内抛填厚 20～40cm 厚的块石。块石下设 10～20cm 厚的砾石层以利于排水和减少土壤流失。柳格平面尺寸为 0.3m×0.3m 或 1m×1m。厚度为 30～50cm。柳条发芽便成为保护性能较强的护坡设施。

编柳时在岸坡上用铁钎开间距为 30～40cm、深度为 50～80cm 的孔洞。在孔洞中顺根的方向打入顶面直径为 5～8cm 的柳橛子。橛顶高出块石顶面 5～15cm。

2. 铺石护坡

先整理岸坡，选用 18～25cm 直径的块石，最好是长宽边比为 1∶2 的长方形石料。要求石料比重大、吸水率小。

块石护坡还应有足够的透水性以减少土壤从护坡上面流失。需要在块石下面设倒滤层垫底，并在护坡坡脚设挡板。

在水流流速不大的情况下，块石可设的砂层在砾石层上。否则应以碎石层作倒滤的垫层。如单层石铺石厚度为 20～30cm 时，垫层可采用 15～25cm。如水深在 2m 以上则可考虑下部护坡用双层铺石。如上层厚 30cm，下层厚 20～25cm，砾石或碎石层厚 10～20cm。

斜坡坡度为 1∶1.5，坡高为 6m。河水常水位高于斜坡底 4m。由于岸坡大部分处于水中，故采取比较可靠的护坡面层结构。即在碎石或砾石层的透水层上用块石砌面层。块石在坡底部砌双层，总厚度允为 70cm。而在水位以上逐渐转为 32cm。而层沿不同厚度的碎石层上铺砌，在坡底，石层厚 20cm。在常水位及高于常水位 50cm 处其厚度为 10cm。从斜坡水位线以上逐渐转变到单层块石铺面。坡肩处块石厚 14～16cm。斜坡底部建造上宽 1.5m，底宽 0.5m，厚为 1.35m 的护脚棱体以防止砌体下滑。

在不冻土地区的园林浅水缓坡岸，如风浪不大，则只需作单层块石护坡。有时还可用条石或块石干砌。坡脚支撑亦可相对简化。

3. 挡土墙护坡

（1）作用和横断面选择。由自然土体形成的陡坡超过所容许的极限坡度时，土体的稳定遭到破坏而产生滑坡和塌方。天然山体甚至会产生泥石流，如果在土坡外侧修建人工的墙体便可维持稳定。这种用以支持并防止土坡倾塌的工程结构体称为挡土墙，前面所讲的岸壁直墙实际上是水工挡土墙，不同于一般挡土墙之处是有一面承受水的压力和浸蚀，必须满足一般水工的要求。

园林中通常采用重力式挡土墙。即借助于墙体的自重来维持土坡的稳定。

直立式挡土墙指墙面基本与水平面垂直，但也允许有约 10：0.2～10：1 的倾斜度的挡土墙。直立式挡土墙由于墙背所承受的水平压力大，只宜用几十厘米到 2m 左右高度的挡土墙。倾斜式挡土墙常指墙背向土体倾斜、倒斜坡度在 20°左右的挡土墙。这样使水平压力相对减少，同时墙背坡度与天然土层比较密贴。可以减少挖方数量和墙背回填的数量。适用于中等高度的挡土墙。

对于更高的挡土墙，为了适应不同土层深度土压力和利用土的垂直压力增加稳定性，可将墙背做成台阶形。

（2）挡土墙横断面尺寸的决定。挡土墙横断面的结构尺寸根据墙高来确定墙的顶宽和底宽。

（3）挡土墙排水处理。挡土墙后土坡的排水处进对于维持挡土墙的正常使用有重大影响，特别是雨量充沛和冻土地区。

1）墙后土坡排水、截水明沟、地下排水网。在大片山林、游人比较稀少的地带，根据不同地形和汇水量，设置一道或数道平行于挡土墙明沟，利用明沟纵坡将水和坡地面径流排除。减少墙后地面渗水。必要时还需设纵、横向盲沟，力求尽快排除地面水和地下水。

2）地面封闭处理。在墙后地面上根据各种填土及使用情况采用不同地面封闭处以减少地面渗水。在土壤渗透性较大而以无特殊使用要求时，可作 20～30cm 厚夯实黏土层或种植草皮封闭。还可采用胶泥、混凝土或浆砌毛石封闭。

3）泄水孔。泄水孔墙身水平方向每隔 2～4m 设一孔。竖向每隔 1～2m 设一孔。设一行每层泄水孔交错设置。泄水孔尺寸在石砌墙中宽度为 2～4cm 高度约为 10～20cm 混凝土墙可留直径为 5～10cm 的圆孔或用毛竹筒排水。干砌石墙可不专设墙身泄水孔。

4）暗沟。有的挡土墙基于美观要求不允许设墙面排水时，除在墙背面刷防水砂浆或填一层不小于 50cm 厚黏土隔水层外，还需设毛石盲沟，并设置平等于挡土墙的暗沟。引导墙后积水，包括成股的地下水及盲沟集中之水与暗管相接，园林中室内挡土墙亦可这样处理。或者破壁组成叠泉造水景。

在土壤或已风化的岩石侧面的室外挡土墙时，地面应作散水和明、暗沟管排水。必要时作灰土或混凝土隔水层，以免地面水浸入地基而影响稳定。

三、护岸护坡的施工要点

围堰放干水，砌保密实，灌饱浆，灰土基础旱季做，冬季施工加 3%～5% 的防冻剂防冻。

任务四 喷泉工程应用

一、喷泉概念和种类

1. 喷泉概念

喷泉又称喷水，是由一定的压力使水喷出后形成各种喷水姿态，以形成升落结合的动水景观，既可观赏又能起装饰点缀园景的作用。喷泉是利用喷射而出的水流，结合雕塑、灯光、声响等因素组合而成的一种动态水景景观。它不仅造型优美、景观价值突出，而且具有净化空气，增加空气中的负氧离子浓度等生态效益。

2. 喷泉种类

喷泉景观概括来说有天然喷泉和人工喷泉之分。天然喷泉是因地制宜，根据现场地形结构，仿照天然水景制作而成。如壁泉、涌泉、雾泉、管流、溪流、瀑布、水帘、跌水、水涛、旋涡等。人工喷泉完全依靠喷泉设备人工造景。有音乐喷泉、程控喷泉、摆动喷泉、跑动喷泉、光亮喷泉、游乐喷泉、超高喷泉、激光水幕电影等。人工喷泉设计主题各异，喷头类型多样，水型丰富多彩。随着电子工业的发展，新技术新材料的广泛应用，喷泉已成为集喷水、音乐、灯光于一体的综合性水景之一，在城镇、单位，其至私家园林工程中被广泛应用。喷泉是完全靠设备制造出的水量，对水的射流控制是关键环节，采用不同的手法进行组合，会出现多姿多彩的变化形态，如图 1-11 和图 1-12 所示。

图 1-11　　　　　　　　　　　　　　图 1-12

二、喷泉造型与布置

1. 喷泉的喷射方式

（1）直线喷射。直线喷射是指水流垂直向上的喷射。它具有整齐向上的特性，形成竖向空间上的动势，如果射流达到一定的高度，则极适宜作喷泉的中心主景。作主景的喷头一般要有一定的体量，有些喷头可以喷出粗大的水柱，仅一条水柱就有宏伟之气势，可以作主景之用，但也有些喷头喷出的水为细线状的，所以要多条组合才能形成一定的气势。

直线喷射的喷泉可高可矮，可粗可细，应用起来极为灵活。如果喷头按一字形直线或平缓弯曲的弧线展开排列，可以形成非常好的背景和前景。

当喷头安装在水面以下 5～10cm 的地方时，喷射向上的水流会带动周围的水一起往上涌动，这样，就形成了涌泉。实际上，涌泉通常采用特定的喷头来建造，一般多用加气喷头和加水喷头，这样可以使涌出的水柱中夹带有气泡和水花，水柱显得更粗更白，形成平地涌起三尺雪的效果。

涌泉一般都不高，多数高度在 1m 左右。正是由于其低矮的体量，使其具备了亲切、自然的特点，因而有着广泛的适应性，极易和周围景物取得和谐的效果。在园林的小型空间和室内水景中，用得较多。

（2）斜线喷射。斜线喷射是指水流采用与水平面小于 90°的角度斜向喷出，这样水流会形成抛物线线形。斜线喷射的线条柔和优美，同时具备垂直向上和水平向前两个方向的动势，而且水流占据范围大，适宜开阔平展的场所。

弧线喷射的喷泉比较多的采用圆形向心喷射布置，形成内聚性极强的造型，在表现团结、同心的主题时，经常采用这一形式。弧形喷射的喷泉也有呈直线排列的，它可以形成犹如水廊般的效果，游人可在其下穿行，别见一番情趣。

（3）交叉喷射。交叉喷射是指水流斜向交叉喷射，形成编织纹理效果。

（4）花样喷射。花样喷射是利用组合喷头喷出具有美丽花形的射流。其种类甚多，可适应不同环境。

2. 喷泉的布置要点

开阔的场地多选用规则式喷泉池，水池要大，喷水要高，照明不要太华丽。狭长的场地，如街道转角、建筑物前等处，水池多选用长方形。现代住宅建筑旁的水池多为圆形或长方形。喷泉的水量要大，水感要强烈，照明可以比较华丽。喷泉的形式自由，可与雕塑等各种装饰性小品结合，但变化宜简洁，色彩要朴素。

在选择喷泉位置，布置喷水池周围的环境时，首先要考虑喷泉的主题与形式，所确定的主题与形式要与环境相协调，把喷泉和环境统一起来考虑，用环境渲染和烘托喷泉，以达到装饰环境的目的，或者借助特定喷泉的艺术联想，来创造意境。位置一般多设在庭院的轴线焦点、端点或花坛群中，也可以根据环境特点，作一些喷泉小景，布置在庭院中、门口两侧、空间转折处、公共建筑的大厅内等地点，采取灵活的布置，自由地装饰室内外空间。但在布置中要注意，不要把喷泉布置在建筑之间的风口风道上，而应当安置在避风的环境中，以免大风吹袭，喷泉水形被破坏和落水被吹出水池外。

3. 喷泉的形式

喷泉的布置有规则式和自然式两种形式。它们在平面布置和立面造型上各有特点。

（1）喷泉的平面布置。规则式布置的喷泉通常按一定的几何形状形成排列，有圆形、方形、弧线、直线等形式，显得整齐、庄重，统一感强。而自然式布置的喷泉则可根据需要疏密相间、错落有致地搭配，显得轻松、活泼，自由而多变。

（2）喷泉的立面造型。喷泉的设计往往不是采用单一的水形来造景，而是利用多种水形和多种喷射方式进行组合，创造出多姿多彩，变化万千的立面景观。

喷泉的立面造型与其平面布置相对应。规则式水池的立面以对称形式的构图为主，而且最高的水柱一般都位于中心，两侧的射流与中心相呼应。自然式水池的立面追求的是不对称的均衡构图。

（3）喷泉形式的应用。形式有自然式和规则式两类喷水的位置可居于水池中心，组成图案，也可以偏于一侧或自由地布置。其次，要根据喷泉所在地的空间尺度来确定喷水的形式、规模及喷水池的比例大小。

喷泉采用哪种形式，主要依据场地特征和环境特点而定。

在严肃的场地中，如市政广场和办公大楼前，一般采用规则式喷泉，而且，水池的形式也相应的采用规则式。圆形或方形的水池比较适合开阔的广场中心，长方形或椭圆形的水池则适合于长形广场的中间和开阔广场的两侧布置，或者是应用于建筑物前的狭窄场地。池内的喷泉结合水池形状布置，用与水池形状协调的几何形和弧线、直线等组合排列。

对于公园、街头绿地或庭院等地方，为了追求自然轻松的环境气氛，可采用自然式水池，池中喷泉按不等边三角形、五角形等方式灵活布置，喷出的水柱也有高有低，以表现天然之趣如图1-13所示。

4. 喷泉与其他景观小品的结合

利用雕塑、山石等景观小品与喷泉水流组合在一起，可以构成别具韵味的水景。景观小品可为喷泉的主景，也可为喷泉的配景。关键是要根据主题气氛和环境特点加以合理的组合，达到和谐

图1-13

统一的景观效果，如表 1-17 所示。

表 1-17　　　　　　　　　　　　　喷泉应用特点和场所

名　称	主　要　特　点	适　用　场　所
壁泉	由墙壁、石壁和玻璃板上喷出，顺流而下形成水帘和多股水流	广场，居住区入口，景观墙，挡土墙，庭院
涌泉	由下向上涌出，呈水柱状，高 0.6～0.8m，可独立设置也可组成图案	广场，居住区入口，庭院，假山，水池
间歇泉	模拟自然界的地质现象	溪流，小径，泳池边，假山
旱地泉	将泉管道和喷头下沉到地面以下，喷水时水流落到广场硬质铺地上，沿地面坡度排出，平常可作为休闲广场	广场，居住区入口
跳泉	射流非常光滑稳定，可以准确落在受水口中，在计算机控制下，生成可变化程度和跳跃时间的水流	庭院，园路边，休闲场所
跳球喷泉	射流呈光滑的水球，水球的大小和间歇时间可控制	庭院，园路边，休闲场所
雾化喷泉	由多组微孔喷管组成，水流通过微孔喷出，看似雾状，多呈柱形和球形	庭院，广场，休闲场所
喷水盆	外观呈盆状，下有支柱，可分多级，出水系统简单，多为独立设置	园路边，庭院，休闲场所
小品喷泉	从雕塑伤口中的器具（罐、盆）和动物（鱼、龙等）口中出水，形象有趣	广场，雕塑，庭院
组合喷泉	具有一定规模，喷水形式多样，有层次，有气势，喷射高度高	广场，居住区入口

图 1-14　喷泉在广场等场所表现公共空间氛围

三、小型喷流水景

园林中有一种用于小空间装饰的小型水景，形式是将水从管道中流出，称之为管流。其原理与喷泉相似，都是利用水泵将水提升到出水口流出。不同之处是喷泉出口一般有一定形式的喷头，喷出的水流有一定的造型，且水流需要较大的压力，而管流出口没有特别的处理，水自然流出，其灵感来源于山中人家用竹管引山泉之水的做法，形态亲切自然。与管流相似的喷流水景很多，有的是从安装在墙上的兽头等装饰物中喷出水流，有的是从水边动物雕塑口中喷出水流，诸如此类，可统称为小型喷流水景，如图 1-15 所示。

图 1-15　小型喷流水景

四、喷泉工程设计

（一）喷泉的基本组成

一个完整的喷泉系统一般由喷头、管道、水泵 3 部分组成，如图 1-16 和图 1-17 所示。

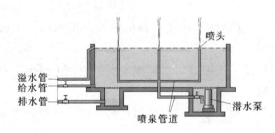

图 1-16　喷泉工作原理图（潜水系）

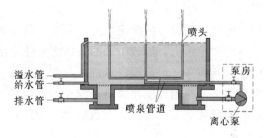

图 1-17　喷泉工作原理图（离心泵）

其工作原理为：水泵吸入池水并对水加压。然后通过管道将有一定压力的水输送到喷头处，最后水从喷头出水口喷出。由于喷头类型不同，其出水的形状也不同，因而喷出的水流呈现出各种不同的形态。

如果要考虑夜间效果，喷泉中还要布置灯光系统，主要用水下彩灯和陆上射灯组合照明。

（二）常用喷头的类型及水形

喷头是喷泉系统中非常重要的一个组成部分，它决定了水流的形状。以下为常用的一些喷头类型。

1. 直射喷头

射流从出水口直线喷出，是压力水喷出的最基本形式，也是喷泉中应用最广泛的一种喷头。直射喷头的射流晶莹透明，线条清晰明了。垂直喷射时，射流呈直线形，在顶端形成水花。倾斜喷射时，射流成抛物线形，优美动人。实际应用中，常用多条射流组合成各种图案。

（1）定向直射喷头。定向直射喷头的喷嘴与底座是一整体，安装后喷嘴角度不可调节。

（2）万向直射喷头。万向直射喷头的喷嘴与底座间用套环固定，安装后喷嘴的角度可以在 $\pm 15°$ 范围内调节，从而可以根据需要来调节射流方向。规格较小的万向直射喷头上装有可调节流量的小阀门，可直接调节喷头射流的高低。

（3）集流直上喷头。垂直向上的小型直射喷头组合可成集流直上喷头，喷水时多条单射流集中在一起，粗壮高大，气势雄伟。常用作水池中心水柱。

2．散射喷头

在壳体顶部的平面或曲面上开有多个小孔或装上多个小的直流喷嘴，水流成散射状喷出，可形成多种造型不同的水花。

（1）三层花喷头。由中心直上射流和外侧两圈斜度不同的斜向射流组成，形成由中心垂直水柱和外侧两层不同角度的抛物线水流组成的水花。

1）三层花喷头一。台面上打孔。

2）三层花喷头二。台面上装小的直流喷嘴，喷嘴可以是万向可调式的小直射喷头，可以调节高度和水压。

（2）莲蓬式喷头。壳体顶部台面上的喷嘴组合成一支莲蓬式造型，喷出的水花向四周散开，花形美观。

（3）凤尾喷头。在扁形壳体顶部弧面上装一排喷嘴，喷出的水形状如凤尾。

（4）银缨喷头。壳体顶部沿边装有一圈向外倾斜的喷嘴，喷水时形成一圈朝外的抛物线水流，水形似缨穗。

（5）半银缨喷头。似银缨喷头，只是仅装半圈喷嘴，形成半个缨穗。适宜一侧靠墙面之类的地方安装。

3．水膜喷头

喷头出水口处理成不同形式的线形细口，水流挤压成薄膜状喷出，从而形成各种晶莹透亮的膜状水形。

（1）喇叭花喷头（扶桑花喷头、牵牛花喷头）。顶部锥体与喷头管筒间形成一圈细缝，水顺锥体斜面斜向往上喷出，形成中部凹陷的喇叭花形水膜。

（2）蘑菇喷头。顶部锅底形挡片与喷头管筒间形成一圈细缝，水顺锅底面斜向往上喷出，形成中部微微凹陷（凹陷程度比喇叭花浅）的蘑菇状水膜。

（3）半球喷头。顶部以平面盖板盖住管筒，水顺平板从水平方向喷出，再自由下落形成半球形水膜。

（4）伞形喷头。顶部锅底形盖片向下扣压，从而使水斜向往下喷射，成雨伞状水膜，相对于上面3种而言，伞形喷头更不易被风吹散。

（5）扇形喷头。喷头扁平似鸭嘴，水流从线形的喷嘴喷出，形成扇形水膜。在彩灯的映射下，似孔雀开屏，绚丽多彩。

4．吸力喷头

喷头中的水在高速流动时，压力降低，从而在喷嘴处形成负压区。由于压差的作用，外面的水或空气可被吸入，与喷嘴内的水混合一起喷出，形成内含水泡的白色水柱，水柱体积变大。

（1）冰塔（雪松）喷头。这是一种吸水喷头，套筒内喷嘴喷水时，将周围的水吸入到套管内一起喷出，水柱加大，水柱垂直向上，到达顶部后往四周落下，形成雪松状造型，粗犷挺拔。

（2）鼓泡喷头（涌泉）。这是一种吸气喷头，喷头内水流高速运动时，可通过进气管将水面上的空气吸入，与喷头内部水流混合后喷出，形成水气混合的白色泡沫状水团。

（3）吸水加气喷头。喷头喷水时，同时将水和空气吸入，形成直上的水柱，雄伟壮观。

5．旋转喷头

利用下部两条喷嘴喷射时的反作用力推动喷头旋转，使向上的水流在空中离心向外扭动，形成螺旋形曲线。

6．球状喷头（蒲公英喷头）

在圆球形壳体上，装有密布的同心放射状喷管，每个管顶装有一个半球形水膜喷头，多片水膜组合成一个大的球形或半球形体。在光的照射下，似水晶球熠熠发光。

（1）水晶球喷头。圆形壳体上满布喷管，喷水成球形。

（2）水晶半球喷头。圆形壳体上半部布置喷管，喷水成半球形。

7. 组合喷头

用两种或两种以上的喷头，可以组合成造型更为丰富的组合喷头。

（1）玉蕊银缨。银缨喷头顶部加装一直射小喷嘴，银光闪闪的缨穗喷水中心有一玉蕊亭亭玉立。

（2）玉蕊半银缨。为半个玉蕊银缨，适宜靠墙而装。

（3）玉蕊叠银缨。银缨相叠，玉蕊中心而立。

（4）水晶球叠泉。叠泉之上，水晶球熠熠生辉。

（三）喷泉的管线及附件

1. 水管

（1）类型。喷泉管道一般为：钢管（镀锌钢管）；UPVC 给水管。

（2）钢管规格（常用管径尺寸），如表 1-18 所示。

表 1-18　　　　　　　　　　　　　　钢　管　规　格

内径	15	20	25	32	40	50	70	80	100	125	150	200
英寸	1/2	3/4	1	1 1/4	1 1/2	2	2 1/2	3	4	5	6	8
俗称	4分	6分	1寸	1寸2	1寸半	2寸	2寸半	3寸	4寸	5寸	6寸	8寸

2. 水管附件

（1）钢管连接件。直通（接头）：等径，变径；分枝：三通，四通，也有等径，变径；方向改变：90°和45°弯头。

（2）水流控制件——闸阀。调节管道的水量和水压的重要设备。

手阀：以手动的方式来控制阀门的开阀。

电磁阀：通过电流来控制阀门之开闭，通→开，断→闭。

注意：①电磁阀应沿水平方向布置，阀体上箭头与水流方向一致；②一般宜设旁路装置；③干燥处；④阀前宜安装过滤器。

3. 喷泉照明及线路

（1）喷泉照明方式。

1）固定照明和变化照明。

固定照明：灯光不变化。

变化照明：闪光照明或灯光明暗变化及部分灯亮，部分灯暗之变化。

2）水上照明和水下照明。

水上照明：水上射灯将不同颜色的光线投射到水柱上，对于高大的水柱采用这种方式照明效果较好，适宜大型喷泉照明。

水下照明：水下彩灯是一种可以放入水中的密封灯具，有红、黄、蓝、绿等颜色。水下彩灯一般装在水面以下 5～10cm 处，光线透过水面投射到喷泉水柱上，水柱有晶莹剔透的透明感，同时也可照射出水面的波纹。如果采用多种颜色的彩灯照射，水柱呈现出缤纷的色彩。

（2）线路布置。水上照明按一般照明要求。水下照明须用专门水下彩灯，并用水下电缆作供电线。开关、配电盘等与控制房或泵房等放在一起。水下接线要用水下密封接线盒。

（四）水泵

水泵是用来给喷泉管道输送压力水的设备。在工农业生产中，水泵是一种提水机械，用于将低处的水提到高处。

喷泉系统中一般用离心泵和潜水泵。

1. 离心泵

（1）离心泵工作原理。在充满水的泵壳内，叶轮旋转，离心力将水甩向旁边，造成中部低压，从而将水吸入，旁边高压，将水压出。

（2）离心泵的基本参数。从泵上铭牌可知其性能，如图1-18所示。

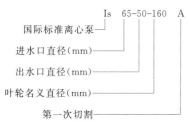

图1-18 离心泵的基本参数

1）流量Q：水泵在单位时间内的出水流，单位：m^3/h或L/s。

可换算 $L/s = \frac{1}{1000}m^3 / \frac{1}{3600}h = 3.6 m^3/h$（或$t/h$）

2）扬程H：泵能把水提升的高度，单位：m。

扬程30m，表明在不考虑损耗时，泵可将水抽至30m高处。当然，扬程只是一个理论参数，实际中，由于装置的不同，有不同的损耗，所抽的实际高度也不同，达不到30m。

$H=$实际扬程＋损失扬程

说明：Q与H成反比。

3）功率N与效率η。

有效功率： $N_{效} = r.Q.H(kg.m/s) = rQH/102(kW)$

轴功率：原动机（如电动机、柴油机等）传给泵的功率。

配套功率：带动水泵的原动机功率的大小$=(1.1-1.2)\times$轴功率

$$\eta = \frac{N_{效}}{N_{轴}}$$ 一般$60\%\sim80\%$，大型水泵$>80\%$

4）转速n：水泵的叶轮每分钟旋转的次数，单位：r/min。

口径小的泵，转速高 2900 1460 r/min。

5）允许吸真空高度H_s。

在不考虑损耗时，通过试验得出的水泵所能吸水的最大高度。

水泵通过泵壳中部低压吸水，低压的最理想状态是真空，压力为0。1个大气压相当于10.33m水柱高，H_s的理想值为10.33m。

实际上，不可能出现真空状态，且接近真空时，水要气化，发生气蚀现象。所以试验可定出一个不发生气蚀现象时的吸水最大高度，即为允许吸真空高度。

（3）水泵选型。水泵的选型主要依据是喷泉系统之流量和扬程。

1）流量计算。根据各喷头流量汇总计算得总流量。假设$Q_{喷}=18 m^3/h$。

2）扬程计算。实际扬程：吸水面到出水面的高度。

损失扬程：由于管路摩擦阻力和弯头等处紊流造成阻力，使水流消耗部分能量，这部分能量以水柱高度表示，为损失扬程。

喷泉按$h_{损}=15\%\sim30\% H_{实}$计。

（4）泵的合用。

1）串联：$H=H_1+H_2$，Q为一台泵（小的）的流量。

要求：①两泵Q约相等（大的放前面）；②后泵可承受两泵压力总和；③H不等时，H小的放前面。

2）并联：$Q=Q_1+Q_2$，H不变。

要求：①两泵H基本相等；②各泵出水口均安闸阀。

2. 潜水泵

用于较小型的喷泉，不须设泵站。

（五）管道布置

1. 布置形式

环形管网：喷头下的管道成环形布置，各喷头压力较均匀，适宜喷头较多的大型喷泉或喷头成环状分布的喷泉。

树枝形管网：管道逐级分支成树枝形，各喷头压力不均匀，适宜喷头不多，为自然式布置的小型喷泉，各喷头可分开控制，可以很方便地调节各喷头的水量和水压。

2. 布置要点

小型喷泉的管道和大型喷泉的非主要管道可埋入土中或放在水池内。大型喷泉的管道如果多且复杂时，应将主要管道敷设在可以通行人的管沟中，以方便检修。

管道布置形式要考虑喷头对水压的要求，如果各喷头需要的水压相近，采用环形管网为好。如果各喷头需要的水压相差较大，采用树枝状管网为好。环状十字形供水管网上的喷头，压力最为均匀，易获得等高的射流。

水池中要设给水管（向水池供水并补充因蒸发和喷射时散失而造成的水量损耗）。排水管（水池清洗和维修等情况下排干池水之用），溢水管（防止水池中水位上涨而溢出水池）。

为了控制射流的高度，一般每个喷头前均应装设阀门，以控制其水量和水压，也可根据具体情况在某一组喷头前共装一个阀门来控制。

在寒冷地区，为防止冬季管道内的水结冰而造成管道损坏，所有管道均要有不小于2%的坡度，并朝向某一出口方向，以便在冬季将管内积水全部排出。

（六）喷泉系统水力计算

喷泉系统中，每一个喷头均需有足够的流量和水压才能保证其喷出合适的射流形态。喷泉的水力计算就是要保证水泵能提供给每一个喷头足够的水量和水压，同时使连接水泵和喷头之间的管道有合适的管径。

1. 计算流量

（1）单个喷头的流量计算方法如下。

方法一：根据厂家产品性能表的数据获得。

方法二：利用公式计算。

$$Q = \mu F \sqrt{zgH \times 10^{-3}}$$

式中　Q——喷头流量，L/s；

　　　μ——流量泵数（一般在0.62～0.94之间）；

　　　F——喷头出水口断面积，mm^2；

　　　g——重力加速度，$9.81m/s^2$；

　　　H——喷头入口水压，mH_2O。

（2）喷泉总流量计算方法。

总流量为同一时间同时工作的各个喷头流量之和，即

$$Q_{总} = \sum Qi$$

2. 计算管径

$$D = \sqrt{\frac{4Q}{\pi v}}$$

式中　D——管径；

　　　Q——计算管段上的总流量；

　　　π——圆周率（3.14）；

　　　v——合适的流速（一般取0.5～0.6m/s之间）。

注：0.5～0.6m/s的流速一般指装有大量喷头的总管道（如环管）所采用的流速，从水泵出来

的总输水管和离心式水泵的回水管等不可采用此速度，一般输水管流速采用1.5～2.0m/s，而回水管流速采用1.0～1.2m/s较为合适。

3. 计算扬程

$$总扬程＝净扬程＋损失扬程$$

$$净扬程＝吸水高度＋压水高度$$

$$损失扬程＝净扬程×（10\%～30\%）$$

注：扬程的计算应选择一个需要最大扬程的喷头来计算，该喷头可能装的位置较高，同时，压水高度又较大。公式中的吸水高度是指所计算喷头与水泵吸水水面之间的高差，压水高度是指所计算喷头的喷头入口水压。

4. 选择水泵

最后，按计算出喷泉系统总流量和总扬程，选择一个合适的水泵，条件是水泵的流量不小于喷泉总流量；水泵的扬程不小于喷泉总扬程。

5. 调整修改

喷泉是个比较复杂的系统，设计中有些因素难以全面考虑，所以设计后喷泉要进行试验、调整，只有经过调整，甚至是经过局部的修改校正，才能达到预期效果。

五、喷泉的设计

从设计尺寸与规模大小来说，喷泉池的设计取决于园林总规划与详细规划中对观赏功能和实用功能的要求，但是这与水池所处地理位置的风向、风力、气候湿度等关系极大，它直接影响了水池面积和形状的确定，同时，喷泉喷出水流中的水量要基本收回到池中，因此，水池的面积就应比喷头的喷水面积更大。

（一）喷泉池平面设计

喷泉池平面设计，主要应与所在环境的格调、建筑和道路的线型特征，以及视线关系等环境因素相互协调统一。其平面轮廓要"随曲合方"，即在以曲线为主的环境中水池多设计为圆形、椭圆形；在以直线为主的环境中则多设计为方形、长方形及其组合形状，池形要与环境相称，水池轮廓与广场走向、建筑外轮廓等要取得呼应与联系，要考虑与前景、背景的协调关系。

水池的平面尺寸除应满足喷头、管道、水泵、进水口、泄水口、溢水口、吸水坑等布置要求外，还应防止水的飞溅。在设计风速下应保证水滴不致大量被风吹失。回落到水面的水花也应避免大量溅至池外。所以，水池的尺寸一般应比计算要求每边再加大0.5～1.0m在喷泉池立面设计中，要做好喷泉各立面的高度变化和立面景观变化，水池池壁顶与人接触，则应考虑坐池边观赏水池的需要。池壁顶可做成平顶、拱顶和挑伸、倾斜等各种形式。水池与地面相接部分可作为凹入的变化。

水池深度的确定，以设计水深为依据，而设计水深则一般应按管道、设备的布置要求而确定。多数喷泉水池的设计水深都在500～1000mm之间。在设有潜水泵时，还应保证吸水口淹没深度不小于0.5m。不论何种形式，池底都应有不小于0.01的坡度，坡面都向着集水坑。

（二）喷泉池的结构设计

对于大中型水池，最常采用的是现浇混凝土结构。为保证不漏水，宜采用防水混凝土。为防止裂缝，应适当配置钢筋。大型水池还应考虑适当设置伸缩缝、沉降缝，这些构造缝应设置水带，用柔性防漏材料填塞。

水池与管沟、水泵房等相连接处，也宜设沉降缝并同样进行防漏处理。喷泉水池的池壁可采用花岗石、釉面砖贴面装饰，但要采用防水砂浆。池底和池壁的构造作法，根据具体设计可有不同。管道穿池底和外壁时要采取防漏措施，一般是设置防水套管。在可能产生振动的地方，应设柔性防水套管。

水池设置溢水口的目的在于维持一定的水位和进行表面排污，保持水面清洁，常用溢水口形式有堰口式、漏斗式、管口式、连通管式等，也可根据具体情况选择。大型水池若设一个溢水口不能满足要求时，可设若干个，但应均匀布置在水池内，溢水口的位置应不影响美观，而且便于清除积污和疏通管道。溢水口外应设格栅或格网，以防止较大漂浮物堵塞管道。格栅间隙或筛网网格直径应不大于管道直径的1/4。

为了便于清扫、检修和防止停用时水质腐败或结冰，水池应设泄水口，水池应尽量采用重力方式泄水，也可利用水泵的吸水口兼作泄水口，利用水泵泄水。泄水口的入口也应设格栅或格网，其栅条间隙和网格直径也以不大于管道直径的1/4为好，当然也可根据水泵叶轮的间隙决定。

（三）水池的形态种类与构造

水池的形态种类众多，起深浅和池壁、池底材料也各不相同，常有规则严谨的几何形式和自由活泼的自然之分，也有浅盆式（水深不大于60mm）与深盆式（水深不小于1000mm）之别，更有运用节奏韵律的错位式、半岛式、岛式、错落式、池中池、多边形组合式、圆形组合式、多格式、符合式、拼盘式等。值得一提的是雕塑式，它配上喷泉彩灯，形成水雾、彩霞、露珠，产生彩雾飘绕、再现人间仙境的幻境效果。水池按其修建材料来分，可分为刚性结构和柔性结构两种。

1. 池体结构

池体材料的选择受审美、气候条件、造价、场地条件（地基、建造方式等）的影响。建造水池的常用材料。

（1）坡度。水池附近地表的水不应该排入池内，坡度要向外排到水质保留区内。但大型水景池边缘宽度至少有600mm，表面坡向池内，使溅溢出的水流回水池。

（2）深度。用于光上展示的水池其深度在300～450mm间的变化。在欧美国家，深度超过450mm通常作为游泳池考虑，且有进一步的规定，包括竖立围栏或其他围障，喷泉的蓄水池通常要求深至少300mm。

（3）干舷。干舷是指水位线与水池边上部的距离，要求随池边条件、功能而变化。溢水槽也被认为是无线边界，设计时无需干舷。悬挑和台阶边缘要求至少有25mm的干舷，而座墙或植物边缘要求干舷更大，达150mm。当设计多个水池时，低处的水池必须设计为能容纳不运行时较高的水位，以及适应运行时的较低水位，区别在于运行时水会流到水堰后或其他的设施中。

（4）防水。在所有路面连接处及管道穿过处应做止水环。抹灰、贴瓷砖或用环氧涂料刷水池或使用人造橡胶涂层都需要另外做防水。在结构上或易膨胀的土壤上设置水池，由于担心渗漏，对防水保护要求特别高。另外，屋顶花园常常要考虑材料的重要，通常使用连续的防水薄膜、玻璃纤维或金属外壳。

（5）水池内水井。池内都具有一定深度的水井，与地下水相通，在干旱少雨时，池水不至完全干涸，同时井水冬天温暖，可供鱼类过冬。

2. 刚性水池

刚性水池主要是采用钢筋混凝土或砖石修建的水池，这类水池在园林水景中最为常见。它一般由池底、池壁、池顶、进水口、泄水口、溢水口6部分构成。

（1）池底。为保证不漏水，宜采用防水混凝土。为了防止裂缝，应适当配置钢筋，有时要进行配筋计算。大型水池还应考虑适当设置伸缩缝、沉降缝，这些构造缝应设止水带，并用柔性防漏材料填塞。

（2）池壁。池壁是一种起维护作用的结构，要求防漏水，与挡土墙受力关系相似，分为外壁和内壁，内壁做法同池底，并与池底浇注为一体。

（3）池顶。用于强化水池边界线条，结构要稳定。用石材压顶时，由于其挑出的长度受限，与墙体连接性较差，而使用钢筋混凝土作压顶，其整体性好。

（4）进水口。水池的水源一般为人工水源（自来水等），为了给水池注水或补充水，应当设置进水口，进水口可以设计得比较大方，也可以设置在隐蔽处或结合山石布置。

（5）泄水口。为便于清扫、检修和防止停用时水质腐败或结冰，水池应设泄水口。水池应尽量采用重力方式泄水，也可利用水泵的吸水口兼作泄水口，利用水泵泄水。泄水口的入口也应设格栅或格网，其栅条间隙和网格直径也以不大于管道直径的 25％ 为好，当然，也可根据水泵叶轮的间隙决定。

（6）溢水口。为防止水满从水池顶部溢出到地面，同时为了控制池中水位，应设置溢水口，通常的溢水口形式有堰口式、漏斗式、管口式、连通管式等，也可根据具体情况选择。大型水池若设一个溢水口不能满足要求时，可设若干个，但应均匀布置在水池内。溢水口的位置应不影响美观，而且便于清除积污和疏通管道。溢水口外应设置格栅或格网，以防止较大漂浮物堵塞管道。格栅间隙或筛网网格直径应不大于管道直径的 25％ 为好。管道穿池底和外壁时要采取防漏措施，一般设置防水套管，在可能产生振动的地方，应设柔性防水套管。

（7）装饰。刚性水池要特别注重其外观的装饰性。池底可利用原有土石，亦可用人工铺筑砾石砂土或钢筋混凝土做成。其表面要根据水景的要求，选用深色或浅色的池底镶嵌材料进行装饰，以示深浅。如池底加进镶嵌的浮雕、花纹、图案，池景便显得更生动活泼。室内及庭院水池的池底常常采用白色浮雕，如美人鱼、贝壳、海螺等，构图颇具新意，装饰效果也倍加突出，同时还能渲染水景的寓意和水环境的气氛。此外，装饰小品诸如各种题材的雕塑作品，具有特色的造型。增加生活情趣的石灯、石塔、小亭，池面多姿多彩的荷花灯、金鱼灯等，以及各种汀步，这一切都起到点缀和活泼庭院气氛的作用。

3. 柔性水池

近几年，随着新建筑材料的出现，水池出现了柔性结构，以柔克刚，另辟蹊径，使水池设计与施工进入了一个新的阶段。实际上水池若是一味靠加厚混凝土和加粗加密钢筋网片是无济于事的，只会导致工程造价的增加，尤其对北方水池的渗漏冻害，用柔性不渗水的材料做水池夹层为好。目前，在工程实践中使用的有如下几种。

（1）玻璃布沥青水池。主要使用中性玻璃纤维布，碱金属氧化物不超过 0.5％～0.8％，玻璃布孔目在 8mm×8mm～10mm×10mm 间，矿粉使用粒径不大于 9mm 的无杂质石灰石矿粉，黏合剂使用 A－60 沥青。调好后再与矿粉配比，沥青 30％，矿粉 70％。首先，将沥青、矿粉分别加热到 100°，将矿粉加入沥青锅搅匀，将玻璃纤维布上的沥青层厚度控制在 2～3mm，拉出后立即洒滑石粉，并用机械辊压密实，每块长 40m 左右。然后，将土基夯实，铺 3000mm 厚土灰，再将沥青铺在其上，搭接长为 50～100mm。同时用火焰喷灯焊牢，端头用石块压固，并随即洒铺小石屑一层。而后在表层散铺一层 150～200mm 厚卵石即可。

（2）三元乙丙橡胶薄膜水池。这种材料是对传统的钢筋混凝土水池材料的革新，三元乙丙橡胶薄膜商业名称为三元乙丙防水布，厚度为 0.3～5mm。能经受－40°～80°的温度，施工方便，可以冷作，大大减轻了劳动强度。自重轻，不漏水，更适于展览馆等临时性水池建筑，也适用于屋顶花园水池，且不致增加屋顶顶层的负荷。

（四）喷泉施工注意事项

喷泉工程的施工程序，一般是先按照设计将喷泉池和地下水泵房修建起来，并在修建过程中结合着进行必要的给水排水主管道安装。待水池、泵房建好后，再安装各种喷水支管、喷头、水泵、控制器、阀门等，最后才接通水路，进行喷水试验和喷头及水形调整。除此之外，在整个施工过程中，还要注意以下一些问题。

（1）喷水池的地基若是比较松软，或者水池位于地下构筑物（如水泵地下室）之上，则池底、池壁的做法应视具体情况，进行力学计算之后再做出专门设计。

（2）池底、池壁防水层的材料，宜选用防水效果较好的卷材，如三元乙丙防水布、氯化聚乙烯防水卷材等。

（3）水池的进水口、溢水口、泵坑等要设置在池内较隐蔽的地方。泵坑位置、穿管的位置宜靠近电源、水源。

（4）在冬季冰冻地区，各种池底、池壁的作法都要求考虑冬季排水出池，因此，水池的排水设施一定要便于人工控制。

（5）池体应尽量采用干硬性混凝土，严格控制砂石中的含泥量，以保证施工质量，防止漏透。

（6）较大水池的变形缝间距一般不宜大于 20m。水池设变形缝应从池底、池壁一直沿整体断开。

（7）变形缝止水带要选用成品，采用埋入式塑料或橡胶止水带。施工中浇注防水混凝土时，要控制水灰比在 0.6 内，每层浇注均匀应从止水带开始，并应确保止水带位置准确，嵌接严密牢固。

（8）施工中必须加强对变形缝、施工缝、预埋件、坑槽薄弱部位的施工管理，保证防水层的整体性和连续性，特别是在卷材的连接和止水带的配置等处，更要严格技术管理。

（9）施工中所有预埋件和外露金属材料，必须认真做好防腐防锈处理。

水景工程在城市形象和园林景观形象的塑造中能够很大的作用，它是美化城市园林环境的一个重要手段。它的造景作用并不局限于城市和园林的室外环境，它还可以在室内造景，可以将富于自然趣味的水景景观引入室内，装饰室内空间，美化室内环境。正如在许多公共建筑室内景园的建造中，一般都用水景作为基本园景，建造以水为主的室内园林。因此，室内水景工程也是园林水景工程的一个组成部分。

项目六　园路工程应用

任务一　园路的特征

一、园路的定义

道路是车、人的交通线，属交通设施；分为公路、运输线、生命线，城市中快速路、主干道、区域道、辅道、城市交通线。

图 1-19　深圳东海花园公共绿地道路鸟瞰

园路即绿地景观中的路、广场等各种铺装地坪，园路是景观不可缺少的构成要素，园林的骨架、网络。是城市道路的延续，在公园设计规范中规定了道路广场的比例。除狭义道路外还有广义道路、广场铺装场地、步石、汀石、桥、台阶、坡道、礓礤、蹬道、栈道、嵌草铺装等，如图 1-19 所示。

在公园设计规范中规定了道路广场的比例为 5% ~25%。

二、园路的作用

1. 组织空间

道路可分隔空间，组织不同景区。

2. 引导游览

（1）园林的布局有静态空间布局与动态序列布局，序列有起点、高潮、结尾等，道路按一定的顺序，将各景区、景点连接起来。

（2）通过控制视距、视角等让游人以最佳观赏点来欣赏园林景观，园路决定各园景空间的位置关系，组织景区的更替变化，规定各景点的展示程序，显现和观赏距离。

3. 组织交通

通过游客的转送将人流集散，满足养护、维修、管理的功能，提供休憩地面。

4. 构成园景

园路优美的曲线，丰富多彩的路面铺装，可与周围的山、水、建筑、花草、树木、石景等景物紧密结合，不仅是"因景设路"，又是"因路得景"。不同线形表达不同风格，带来不同美感。路面铺装也是根据景区气氛功能等要求而定。园路、广场的铺装、线型、色彩等本身也是景观部分，园路本身也成为观赏对象，如图 1-20 和图 1-21 所示，园路的规划布置，往往反映不同的园林面貌和风格。例如，中国苏州古典园林，讲究峰回路转，曲折迂回而西欧古典园林则讲究平面几何形状。

图1-20　居住区道路景观　　　　　　图1-21　日本陆奥池田纪念墓地公园

三、园路的种类

一般绿地的园路分为几种类型和尺度。

1. 主要道路

必须考虑通行生产、救护、消防和游览车辆，宽7～8m，如图1-22所示。

图1-22　车行道路　　　　　　　　图1-23　日本青山学院主要道路

2. 次要道路

沟通各景点、建筑，通行轻型车辆及人力车，宽3～4m，如图1-23～图1-25所示。

图1-24　居住区次要道路　　　　　图1-25　哈尔滨市的SPA公园次要道路

3. 休闲小径、健康步道

双人为1.2～1.5m，单人为0.6～1.0m。健康步道是过行走卵石路上按摩足底穴位达到健康目

73

的，且又不失为园林一景，如图 1－26 和图 1－27 所示。

图 1－26　别墅休闲小道　　　图 1－27　日本小平市亲和公园休闲步道

园路是绿地中的部分，它的空间尺寸既包含有路面的铺装宽度，也有四周地形地貌的影响。不能以铺装宽度代替空间尺度要求。

四、园路的断面形式

1. 路堑型
路堑型也称街道式，特点是路面排水。
2. 路堤型
路堤型也称公路式，特点是两侧边沟排水。
3. 特殊型
用步石、汀步、磴道、攀梯等。

任务二　园路的线形设计

一、平面线形设计

1. 宽度
各级道路宽度按规范要求执行，并符合车行、人行的要求。
单人为 0.6m，考虑行人避让取 1.0m；双人并行为 1.2m；三人并行为 1.8～2.0m。
单车道：小汽车为 3.0m；中型汽车（洒水车、垃圾车、喷药车）为 3.5m；大型客车为 3.5m 或 3.75m。

2. 平曲线半径
当道路由一段直线转到另一段直线上去时，其转角的连接部分均为圆弧形曲线，该曲线称为平曲线，其半径称为平曲线半径，用 R 表示。

3. 曲线加宽
汽车在弯道上行驶时，其前后轮的轨迹不同，前轮转弯半径大，后轮转弯半径小。也即后轮偏内行驶。因此，弯道处内侧路面须加宽。一般在内侧加宽，特殊地段亦可内、外侧各半。
加宽值 e 与 R 与 l（车前后轮距离）有关：

当 $R \geqslant 15m$ 时
$$e = \frac{l^2}{R}$$

当 $R < 15m$ 时
$$e = 2(R - \sqrt{R^2 - l^2})$$

一般按 4m 算。

当道路为最低级别，且为单车道时，转弯半径如表 1-19 所示。

表 1-19　　　　　　　　　　　　　园路竖曲线最小半径建议值　　　　　　　　　　　　单位：m

R	12	15	20	30	40	50	60
e	1.2	0.9	0.6	0.4	0.4	0.3	0.3

加宽缓和长度与超高缓和长度相同，如无超高，则取 10m。

二、园路断面设计

1. 纵横坡度

由于地形限制、园林造景及排水之需要，道路是起伏变化的，有一定纵横坡度。

路面不同，排水、防滑能力不同，故坡度要求不一样。一般为 3‰~80‰，山地 12%；坡度 0~3% 时道路需采取防滑，36% 时设台阶，58% 时台阶设护栏；调整坡度，增加变坡点。

一般主路通车时纵坡宜小于 8%，横坡宜小于 3%，粒料面则小于 4%，游步道纵坡宜小于 18%，超过 15% 作防滑处理，超过 18% 设台阶。

2. 园路纵断面与竖曲线设计

园路纵断面，是指沿路面中心线的竖向断面。

竖曲线：道路起伏转折的地方，是以圆弧形曲线连接的，该曲线称为竖曲线，其半径称为竖曲线半径，如表 1-20 所示。

表 1-20　　　　　　　　　　　　　园路竖曲线最小半径建议值　　　　　　　　　　　　单位：m

园路级别	风景区主干道	主园路	次园路	小路
凸曲线	500~1000	200~400	100~200	<100
凹曲线	500~600	100~200	70~100	<70

3. 园路横断面设计

（1）园路横断面。园路横断面是指垂直于路面中心线所作的竖向断面，园路一般采用一板式断面。

（2）园路路拱设计。道路横断面的路面线一般中央高两侧低呈拱形，称为路拱。园路路拱的设计形式有抛物线形，折线形，直线形，单坡形。抛物线形路拱最常见。不适于较宽的道路以及低级的路面。抛物线形路拱，路面各处的横坡度一般宜控制在：$i_1 \nless 0.3\%$，$i_4 \ngtr 5\%$，且 i 平均为 2% 左右。

（3）折线形路拱。将路面做成由道路中心线向两侧逐渐增大横坡度的若干短折线组成的路拱。这种路拱的横坡度变化比较徐缓，路拱的直线较短，近似于抛物线形路拱，一般用于比较宽的园路。

直线形路拱，适用于 2 车道或多车道并且路面横坡坡度较小的双车道或多车道水泥混凝土路面。最简单的直线形路拱是由两条倾斜的直线所组成的。为了行人和行车方便，通常可在横坡 1.5% 的直线形路拱的中部插入两段 0.8%~1.0% 的对称连接折线，使路面中部不至于呈现屋脊形。在直线形路拱的中部也可以插入一段抛物线或圆曲线，但曲线的半径不宜小于 50m，曲线长度不小于路面总宽度的 10%。

单坡形路拱，这种路拱可以看作以上路拱各取一半所得到的路拱形式，其路面单向倾斜，雨水只向道路一侧排除。在山地园林和风景区的游览道中，常常采用单坡形路拱。但这种路拱不适宜较宽的道路，道路宽度一般都不大于 9m。

（4）弯道与超高。汽车在弯道上行驶时，产生横向往外的离心力，为平衡这种离心力，需将弯道处的路面外侧加高，即超高。

超高一般以横坡度 2%~6% 考虑，缓和长度 5~10m，常与加宽缓和长度相等。

超高计算公式：

$$i_{超}=V^2\mu/127R$$
$$L\geqslant Bi_{超}/i_2$$

式中　B——路面宽度，m；

　　　V——规定的行车速度，km/h；

　　　R——弯道平曲线半径；

　　　μ——横向力系数（取值小于 0.1）；

　　$i_{超}$——超高横坡度，%；

　　　i_2——超高缓和段路面外缘纵坡与路线设计纵坡之差，%。一般在 0.5%～1.0% 之间，在地形复杂路段和山地，可允许达到 1.0%～2.0%。

三、景观道路的线型

园路规划中的景观道路有自由、曲线的方式，也有规则、直线的方式，形成两种不同的景观风格。当然采用一种方式为主的同时，也可以用另一种方式补充。不管采取什么式样，景观道路忌讳断头路、回头路。除非有一个明显的终点景观和建筑。景观道路并不总是列着中轴、两边平行、一成不变的，它可以是不对称的，如图 1-28 和图 1-29 所示。

景观道路也可以根据功能需要采用变断面的形式。如转折处不同宽窄、坐凳和椅的外延边界、路旁的过路亭，还有道路和小广场相结合等。这样宽窄不一、曲直相济，反倒使道路多变、生动起来，使道路上有休闲、停留和人行、运动功能相结合，各得其所。

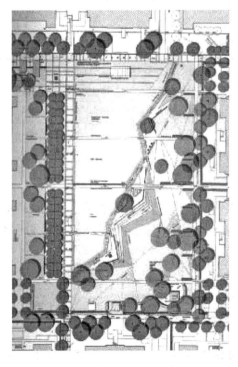

图 1-28　德国道路形式直线型

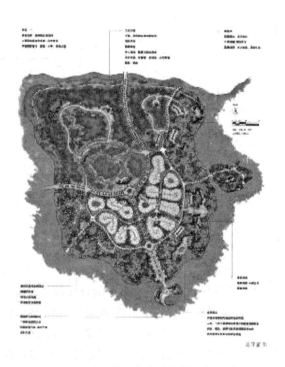

图 1-29　梨花半岛度假村规划设计

任务三　园路的结构设计

一、园路的结构

1. 路面

路面分为面层、结合层、基层、垫层。

（1）面层。承受车辆、人流及大气因素的破坏。

要求：坚固、平整、耐磨耗，具一定粗糙度，易清扫。

材料：水泥砂浆、沥青砂、装饰板材。

（2）结合层。块料路面面层和基层之间，为了结合找平而设置的一层。

材料：10～25mm 厚 1∶2.5～1∶3 水泥砂浆或石灰砂浆等；30～50mm 厚粗砂。

（3）基层。路基之上，起承重作用。

要求：密实，有一定强度及承载力。

材料：约 100（60～200）mm 厚 C10 混凝土，约 100～200mm 厚碎石，约 150～250mm 厚碎砖三合土或灰土。碎砖三合土配合比：石灰∶土∶砖＝1∶3∶6 或 1∶4∶8；灰土配合比：3∶7 或 2∶8。

（4）垫层。在路基排水不良或有冻胀、翻浆的路线上，为了排水、隔温、防冻的需要，用煤渣土、石灰土等筑成。

2. 路基

路基是路面的基础，它不仅为路面提供一个平整的表面，而且承受路面传下来的荷载。路基还是保证路面强度和稳定性的重要条件之一。开挖黏土或砂性土用蛙式夯夯 3 遍即可。如土质不好，需换土或加固处理。

3. 路缘石

（1）路缘石分类。

1）按路缘石的材质分为水泥混凝土路缘石（以下简称"混凝土路缘石"）和天然石材路缘石（以下简称"石材路缘石"）。

2）按路缘石的截面尺寸分类为 H 形、T 形、R 形、F 形、TF 形立缘石和 P 形平缘石。

3）按路缘石的线形分类为直线形路缘石和曲线形路缘石。曲线形路缘石可配合直线形路缘石选用。

a. 直线形路缘石的长度为 89cm 和 59cm 两种，其中 89cm 为混凝土材质，59cm 为石材材质。

b. 曲线形路缘石的曲线半径以立缘石侧面所在的位置为准。均为外倒角曲线形路缘石。曲线半径大于以上尺寸时可用直线形路缘石拟合为曲线使用。当使用直线形路缘石拟合曲线时，路缘石长度可以以"曲线圆顺"为原则做调整。

（2）路缘石结构组合及选用。

1）路缘石结构组合指立缘石、平缘石和基础结构的组合。

a. 路缘石与路面共用基层结构。平缘石垫层、立缘石垫层应设置在半刚性基层的同一界面上，该组合为推荐形式。

b. 非机动车道和人行道上的路缘石可以采用独立基础，即立缘石与平缘石基础为单独设置。

c. 立缘石在安装时，应设靠背（当立缘石高宽比小于 1∶0.8 时可不设）。

d. 立缘石安装均要求灌缝，同时用原浆勾缝（凹缝）。灌缝材料为水泥∶细砂为 1∶2（质量比）水泥砂浆。灌缝饱满度不小于 80%。水泥砂浆稠度宜控制在 14～18s 之间。

e. 灌缝、勾缝砂浆中不得使用机制砂。

2）路缘石选用要求。城市道路均应设平缘石。

（3）路缘石垫层材料。

1）垫层材料分为两类：砂浆类、混凝土类。

2）垫层选择原则如下。

设计垫层厚度 2～3cm 时，宜采用 M10 水泥砂浆。

设计垫层厚度 3～6cm 时，宜采用 C15 细石混凝土（又名豆石混凝土）。

设计垫层厚度大于 6cm 时，应采用 C15 混凝土。

（4）施工技术要求。

1）路面施工，应先安装路缘石，路缘石的安装应先安装立缘石，若立缘石底面高于平缘石底面时，可先安装平缘石。

2）路缘石侧面与路面结构间应密实无缝。独立基础施工应做到立缘石基础坚实，安装稳固。

3）城市道路路缘石应进行成品随机抽样检验。并应符合以下要求。

直线形路缘石抗折强度应不小于 4.0MPa。曲线形等不适合作抗折强度的路缘石应做抗压强度试验，其强度应不小于 30MPa。吸水率不大于 7%。

4）石材路缘石应石质一致，无裂纹和风化等现象。

石材技术指标符合表 1-21 的规定。

表 1-21　　　　　　　　　　石材强度技术指标

岩石类型	强度等级	磨耗率洛杉矶法（%）	磨耗率狄法尔法（%）	主要岩石举例
岩浆岩类	≥MU80	<30	<5	花岗岩
石灰岩类	≥MU60	<35	<6	石灰岩

5）石材路缘石的放射性比活度应不大于 C 类控制值（放射性比活度不大于 1000Bq/kg 镭当量浓度）。

6）路缘石施工缝控制指标为：直线段 1cm，曲线段 1.6cm。

7）无障碍坡道处立缘石应降低高度安装，不宜裁切立缘石。

8）本图路缘石不允许现场浇筑。

4. 断面组成

Ⅰ型：贴面类园路。由面层、结合层、基层、路基组成。

Ⅱ型：大型石板和预制混凝土板路。

Ⅲ型：混凝土路。

二、附属工程

1. 道牙

道牙分为平道牙、立道牙。材料有砖、混凝土、瓦、大卵石等。

2. 台阶、礓磋、磴道

（1）台阶。路纵坡在 18% 以上时，要设台阶，每 10～18 级台阶后，设一段平路。台阶踏面宽 280～380mm，台阶高度 100～165mm。

（2）礓磋。车辆通行时，如坡度较大，做防滑处理。将路面做成锯齿形坡道（多为局部地段设置，坡度在 15% 以上）。

（3）磴道。用山石砌成的自然式台阶。踏面宽 300～500mm，台阶高度 120～200mm。

3. 种植池

路边或广场上种植物应设种植池，大小不定，一般行道树按 1.2m 以上边长考虑。公众人流量大的广场，池上加盖。

任务四　园路路面铺装工程

铺装材料是指具有任何硬质的自然或人工的铺地材料。也是道路系统的重要组成部分，它的设计主要在平面内进行，色彩、构形和表面质感处理是它的主要组成要素。在园林景观空间的构成中，铺地材料在地面上的使用和组织，使在完善和限制空间的感受上，以及在满足其他所需的实用和美学功能方面，是重要因素之一。铺装材料是唯一"硬质"的结构要素。设计师们按照一定的形式将其铺于室外空间的地面上，一方面建成永久的地表，另一方面也满足设计的目的。

一、铺装材料功能

（1）提供高频率的使用，具有耐损防滑、防尘排水、容易管理的性能。

（2）导向性作用，通过地面铺装暗示流线方向感，引导人们到达目的地，达到导向性作用和警示、指示等功能。

（3）便于人的交通和活动，表示地面的用途、提供休息的场所。

（4）对空间比例的影响，构成空间个性。

（5）背景作用、统一作用，服务于整体环境。

（6）装饰性的地面景观创造视觉美感，铺装材料质感的变化也让人领略到一种韵律和节奏，使人在游览过程中不过于乏味。

二、铺装种类和常用的铺装材料和做法

（一）按强度将地面的硬质铺装分

按强度将地面的硬质铺装分为以下几类。

1. 高级铺装

高级铺装适用于交通量大且多重型车辆通行的道路（大型车辆的每日单向交通量达250辆以上）。高级铺装常用于公路路面的铺装。

2. 简易铺装

简易铺装适用于交通量小、几乎无大型车辆通过的道路。此类路面通常用于市内道路铺装。

3. 轻型铺装

轻型铺装用于铺装机动车交通量小的园路、人行道、广场等的地面。设计预概算标准，可依据一般道路断面结构设计。此类铺装中除沥青路面外，还有嵌锁形砌块路面、花砖铺面路面、木栈道、塑胶材料。

（二）按园路路面整体性分

按园路路面整体性分为以下三类铺装类型。

1. 整体路面

整体路面指表面浇筑为一连续整体的路面，如图1-30和图1-31所示。

图1-30　彩色沥青整体路面　　　　　　　　图1-31　整体路面

（1）水泥混凝土路面，种类有混凝土路面、水洗小砾石路面、卵石铺砌路面、混凝土板路面、彩板路面、水磨平板路面、仿石混凝土预制板路面、混凝土平板瓷砖铺面路面、嵌锁形砌块路面等。

做法为基层用 100～200mm 厚碎石层，或用 150～200mm 厚大块石层。在基层上面用 30～50mm 粗砂作间层。面层则一般采用 C20 混凝土，做 70～200mm 厚。路面设伸缩缝（缩缝 6m，伸缝 18～24m）。

（2）沥青混凝土路面，种类有沥青路面、透水性沥青路面、彩色沥青路面。

做法用 60～100mm 厚泥结碎石作基层，以 30～50mm 厚沥青混凝土作面层。根据沥青混凝土的骨料粒径大小，有细粒式、中粒式和粗粒式沥青混凝土可供选用。

2. 块料路面

用各种天然块石或各种预制块料铺装的路面。

（1）片材贴面铺装。片材是指厚度在 5～20mm 之间的装饰性铺地材料，常用的片材主要是花岗岩、大理石、釉面地砖、陶瓷广场砖和马赛克等。

1）石片铺地。花岗岩、大理石等加工成正方形、长方形的薄片状。规格多样，根据设计而定，一般采取 500mm×500mm、600mm×600mm、700mm×700mm、500mm×700mm、600mm×900mm 等尺寸，厚度为 20mm。

表面处理：切割面，抛光面，火烧面，麻面，自然面。

颜色：红色、青色、灰绿色、米色、白色等多种。

2）碎石片铺地。形状不规则的花岗岩、大理石等碎片，铺成冰裂纹和虎皮纹。

3）釉面地砖铺地。釉面地砖有丰富的颜色和表面图案，尺寸规格也很多，在铺地设计中选择余地很大。其商品规格主要有：100mm×200mm、300mm×300mm、400mm×400mm、400mm×500mm、500mm×500mm 等多种。

4）陶瓷广场砖铺地。广场砖多为陶瓷或琉璃质地，产品基本规格是 100mm×100mm×20mm，有方形、扇形等形状，可以在路面组合成直线的矩形图案，也可以组合成圆形图案。

图 1-32 板材砌块铺装

5）马赛克铺地。马赛克色彩丰富，容易组合地面图纹，装饰效果较好，但铺在路面较易脱落，不适宜人流较多的道路铺装。

（2）板材砌块铺装。用整形的板材、方砖、砌块铺在路面，作为道路结构面层的，都属于这类铺地形式，如图 1-32 所示。

1）板材铺地。

a. 石板。一般被加工成 497mm×497mm×50mm、697mm×497mm×60mm、997mm×697mm×70mm 等规格，其下直接铺 30～50mm 的砂土作找平的垫层，可不做基层；或者，以砂土层作为结合层，在其下设置 80～100mm 厚的碎（砾）石层、石粉层作基层也行。石板下也可用 1∶3 水泥砂浆或 4∶6 石灰砂浆作结合层，可使面层更为稳定。

b. 混凝土方砖。正方形，常见规格有 297mm×297mm×60mm、397mm×397mm×60mm 等，表面经翻模加工为方格纹或其他图纹，用 30mm 厚细砂土作找平垫层铺砌。

c. 预制混凝土板。其规格尺寸按照具体设计而定，常见有 497mm×497mm、697mm×697mm 等规格，铺砌方法同石板一样。不加钢筋的混凝土板，其厚度不要小于 80mm。加钢筋的混凝土板，最小厚度可仅 60mm，所加钢筋一般用直径 6～8mm 的，间距 200～250mm，双向布筋。预制混凝土铺砌板的顶面，常加工成光面、彩色水磨石面或露骨料面。

2）黏土砖、水泥彩砖漫地。用于铺地的黏土砖规格很多，有方砖，亦有长方砖。机制标准青砖为 240mm×120mm×60mm。砖墁地时，用 30～50mm 厚细砂土作找平垫层。平铺、仄铺均可，铺地砖纹亦有多种样式。

3）砌块铺地。用凿打整形的石块，或用预制的混凝土砌块作为园路结构面层使用。

（3）砌块嵌草铺装。预制混凝土砌块厚度都不小于 80mm，一般厚度都设计为 100～150mm。砌块的形状基本可分为实心的和空心的两类。

3. 碎料路面

用砖、碎石、卵石、瓦片等材料铺装的路面，如图 1-33 和图 1-34 所示。

图 1-33　碎料路面　　　　　　　　　　　　　　图 1-34　卵石路面

花街铺地：以砖为骨，以石填心，通过镶嵌的方法，将园路做成具有美丽图案纹样的路面。图案有传统图案纹样和人物事件图像。

卵石路、砾石路：平铺、竖铺。

水洗石路：也称为水刷石。

（三）按铺地的使用性质分

按铺地的使用性质分为以下三类铺装类型。

1. 园路铺地

园路铺地指园中交通游览及散步道路的铺筑，含主干道、次干道、支路和游步小路等。

2. 庭院铺地

庭院铺地指园林设计中各种小型院落的铺筑，常有精美的图案。如餐厅、茶室、展室、别墅等各类建筑的内院，各种小型花园内部的铺装等。

3. 广场、停车场铺地

含文娱、体育等各种活动场地的铺装。如儿童游戏场地、老年人休息活动场地、各类体育运动场地（如篮球、排球、足球、羽毛球、网球、乒乓球场地等）、各种综合性露天广场和停车场等。

三、地面铺装的设计原则

1. 铺装材料的细部设计，确保整个设计统一为原则

材料的过多变化或图案的繁琐复杂，易造成视觉的杂乱无章。在设计中，应有至少一种铺装材料占有主导地位，以便能与附属的材料在视觉上形成对比和变化，以及暗示地面上的其他用途。这一种占主导地位的材料，还可贯穿于整个设计的不同区域，以使建立统一性和多样性，如图 1-35～图 1-40 所示。

图 1-35　步行道图案，
突出水的主题

2. 在进行铺装的选择时，在平面布局上，应着重注意构成吸引视线的形式，及与其他设计要素的相互联系

如邻近的铺地材料、建筑物、树池、照明设施，雨水口、围墙和坐凳。包括安放在一起的相邻

两种铺装，则两个铺装形式和造型图案应相互配合和协调。特别适合地面伸缩缝和混凝土伸缩缝，或条石和瓷砖材料的接缝，灰浆接缝。当园林景观设计中要采用两种以上的铺地材料相衔接时要注意，尽量不要锐角相交，两种大面积的铺地相交时宜采用第三种材料进行过渡和衔接，如图 1-41~图 1-45 所示。

图 1-36　跳跃性的色彩块对比，能突出空间
的纵深感，但也易形成不安定的心理反应

图 1-37　同颜色的机砖与预制水泥块形成的方形
图案，以几何体的纹样，突出路面的远近透视

图 1-38　黑色花岗岩的铺地，以白色
线条来打破沉闷的感觉

图 1-39　居住区公园道路节点广场的连锁砖铺砌

图 1-40　片石铺地广场

图 1-41　圆路旁的碎石铺地，借鉴了
日本园林的枯山水手法，与道路形成色、
形、质的对比

图 1-42　浅黄色花岗岩和青色石片之间
两个铺装形式和造型图案相互协调

图 1-43　卵石路与绿地的衔接

图 1-44　道路与坐凳的衔接

图 1-45　游步径与小广场的衔接

3. 材料质感可以影响空间的比例效果

如水泥砌块和大面的石料适合用在较宽的道路和广场，尺度较小的地砖铺地和卵石铺地比较适合于铺在尺度较小的路或空地上，铺地质感的变化可以增加铺地的层次感，比如在尺度较大的空地上采用单调的水泥铺地在其中或者道路旁采用局部的卵石铺地或者砖铺地，可以丰富层次。除此之外，铺装的质感也可以暗示人所处的位置，以景观道路的铺装来表达道路的不同性质、用途和区域。很多广场上采取放射性的弧形地砖，让人一进到这一区域就知道自己处于广场中心范围内了。块料大小、形状，除了要与环境、空间相协调，还要适于自由曲折的线型铺砌，这是施工简易的关键。路面表面粗细适度，粗要可行儿童车，走高跟鞋；细不致雨天滑倒跌伤。块料尺寸与路面宽度相协调，使用不同材质块料拼砌，色彩、质感、形状等的对比要强烈，如图1-46～图1-48所示。

图1-46　圆形铺地广场

图1-47　圆形铺地广场步道广场图案

图1-48　地下车库屋顶不同的铺装材料与色彩强调出不同的功能分区

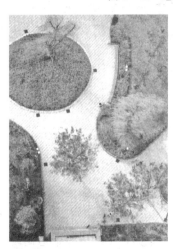

图1-49　日本某住宅区停车场屋顶庭园的铺装，色彩淡雅，纹理和谐美观

4. 设计者要充分了解这些铺装材料的特点

利用材料的特点形成各具特色的空间，增加场所感和与众不同的特色。大面积的石材让人感觉到庄严肃穆，清水砖铺地使人感到温馨亲切，石板路给人一种清新自然的感觉，水泥则纯净冷漠，卵石铺地富于情趣，卵石拼花步道，是较为传统的一种铺路方法。多采用自然材质块料。接近自然、朴实无华、价廉物美、经久耐用，甚至于旧料、废料也可利用为宝。日本有种路面是散铺粗砂，中国过去用煤屑路面。碎大理石花岗岩板也广泛使用，石屑更是常用填料。如今拆房的旧砖瓦，也是传统园路的好材料，如图1-49～图1-57所示。

5. 避开地面硬质铺装的缺点

例如在阳光下其反射率比草皮高，夏天大面积的硬质铺装地面温度明显高于铺有草皮的地面。铺装要便于行动，特别是设计者倡导的行动，另外，不要大量使用表面过于光滑的地面铺装，因为落在上面的雨水和冰雪极易使人滑倒，特别是对老年人来说，在这样的道路上行走，随时都有摔倒受伤的危险。铺装的质感和表面纹理对于行人的行走感觉有直接的影响，好的地面铺装应该是走在上面既舒适又有安全感，应该是"人性化"的设计，如图1-58～图1-62所示。

图1-50 庭园活动区木质平台，环境清雅

图1-51 铺装与坐凳之间的衔接自然

图1-52 儿童游戏区中的彩色水泥路面，与游戏器械色彩相呼应，符合儿童的心理特质

图1-53 苔藓与天然石材搭配，突出刚与柔的对比

6. 符合绿地生态要求

材料的特点可透气渗水，极有利于树水的生长同时减少沟渠外排水量，增加地下水补充。

广场内同一空间，道路采用同走向，用多种式样的较好。这样不同地方不同的铺砌，组成一个整体，达到统一中求变化的目的。一种类型的铺装可用不同大小、材质和拼装方式的块料组成，关键是用什么铺装在什么地方。例如，主要干道、交通性强的地方，要牢固、平坦、防滑、耐磨、线条简洁大方，便于施工和管理。如用同一种石料，可变化大小或拼砌方法。小径空间、路所在的其他景观要素的特征，以创造出富于特色、脍炙人口的铺装来，如图 1-63 和图 1-64 所示。

图 1-54 天然花岗石，质感朴实厚重，充满返璞归真的情趣

图 1-55 温和的步行道色彩，使人的心理
平和，易于在小区中营造出安详的气氛

图 1-56 小小庭园通过木制露台、铺地白沙、
片石园路形成一种多变而又内敛、含蓄的风格

图 1-57 料石汀步自然美感

图 1-58 硬质铺装要注意防滑

图 1-59　由木砖铺设的行道富有自然的气息　　　　　图 1-60　渗水铺地

图 1-61　连锁式草皮砌块路面　　　　　　图 1-62　生态渗水铺地

图 1-63　暖色透水砖与灰色透水砖　　　图 1-64　卵石与不同色彩的洗石子地面铺装形成的图案
　　　　　表现出温暖的小径效果

四、园路铺装设计要点

（一）铺装的形状、色彩与质感处理

铺装变化形式多样，但万变不离其宗——形状、色彩、质感三要素。

1. 形状

（1）路缘。平行与不平行。

（2）铺装的图案，其基本形状主要有以下几种。

1）方形（长方、正方）。方形有平正、规矩之感，宜广场、殿堂之用（形状、大小组合又可增添趣味）。

2）三角。三角有零碎，活泼感强。

3）圆形。圆润，柔和，宜水边与气泡、荷叶联系感强。

4）不规则。自然、朴素。宜小路、林荫小广场。

2. 色彩

（1）以中性为基调，以获得简洁、安定、稳重之效果。在中性基调上以少量偏暖或偏淡的色彩做装饰性花纹。色彩与人的性格，气候因素有关。

（2）儿童游戏场，运动场等，宜用鲜艳色彩铺装。

3. 质感

由于感触到素材的结构而有的材质感，如金属、布、石头。

（1）自然石块、卵石等，让人联想到自然野趣。适宜山路、林间等处。

（2）混凝土、水磨石、加工的石料，现代感、人工感强。适宜广场、庭院。

形状、色彩、质感三者可统一中求变化，来丰富效果。各种材料也可组合使用，创造风格多样的地面景观。

（二）光影、植物、山石等的利用

光影产生不断变化。路面嵌草（3～5cm缝）、散种植物，有野趣。自然园路以山石收边，或路旁，广场上点缀山石小品。

（三）铺装设计构思思路

1. 景题联想

郑板桥写竹"风中雨中有声，日中月中有影，诗中酒中有情，闲中闷中有伴。非唯我爱竹石，即竹石亦爱我也。"

铺装设计要根据景区主题所表达的情感，创造出适合主题，深化景区意境的铺装设计。

如深圳植物园之"山塘仙渡"，仙渡→八仙过海（法器）→八仙法器→八块混凝土块上压上法器图案，游人见图案，反向思维到"仙渡"。

又如"芦汀乡坡"，湖边一小岛的码头，芦汀、乡坡→乡、野气息→乱石、不规则铺，缝中稀疏植以芦苇。汀：水边平地，小洲。

2. 因境而成

《园治》："栏杆信画，因境而成。"

如避暑山庄，栏杆鹿形花纹，而紫竹院则不宜。

园路设计要考虑环境。如果"非其地而强为其地，非其山而强为其山，即百般精巧，终不相宜。"

园林中道路大致处于以下环境。

（1）自然风光为主，铺装力求自然，就地取材。

（2）在公园、小游园道路，比较讲究装饰感，故精巧些。

（3）主路及大广场：宜简洁统一，多为混凝土，混凝土预制块路及整形条石路。

（4）游步道、小广场：多处于景区之中，考虑景区特点，烘托景区气氛。

（5）休息区：宁静、安详→自然素雅、色彩宜淡。

（6）儿童活动区：活泼、生动→几何图案，色彩鲜艳。结合场地设施组合。

（7）运动场地：热烈、活力→大手笔色块，色彩鲜艳。

（8）小环境：山谷（乱石、古木）；草坪（装饰、图案）；竹林（冰裂纹）；水边（卵石、圆形）。

3. 装饰美化

注意美感的创造。江南园林中花街铺地，有传统图案美。现代购物中心广场等，有抽象的几何图案美。

任务五 园路施工工序

一、地基与路面基层的施工

1. 施工准备

根据设计图，核对地面施工区域，确认施工程序、施工方法和工程量。勘察、清理施工现场，确认和标示地下埋设物。

2. 材料准备

确认和准备路基加固材料、路面垫层、基层材料和路面面层材料，包括碎石、块石、石灰、砂、水泥或设计所规定的预制砌块、饰面材料等。确认材料的规格、质量、数量以及临时堆放位置。

3. 道路放线

将设计图标示的园路中心线上各编号里程桩，测设到地面位置，用长30～40cm的小木桩垂直钉入桩位，并写明桩号。钉好的各中心桩之间的连线，即为园路的中心线。再以中心桩为准，根据路面宽度钉上边线桩，最后可放出园路的中线和边线。

4. 路基施工

（1）确定路基作业使用的机械及其进入现场的日期；重新确认水准点；调整路基表面高程与其他高程的关系；进行路基的填挖、整平、碾压作业。按已定的园路边线，每侧放宽200mm开挖路基的基槽；路槽深度应等于路面的厚度。按设计横坡度，进行路基表面整平，再碾压或打夯，压实路槽地面；路槽的平整度允许误差不大于20mm。对填土路基，要分层填土分层碾压，对于软弱地基，要做好加固处理。施工中注意随时检查横断面坡度和纵断面坡度。

（2）要用暗渠、侧沟等排除流入路基的地下水、涌水、雨水等。

5. 垫层施工

运入垫层材料，将灰土、砂石按比例混合。进行垫层材料的铺垫，刮平和碾压。如用灰土做垫层，铺垫层灰土就称一步灰土，一步灰土的夯实厚度应为150mm；而铺填时的厚度根据土质不同，在210～240mm之间。

6. 路面基层施工

确认路面基层的厚度与设计标高；运入基层材料，分层填筑。基层的每层材料施工碾压厚度是：下层为200mm以下，上层为150mm以下。

7. 面层施工准备

在完成的路面基层上，重新定点、放线，放出路面的中心线及边线。设置整体现浇路面边线处的施工挡板，确定砌块路面的砌块行列数及拼装方式。

二、水泥混凝土面层施工

（1）核实，检验和确认路面中心线、边线及各设计标高点的正确无误。

（2）若是钢筋混凝土面层，则按设计选定钢筋并编扎成网。钢筋网应在基层表面以上架离，架离高度应距混凝土面层顶面50mm。钢筋网接近顶面设置要比在底部加筋更能保证防止表面开裂，也更便于充分捣实混凝土。

（3）按设计的材料比例，配制、浇筑、捣实混凝土，并用长1m以上的直尺将顶面刮平。顶面稍干一点，再用抹灰砂板抹平至设计标高。施工中要注意做出路面的横坡与纵坡。在新浇的混凝土表面，可用滚筒压出平行直纹，有利于路面防滑。

（4）混凝土面层施工完成后，应即时开始养护。养护期应为7d以上，冬季施工后的养护期还应更长些。可用湿的织物、稻草、锯木粉、湿砂及塑料薄膜等盖在路面上进行养护。冬季寒冷，养护期中要经常用热水浇洒，要对路面保温。

（5）待混凝土面层基本硬化后，用锯割机每隔7~10m锯缝一道，作为路面的伸缩缝，伸缩缝也可在浇筑混凝土之前预留。

三、水泥路面的装饰施工

1. 普通水泥砂浆路面与纹样处理

用普通灰色水泥配制成1:2或1:2.5水泥砂浆，在混凝土面层浇注后尚未硬化时进行抹面处理，抹面厚度为10~15mm。当抹面层初步收水，表面稍干时，再用下面的方法进行路面纹样处理。

（1）滚花。用钢丝网做成的滚筒，或者用模纹橡胶裹在300mm直径铁管外做成的滚筒，在抹面层上滚压出各种细密纹理。

（2）压纹。利用一块边缘有许多整齐凸点或凹槽的木板或木条，在抹面层上压出纹样，起到装饰作用。用这种方法时要求抹面层的水泥砂浆含砂量较高，水泥与砂的配合比可为1:3。

（3）刷纹。使用弹性钢丝刷，在未硬的混凝土面层上可以刷出直纹、波浪纹等纹理。

2. 彩色水泥砂浆抹面装饰

用彩色水泥或普通水泥加无机矿物颜料（约5%~7%），可调制出彩色水泥砂浆，用这种材料可做出彩色路面。彩色水泥调制中使用的颜料，需选用耐光、耐碱、不溶于水的无机矿物颜料，如红色的氧化铁红、黄色的柠檬铬黄、绿色的氧化铬绿、蓝色的钴蓝和黑色的炭黑等。不同颜色的彩色水泥及其所用颜料见表1-22。

表1-22　　　　　　　　　　　　彩色水泥的配制

调制水泥色	水泥及其用量	颜料及其用量
红色、紫砂色水泥	普通水泥500g	铁红20~40g
咖啡色水泥	普通水泥500g	铁红15g、铬黄20g
橙黄色水泥	白色水泥500g	铁红25g、铬黄10g
黄色水泥	白色水泥500g	铁红10g、铬黄25g
苹果绿色水泥	白色水泥1000g	铬绿150g、钴蓝50g
青色水泥	普通水泥500g	铬绿0.25g
蓝色水泥	白色水泥1000g	钴蓝0.1g
灰黑色水泥	普通水泥500g	炭黑适量

3. 水磨石饰面、水洗（刷）石饰面、斩假石饰面

水磨石路面是用水泥石子浆罩面，待水泥石子浆凝固后（约24h）再经过磨光处理而做成的装

饰性路面。

水洗（刷）石路面是用水泥石子浆罩面，2～6h内将表面水泥浆洗去少许，露出石子。

斩假石路面是用水泥石子浆罩面，待水泥石子浆凝固后（约48h）再用刀斧斩出细纹，形似自然石材。

做法：在平整、粗糙、已基本硬化的混凝土面层上，弹线分格，用玻璃条、铝合金条（或铜条）作分格条，斩假石则用木条分缝。然后在路面刷上一道素水泥浆，再用1∶1.25～1∶1.50的水泥细石子浆铺面，厚度10～15mm。铺好后拍平，表面用滚筒压实，待出浆后再用抹子抹平。然后分别用打磨、水洗或刀斩方法处理。

彩色水磨石地面是用彩色水泥石子浆罩面，再经过磨光处理而做成的装饰性路面。按照设计，在平整、粗糙、已基本硬化的混凝土路面面层上，弹线分格，用玻璃条、铝合金条（或铜条）作分格条。然后在路面刷上一道素水泥浆，再用1∶1.25～1∶1.50彩色水泥细石子浆铺面，厚度8～15mm。铺好后拍平，表面用滚筒滚压实在，待出浆后再用抹子抹平。用作水磨石的细石子，如采用方解石，并用普通灰色水泥，做成的就是普通水磨石路面。如果用各种颜色的大理石碎屑，再与不同颜色的彩色水泥配制一起，就可做成不同颜色的彩色水磨石地面。彩色水泥的配制可参考表1-21的内容。水磨石的开磨时间应以石子不松动为准，磨后将泥浆冲洗干净。待稍干时，用同色水泥浆涂擦一遍，将砂眼和脱落的石子补好。第二遍用100～150号金刚石打磨，第三遍用180～200号金刚石打磨，方法同前。打磨完成后洗掉泥浆，再用1∶20的草酸水溶液清洗，最后用清水冲洗干净。

4. 露骨料饰面

用粒径较小的卵石配制混凝土，在浇好后2～6h内（最迟不得超过16～18h）用硬毛刷子和钢丝刷子刷洗，露出骨料，表面洗净。刷洗后3～7天内，再用10%的盐酸水洗一遍，使石子表面色泽更明净，最后要用清水把残留盐酸完全冲洗掉。

四、片块状材料路面砌筑

片块状材料作路面面层，在面层与基层之间所用的结合层做法有两种：①用湿性的水泥砂浆、石灰砂浆或混合砂浆作结合材料；②用干性的细砂、石灰粉、灰土（石灰和细土）、水泥粉砂等作为结合材料。

1. 湿法砌筑

用厚度为15～25mm的湿性结合材料作结合层，如1∶2.5或1∶3水泥砂浆、1∶3石灰砂浆、M2.5混合砂浆或1∶2灰泥浆等，在其上砌筑片状或块状贴面层。花岗岩、釉面砖、陶瓷广场砖、碎拼石片、马赛克等片状材料贴面铺地，都要采用湿法铺砌。预制混凝土方砖、砌块或黏土砖铺地，也可以用这种砌筑方法。

2. 干法砌筑

以干性粉沙状材料，作路面面层砌块的垫层和结合层。这样的材料常见有：干砂、细砂土、1∶3水泥干砂、1∶3石灰干砂、3∶7细灰土等。砌筑时，先将粉沙材料在路面基层上平铺一层，厚度是：用干砂、细土作结合层厚30～50mm，用水泥砂、石灰砂、灰土作结合层厚25～35mm，铺好后找平，然后于其上按设计图案拼砌成路面面层。路面每拼装好一小段，就用平直的木板垫在顶面，以铁锤在多处敲击，使所有砌块保持平整。路面铺好后，再用干燥的细砂、1∶1～2水泥砂、石灰砂等撒在路面上并扫入砌块缝隙中，使缝隙填满，最后将多余的灰砂清扫干净。适宜采用这种干法砌筑的路面材料主要有：石板、石块、预制混凝土铺路板、预制混凝土方砖和砌块等。传统古建筑庭院中的青砖铺地等地面工程，也常采用干法砌筑。

五、地面镶嵌与拼花

施工前，要根据设计的图样，准备镶嵌地面用的砖石材料。设计有精细图形的，先要在细密质地的青砖上放好大样，再细心雕刻，做好雕刻花砖，施工中可嵌入铺地图案中。要精心挑选铺地用的石子，挑选出的石子应按照不同颜色、不同大小、不同长扁形状分类堆放，铺地拼花时才能方便使用。

施工时，先要在已做好的道路基层上，铺垫一层结合材料，厚度一般可在 40～70mm 之间。垫层结合材料主要用：1∶3 石灰砂、3∶7 细灰土、1∶3 水泥砂等，用干法砌筑或湿法砌筑都可以，但干法施工更为方便一些。在铺平的松软垫层上，按照预定的图样开始镶嵌拼花。一般用立砖、小青瓦瓦片来拉出线条、纹样和图形图案，再用各色卵石、砾石镶嵌做花，或者拼成不同颜色的色块，以填充图形大面。然后，经过进一步修饰和完美图案纹样，并尽量整平铺地后，就可以定稿。定稿后的铺地地面，仍要用水泥干砂、石灰干砂撒布其上，并扫入砖石缝隙中填实。最后，除去多余的水泥石灰干砂，清扫干净；再用细孔喷壶对地面喷洒清水，稍使地面湿润即可，不能用大水冲击或使路面有水流淌。完成后，养护 7～10 天。

六、嵌草路面的铺砌

无论用预制混凝土铺路板、实心砌块、空心砌块，还是用顶面平整的乱石、整形石块或石板，都可以铺装成砌块嵌草路面。

施工时，先在整平压实的路基上铺垫一层栽培壤土作垫层。壤土要求比较肥沃，不含粗颗粒物，铺垫厚度为 100～150mm。然后在垫层上铺砌混凝土空心砌块或实心砌块，砌块缝中半填壤土，并播种草籽。

实心砌块的尺寸较大，草皮嵌种在砌块之间预留的缝中。草缝设计宽度可在 20～50mm 之间，缝中填土达砌块的 2/3 高。砌块下面如上所述用壤土作垫层并起找平作用，砌块要铺装得尽量平整。实心砌块嵌草路面上，草皮形成的纹理是线网状的。

空心砌块的尺寸较小，草皮嵌种在砌块中心预留的孔中。砌块与砌块之间不留草缝，常用水泥砂浆粘接。砌块中心孔填土亦为砌块的 2/3 高；砌块下面仍用壤土作垫层找平，使嵌草路面保持平整。空心砌块嵌草路面上，草皮呈点状而有规律地排列。要注意的是，空心砌块的设计制作，一定要保证砌块的结实坚固和不易损坏，因此其预留孔径不得太大，孔径最好不超过砌块直径的 1/3 长。

采用砌块嵌草铺装的路面，砌块和嵌草层是道路的结构面层，其下面只能有一个壤土垫层，在结构在没有基层，只有这样的路面结构才能有利于草皮的存活与生长。

七、鹅卵石施工

1. 铺设垫层

在平整后的基层上，铺设一层粗沙（厚度大约为 3cm）。在它的上层再抹上一层约为 6cm 的水泥砂浆（混合比为 7∶1），然后用木板将其压实，整平。

2. 填充卵石

按照图案将卵石镶入水泥砂浆之中。

3. 修整图案

使用泥铲将卵石上边干的水泥砂浆刮掉，并检查铺装材料是否稳固，如果需要的话还应使用水泥砂浆对其重新加固。

4. 清理现场

最后在水泥砂浆完全凝固之前，用硬毛刷子清除多余的粗沙和无用的材料，但是注意不要破坏刚刚铺好的卵石。

八、木平台施工

（1）木平台基础施工见砌筑工程。

（2）木平台施工工艺流程如图 1-65 所示。

图 1-65　木平台施工工艺流程图

（3）木平台施工技术要求。

（4）木平台木料材质样板确认批复。

（5）木平台所有木料必须在施工前作防腐处理，刷桐油。

（6）木平台垫层基础予以螺栓上表面必须找平、符合设计标高，然后才能安装角钢。

（7）防腐木板与龙骨接触面镀锌埋头螺栓，必须用工具拧，不能用锤敲打。

九、道牙

铺完路后，即安装道牙。先填下部混凝土垫层，用 1∶3 水泥砂浆做结合层，平稳牢固后用 M10 水泥砂浆勾缝，并将外露面压成凹型。每 5m 设一控制点挂线安装砌筑，按设计标高，采用 M7.5 水泥砂浆坐落在混凝土垫层上。铺砌好的路缘石应缝宽均匀、线条顺直、顶面平整、砌筑牢固。养护不少于 7 天，此期间严禁碰撞。

十、园路工程施工程序

园路工程施工程序如图 1-66 所示。

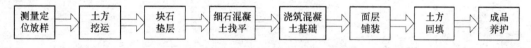

图 1-66　园路工程施工程序图

任务六　停车场设计

一、停车方式

1. 平行停车

停车方向与场地边线或道路中心线平行。

2. 垂直停车

车辆垂直于场地边线或道路中心线停放，用地紧凑。

3. 斜角停车

停车方向与场地边线或道路边线成 45°斜角，车辆的停放和驶离都最为方便，用地不经济。

二、停车场面积的计算

1. 平行停车方式

$$A_1 = (B+0.5)(L+a) + (L+a)b/2$$

式中　A_1——平行停车单位面积，m²；

　　　B——车身宽度，m；

　　　L——车身长度，m；

　　　a——前后车停放净距（m，可取 $a=L/2$）；

　　　b——通道宽度，m。一般可取 $2B$；特大型的客车可取 $2B+0.5$。

2. 垂直停车方式

$$A_2 = (L+0.5)(B+C)+(B+C)d/2$$

式中　A_2——垂直停车单位面积，m^2；

　　　　B——车身宽度，m；

　　　　L——车身长度，m；

　　　　C——相邻两车的横向净距，m，可取 1m；

　　　　d——通道宽度，m，等于车辆最小转弯半径，也可取车身长度加 0.5m 或加 1m。

根据实测分析，停车场的单位停车面积一般可取：小型、微型车为 $22m^2$/辆，大型车为 $36\sim38m^2$/辆。如果把停车场绿化、出入口连接通道、附属管理设施用地计算在内，则对小型、微型车可考虑占用地 $30\sim50m^2$/辆，中型车用地 $50\sim70m^2$/辆，大型车用地 $70\sim100m^2$/辆。

三、回车场设计

当道路为尽端式时，在道路的端头设回车场地。

四、自行车停车场

通道宽可按 1m 计，每行自行车宽按 1.8m 计。

项目七　假山工程应用

任务一　假山的属性和功能作用

一、假山的属性

1. 假山

假山是以造景游览为主要目的，充分地结合其他多方面的功能作用，以土、石等为材料，以自然山水为蓝本并加以艺术的提炼和夸张，用人工再造的山水景物的通称。假山的体量大而集中，可观可游，使人有置身于自然山林之感。

2. 置石

置石是以山石为材料作独立性或附属性的造景布置，主要表现山石的个体美或局部组合而具备完整的山形。置石主要以观赏为主，结合一些功能方面的作用，体量较小而分散。

3. 塑山

塑山是用水泥等材料仿自然山石塑造出来的假山或置石。

二、假山的分类

根据使用土、石材料的不同，假山可分为以下几种。

1. 土山

土山作为基本堆山材料，在陡坎、陡坡处可用块石做护坡、挡土墙或磴道，但不用自然山石在山上造景。这类假山占地面积往往很大，是构成园林基本地形和基本景观的重要构成因素。

2. 带石土山

带石土山主要材料是土，在土山的山坡、山脚点缀有岩石，在陡坎或山顶部分用自然山石堆砌成悬崖绝壁景观，一般还有山石做成的梯级磴道。这类假山可以做得比较高，但其用地面积比较小，多用在较大的庭院中。

3. 带土石山

山体从外观看主要是由自然山石造成的，山石多用在山体的表面，由石山墙体围成假山的基本形状，墙后则用泥土填实。这种土石结合而露石不露土的假山，占地面积较小，但山的类型较为突出，适于营造奇峰、悬崖、深峡、崇山峻岭等多种山地景观。

4. 石山

其堆山材料主要是自然山石，只在石间空隙处填土配植植物。这类假山一般规模都比较小，主要用在庭院、水池等空间比较闭合的环境中，或者作为瀑布、滴泉的山体应用。

三、假山的功能作用

1. 作为自然山水园的主景和地形骨架

以假山作为园林之主景，整个园子以此为重心而变化。如上海豫园、扬州个园等；北海之琼华岛；白天鹅宾馆之故乡水。

以假山来塑造园林之地形骨架，形成景观与环境上的最佳格局。如深圳齐明别墅，前有案山、后有主山、左右青龙白虎护卫，中间有水池。

2. 作为园林划分空间和组织空间的手段

园林的大型空间的划分和组织多以地形为主，结合其他要素创造。如双秀园、古代园林中的代表圆明园。其中"武陵春色"的世外桃源，以土山分隔成独立空间，又以两峡的水创造桃花溪、桃花洞、渔港等。

3. 运用山石小品作为点缀园林空间和陪衬建筑、植物的手段

园林中以山石小品造景，常于路边、墙前、墙角、门旁等地使用，起到活跃局部空间的作用。现代宾馆中大堂、楼梯下等处也常以山石小品配合小水池或花坛等造景。

4. 用山石做驳岸，挡土墙、护坡和花台等

工程设施景观化。在坡度较陡的土山坡地常散置山石以护坡，这些山石可以阻挡和分散地面径流，降低地面径流的流速，从而减少水土流失。北海琼华岛南山部分的群置山石、颐和园龙王庙土山上的散点山石等都有减少冲刷的效用。园林中还广泛地利用山石做花台养植牡丹、芍药和其他观赏植物，并用花台来组织庭院中的游览路线，或与壁山结合，与驳岸结合，在规整的建筑范围中创造出自然、疏密的变化。

5. 作为室内外自然式的家具或陈设

可以用假山作为室内外自然式的家具或陈设。屏风、榻、桌、凳、栏等。既不怕日晒夜露，又可结合造景。

此外山石还可用做室内外楼梯（称为云梯）、园桥、汀石和镶嵌门、窗、墙等。

四、假山材料简析

1. 湖石

湖石是经过熔融的石灰岩。

（1）太湖石。太湖洞庭西山所产。

1）产于水中者，色浅灰白，石形玲珑、面多坳坎、多洞，轮廓柔和圆润、光洁。

2）产于土中者，色灰中带青灰，多细纹，外观较枯涩，而少光泽。

（2）英石。广东英德所产。灰黑色，有的间白脉笼络。石面形状有巢状、绉状等，石形轮廓多转角，外观线条较硬朗。

（3）房山石。产于北京房山。色土红、土黄、日久变灰黑。多小孔穴而无大洞。外观浑厚，沉实。

（4）宣石。产宁国县。白色矿物成分覆于灰色石上，似冬日积雪。

2. 黄石

产地多，苏州、常州、镇江等。带橙黄颜色的细砂岩。石形体顽夯，棱角分明，节理面近乎垂直，显得方正，具雄浑之势。

3. 青石

青灰色细砂岩。北京西郊产。石呈片状，有交叉斜纹。

4. 石笋

形长而如竹笋类的山石总称。

5. 黄蜡石

色黄，表面圆润光滑有蜡质感，石形圆浑如大卵石状。

6. 石蛋

江边、海边、旧河床边的大卵石，有砂岩及其他质地。

五、置石简析

（一）置石

要求：目的明确，格局严谨，手法洗练，以少胜多。

1. 特置

用单块观赏价值高的山石布置在基座上成独立石景，称特置，又称为孤赏石，即用一块出类拔萃的山石来造景，也有将两块或多块石头拼接在一起，形成一个完整的孤赏石。特置山石常在庭院中用作入门的障景和对景，或置视线集中的廊间、天井中间、漏窗后面、水边、路口或园路转折的地方。特置山石也可以和壁山、花台、岛屿、驳岸等结合使用。新型庭院多结合花台、水池、草坪或花架来布置。古典庭院中的特置山石常镌刻题咏。

2. 对置

在两侧相对位置呈对应状态布置山石称对置。对置是一种以两块山石为组合，相互呼应的置石手法，常立于建筑门前两侧或立于庭院出入口两侧。对置山石的要求、工法仿效特置山石，主要追求对称，在建筑物前沿建筑中轴线两侧作对称布置，以陪衬环境，丰富景色。作为对置的山石在数量、体量以及形态上无需完全对等，可立可卧，可坐可偃，可仰可俯，只求在构图上的均衡和在形态上的呼应，这样既给人以稳定感，亦有情的感染。在材料采取困难的地方亦可用小石拼成特置峰石，须用两三块大石封顶，以掌握平衡，理之无失。

对置与特置的区别是特置独立成景，而对置则对称成景。对置要求山石姿态不俗，或体量、形态均相似，或大小、姿态顾盼呼应，共同构成一幅完整画面。

3. 散置

若干块山石成"攒之聚五，散漫理之"的布置方法。用少数几块大小不等的山石，按照艺术规则或法则搭配组合，或置于门侧、廊间、粉壁前，或置于坡脚、池中、岛上，或与其他景物组合造景，创造出多种不同的景观。石虽星罗棋布，仍气脉贯穿，有一种韵律美。

散置对石材的要求相对比特置低一些，但要组合得好。散置可以独立成景，与山水、建筑、树木联成一体，往往设于人们必经之地或处在人们的主视野之中。散置的布局要点是：造景目的明确，格局严谨，手法洗练，寓浓于淡，有聚有散，有断有续，主次分明，高低曲折，顾盼呼应，疏密有致，层次丰富，散而有物，寸石生情。

4. 群置

将几块山石成组排列，作为一个群体来表现，或者应用多数山石互相搭配布置，这类方法称为群置，也称为聚点、大散点。群置要求石块大小不等、主次分明、层次清晰、疏密有致、虚实相间、前后呼应、高低有致，并强调一个"活"字，切忌排列成行或左右对等。群置可以有一个主题，也可以没有主题，仅起点缀、护坡或增加庭院重量的作用。

（二）与园林建筑结合的山石布置

以少量山石在适当部位装点建筑，使建筑好像建于山岩之上。

（1）山石踏跺和蹲配，以山石作台阶，两旁以立石收边之做法。

目的：丰富建筑立面，强调建筑出入口。

蹲配：和踏跺配合使用的一种置石方式，紧贴于踏跺两旁，兼有垂带和门口对置之石狮、石鼓等装饰品的作用。高者为"蹲"，低者为"配"。

（2）抱角与镶隅。以山石环抱建筑之凸墙角的做法称抱角。以山石镶填建筑之凹墙角的做法称镶隅。考虑与建筑的比例关系，体量适宜。考虑与建筑衔接关系，过渡自然。镶隅常以小花台配以植物来形成。

（3）粉壁置石。以墙为背景，墙前布置山石的做法。其山石可靠近墙而设，也可直接贴于墙上，后者也称为"壁山"。

（4）回廊转折处的廊间山石的小品。回廊有意曲折形成小空间，置以山石小品，丰富景观。

（5）"尺幅窗"和"无心画"。在墙上开漏窗，窗外布置山石小品，窗为画框景成画，称为"无心画"。

（6）云梯。以山石掇成的室外楼梯。

任务二　假山造景设计

一、假山设计要点

最根本的法则是"做假成真"，达到"虽由人作，宛自天开"之境界。所以要师法自然，以艺术的手法对真山进行提炼、加工，让假山成为一件艺术作品。

1. 相地合宜，造山得体

根据环境条件考虑山体布置。陆地、水体；坡地、平地；广场、草地；室外、内庭等。

2. 主次分明，重点突出

主、次、配峰位置和高度。

不对称三角形构图，主、次、配之高度比为 3：2：1。

3. 山形变化，莫为两翼

山之构图均衡不对称。

4. 山有三远，移步换景

自山下而仰山巅谓之高远；自山前而窥山后谓之深远；自近山而望远山谓之平远。层次、虚实、气势在此体现。

5. 远观山势，近看石质

远：轮廓与动势；近：峰、洞、壑、纹等之变化。

6. 寓情于石，情景交融

象形（不似为欺世，太似为媚俗）。

联想（文学、题咏——冠云峰、一梯云）。

寓意（神话——一池三山、仙山琼阁；典故——桃花源记、濠濮间想；时态——四季假山，晓望晚望。）

二、假山平、立面设计

1. 平面处理手法

（1）转折。平面的转折造成山势的回转、凹凸和深浅变化。

（2）错落。山脚的凹凸变化要采用不规则的错落处理，使山脚线自然且有变化。

（3）断续。在保证假山主体完整的情况下，其前后左右的边缘部分可用一些与主体分离的小山体来丰富假山变化。

（4）延伸。山脊向外的延伸和山沟向内的延伸加强了山的深远感。

（5）环抱。山之余脉前伸，形成环抱之势，创造出幽静的半封闭空间。

（6）平衡。假山变化需符合自然山体变化规律，各部分在变化中达到统一协调。

2. 立面处理手法

（1）高低变化。立面为不对称均衡构图，重心要稳，但主峰不居中，主、次、配峰高低错落。

（2）纹理平顺。皴纹线条，相互理顺。

（3）呼应有序。山体之间，动势呼应，虽参差不齐，但如老幼尊卑，顾盼呼应，井然有序。

三、假山设计图的绘制

1. 假山平面图绘制

（1）图纸比例。根据假山规模大小，可选用 1∶200，1∶100，1∶50，1∶20。

（2）图纸内容。应绘出假山区的基本地形，包括等高线、山石陡坎、山路与栈道、水体等。如区内有保留的建筑、构筑物、树木等地物，也要绘出。然后再绘出假山的平面轮廓线，绘出山洞、悬崖、巨石、石峰等的可见轮廓及配植的假山植物。

（3）线型要求。等高线、植物图例、道路、水位线、山石皴纹线等用细实线绘制。假山山体平面轮廓线（即山脚线）用粗实线绘出，悬崖、绝壁的平面投影外轮廓线若超出了山脚线，其超出部分用粗的或中粗的虚线绘出。建筑物平面轮廓用粗实线绘制。假山平面图形内，悬崖、山石、山洞等可见轮廓的绘制则用标准实线。平面图中的其他轮廓线也用标准实线绘制。

（4）尺寸标注。主要是标注一些特征点的控制性尺寸，如假山平面的凸出点、凹陷点、转折点的尺寸和假山总宽度、总厚度、主要局部的宽度和厚度等。

（5）高程标注。在假山平面图上应同时标明假山的竖向变化情况，其方法是：土山部分的竖向变化，用等高线来表示；石山部分的竖向高程变化，则可用高程箭头法来标出，主要标注山顶中心点、大石顶面中心点、平台中心点、山肩最高点、谷底中心点等特征点的高程。假山下有水池的，要注出水面、水底、岸边的标高。

2. 假山立面图绘制

（1）图纸比例。应与同一设计的假山平面图比例一致。

（2）图纸内容。要绘出假山立面可见部分的轮廓形状、表面皴纹，并绘出植物等配景的立面图形。

（3）线型要求。绘制假山立面图形一般可用白描画法。假山外轮廓线用粗实线，山内轮廓用中粗实线，皴纹线则用细实线。绘制植物立面也用细实线。也可在阴影处用点描或线描方法绘制，将假山立面图绘制成素描图，则立体感更强。但采用点描或线描的地方不能影响尺寸标注或施工说明的注写。

（4）尺寸标注。假山立面的方案图，可只标注横向的控制尺寸，如主要山体部分的宽度和假山总宽度等。在竖向方面，则用标高箭头来标注主要山头、峰顶、谷底、洞底、洞顶的相对高程。如果绘制假山立面施工图，则横向的控制尺寸应标注更详细一点，竖向也要对立面的各种特征点进行尺寸标注。

任务三 假山的结构

一、分层结构

1. 基础

（1）桩基。以木桩打入土中作基础的方法。

（2）灰土基础。北方或少雨季节，地下水位低处适用。以新出窑的块灰，现场泼水化灰，按灰∶土＝3∶7 的比例与土拌和。基础宽度比假山底边宽出 50cm，灰槽深度 50～60cm。2m 以下假山：一步素土，一步灰土。（一步灰土：虚铺 30cm 厚，夯实至 15cm 以下）。2～4m 高假山：一步素土，两步灰土。

（3）混凝土基础。基槽宽度同上，也是宽出 50cm。陆地上，厚约 10～20cm（C10 混凝土）（假山高度 2～4m）。水中：厚约 50cm（C20 混凝土）。

（4）浆砌块石基础。1∶2.5～1∶3 水泥砂浆砌块石，厚 30～50cm。

2. 山体

(1) 环透式结构。山体孔洞环绕，玲珑剔透，显得婉转柔和，丰富多变。

(2) 层叠式结构。山形横向伸展，层叠而上，具轻盈飞动之效果。

(3) 竖立式结构。山石竖向砌叠，具有向上动势，挺拔有力。

二、假山洞结构

(1) 梁柱式。

(2) 挑梁式。

(3) 券拱式。

任务四　假山工程施工

园林工程的施工区别于其他工程的最大特点就是技艺并重，施工的过程也是再创造的过程。假山的施工最典型地体现了这一特点。在大中型的假山工程中，一方面要根据假山设计图进行定点放线和随时控制假山各部分的立面形象及尺寸关系，另一方面还要根据所选用石材的形状、皴纹特点，在细部的造型和技术处理上有所创造，有所发展。

假山的施工过程一般包括：准备、放线、挖槽、立基、拉底、起脚、做脚等。

一、准备

(一) 石料的选购

根据假山设计意图及设计方案所确定的石材种类，需要到山石的产地进行选购。在产地现场，通常需根据所能提供的石料的石质、大小、形态等，设想出那些石料可用于假山的何种部位，并要通盘考虑山石的形状与用量。

石料有新、旧、半新半旧之分。采自山坡的石料，由于暴露于地面，经长期的风吹、日晒、雨淋，自然风化程度深，属旧石，用来叠石造山，易取得古朴、自然的良好效果。而从土中挖出的石料，需经长期风化剥蚀后，才能达到旧石的效果。有的石头一半露于地面，一半埋于地下，则为半新半旧之石。应尽量选购旧石，少用半新半旧之石，避免使用新石。

1. 选石的步骤

(1) 主峰或孤立小山峰的峰顶石、悬崖崖头石、山洞洞口用石需要首先选到，选到后分别做上记号，以备施工到这些部位时使用。

(2) 要接着选留假山山体向前凸出部位的用石、山前山旁显著位置上的用石以及土山山坡上的石景用石等。

(3) 应将一些重要的结构用石选好，如长而弯曲的洞顶梁用石、拱券式结构所用的券石、洞柱用石、峰底承重用石、斜立式小峰用石等。

(4) 其他部位的用石，则在叠石造山施工中随用随选，用一块选一块。

总之，山石选择的步骤应当是：先头部后底部、先表面后里面、先正面后背面、先大处后细部、先特征点后一般区域、先洞口后洞中、先竖立部分后平放部分。

2. 山石尺度选择

在同一批运到的山石材料中，石块有大有小，有长有短，有宽有窄，在叠山选石中要分别对待。

假山施工开始时，对于主山前面比较显眼位置上的小山峰，要根据设计高度选用适宜的山石，一般应当尽量选用大石，以削弱山石拼合峰体时的琐碎感。在山体上的凸出部位或是容易引起视觉注意的部位，也最好选用大石。而假山山体中段或山体内部以及山洞洞墙所用的山石，则可小一些。

大块的山石中，敦实、平稳、坚韧的还可用作山脚的底石，而石形变异大、石面皱纹丰富的山石则应该用于山顶作压顶的石头。较小的，形状比较平淡而皱纹较好的山石，一般应该用在假山山体中段。

山洞的盖顶石，平顶悬崖的压顶石，应采用宽而稍薄的山石。层叠式洞柱的用石或石柱垫脚石，可选矮墩状山石；竖立式洞柱、竖立式结构的山体表面用石，最好选用长条石，特别是需要在山体表面做竖向沟槽和棱柱线条时，更要选用长条状山石。

3. 石形的选择

除了作石景用的单峰石外，并不是每块山石都要具有独立而完整的形态。在选择山石的形状中，挑选的根据应是山石在结构方面的作用和石形对山形样貌的影响情况。从假山自下而上的构造来分，可以分为底层、中腰和收顶三部分，这三部分在选择石形方面有不同的要求。

假山的底层山石位于基础之上，若有桩基则在桩基盖顶石之上。这一层山石对石形的要求主要应为顽夯、敦实的形状。选一些块大而形状高低不一的山石，具有粗犷的形态和简括的皱纹，可以适应在山底承重和满足山脚造型的需要。

中腰层山石在视线以下者，即地面上 1.5m 高度以内的，其单个山石的形状也不必特别好，只要能够用来与其他山石组合造出粗犷的沟槽线条即可。石块体量也不须很大，一般的中小山石相互搭配使用就可以了。

在假山 1.5m 以上高度的山腰部分，应选形状有些变异，石面有一定皱折和孔洞的山石，因为这种部位比较能引起人的注意，所以山石要选用形状较好的。

假山的上部和山顶部分、山洞口的上部，以及其他比较凸出的部位，应选形状变异较大，石面皱纹较美，孔洞较多的山石，以加强山景的自然特征。

形态特别好且体量较大的，具有独立观赏形态的奇石，可用以"特置"为单峰石，作为园林内的重要石景使用。

片块状的山石可考虑作石榻、石桌、石几及磴道用，也常选来作为悬崖顶、山洞顶等的压顶石使用。

山石因种类不同而形态各一，对石形的要求也要因石而异。人们所常说的奇石要具备"瘦、漏、透、皱"的石形特征，主要是对湖石类假山或单峰石形状的要求，因为湖石才具有涡、环、洞、沟的圆曲变化。如果将这几个字当做选择黄石假山石材的标准，就很脱离实际了，黄石是无法具有漏、透、皱特征的。

4. 山石皱纹选择

石面皱纹、皱折、孔洞比较丰富的山石，应当选在假山表面使用。石形规则、石面形状平淡无奇的山石，可选作假山下部、假山内部的用石。

作为假山的山石和作为普通建筑材料的石材，其最大的区别就在于是否有可供观赏的天然石面及其皱纹。"石贵有皮"就是说，假山石若具有天然"石皮"，即有天然石面及天然皱纹，就是可贵的，是做假山的好材料。

叠石造山要求脉络贯通，而皱纹是体现脉络的主要因素。皱指较深较大块面的皱折，而纹则指细小、窄长的细部凹线。"皱者，纹之浑也。纹者，皱之现也"即是说的这个意思。需要强调的是，山有山皱、石有石皱。山皱的纹理脉络清楚，如国画中的披麻皱、荷叶皱、斧劈皱、折带皱、解索皱等，纹理排列比较顺畅，主纹、次纹、细纹分明，反映了山地流水切割地形的情况。石皱的纹理则既有脉络清楚的，也有纹理杂乱不清的；有一些山石纹理与乱柴皱、骷髅皱等相似的，就是脉络不清的皱纹。

在假山选石中，要求同一座假山的山石皱纹最好要同一种类，如采用了折带皱类山石的，则以后所选用的其他山石也要是如同折带皱的；选了斧劈皱的假山，一般就不要再选用非斧劈皱的山石。只有统一采用一种皱纹的山石，假山整体上才能显得协调完整，可以在很大程度上减少杂乱感，增加整体感。

5. 石态的选择

在山石的形态中，形是外观的形象，而态却是内在的形象；形与态是一种事物的两个无法分开的方面。山石的一定形状，总是要表现出一定的精神态势。瘦长形状的山石，能够给人有骨力的感觉；矮墩状的山石，给人安稳、坚实的印象；石形、皱纹倾斜的，让人感到运动；石形、皱纹平待垂立的，则能够让人感到宁静、安详、平和等情况都说明，为了提高假山造景的内在形象表现，在选择石形的同时，还应当注意到其态势、精神的表现。

传统的品评奇石标准中，多见以"丑"字来概括"瘦、漏、透、皱"等石形石态特点的。在假山施工选石中特别强调要"观石之形，识石之态"，要透过山石的外观形象看到其内在的精神、气势和神采。

6. 石质的选择

质地的主要因素是山石的比重和强度。如作为梁柱式山洞石梁、石柱和山峰下垫脚石的山石，就必须有足够的强度和较大的密度。而强度稍差的片状石，就不能选用在这些地方，但选用来做石级或铺地则可以，因为铺地的山石不用特别能承重。外观形状及皱纹好的山石，有的是风化过度的，其在受力方面就很差，有这样石质的山石就不要选用在假山的受力部位。

质地的另一因素是质感。如粗糙、细腻、平滑、多皱等，都要根据匠心来筛选。同样一种山石，其质地往往也有粗有细、有硬有软、有纯有杂、有良有莠。比如同是钟乳石，但有的质地细腻、坚硬、洁白晶莹、纯然一色；而有的却质地粗糙、松软、颜色混杂。又如，在黄石中，也有质地粗细的不同和坚硬程度的不同。在假山选石中，一定要注意到不同石块之间在质地上的差别，将质地相同或差别不大的山石选用在一处，质地差别大的山石则选用在不同的处所。

7. 山石颜色选择

叠石造山也要讲究山石颜色的搭配。不同类的山石固然色泽不一，而同一类的山石也有色泽的差异。"物以类聚"是一条自然法则，在假山选石中也要遵循。原则上的要求是，要将颜色相同或相近的山石尽量选用在一处，以保证假山在整体的颜色效果上协调统一。在假山的凸出部位，可以选用石色稍浅的山石，而在凹陷部位则应选用颜色稍深者。在假山下部的山石，可选颜色稍深的，而假山上部的用石则要选色彩稍浅的。

山石颜色选择还应与所造假山区域的景观特点相互联系起来。扬州个园以假山和置石反映四时变化。其春山捕捉了"雨后春笋"的春景，而选用高低不一的青灰色石笋置于竹林之下，以点出青笋破土的景观主题。夏山则用浅灰色太湖石做水池洞室，并配植常绿树，有夏荫泉洞的湿润之态。秋山因突出秋色而选用黄石。冬山又为表现皑皑白雪而别具匠心地选用白色的宣石。

（二）石料的运输

石料的运输，特别是湖石的运输，最重要的是防止其被损坏。在装卸过程中，宁可多费一些人力、物力，也要尽力保护好石料的自然石面。

峰石在运输过程中更要注意保护。一般在运输车中放置黄沙或虚土，厚约20cm左右，而后将峰石仰卧于沙土之上，这样可以保证峰石的安全。

（三）石料的分类

石料运到工地后应分块平放在地面上，以供"相石"方便。然后再将石料分门别类，进行有秩序地排列放置。

二、放线

按设计图纸确定的位置与形状在地面上放出假山的外形形状，一般基础施工比假山的外形要宽，特别是在假山有较大幅度的外挑时，一定要根据假山的重心位置来确定基础的大小，需要放宽的幅度会更大。

三、挖槽

北方地区堆叠假山一般是在假山范围内满拉底，基础也要满打。而南方通常是沿假山外轮廓及山洞位置设置基础，内部则多为填石，对基础的承重能力要求相对较低。因此，挖槽的范围与深度要根据设计图纸的要求进行。

四、立基

基础施工最理想的假山基础是天然基岩，否则就需人工立基。基础的做法有以下几种。

1. 桩基

桩基是一种古老的基础做法，至今仍有实用价值，特别是在水中的假山和假山石驳岸。

2. 灰土基础

北方园林中位于陆地上的假山多采用灰土基础。石灰为气硬性胶结材料。灰土凝固后具有不透气性，可有效防止土壤冻胀现象。灰土基础的宽度要比假山底面宽出 0.5m 左右，即"宽打窄用"。灰土比例常用 3：7，厚度根据假山高度确定，一般 2m 以下一步灰土，以后每增加 2m 基础增加一步。

3. 混凝土基础

现代假山多采用浆砌块石或混凝土基础。浆砌块石基础也叫毛石基础，适用于基底土壤坚实的场合，砌石时用 M5.0 水泥砂浆；对于水中假山，混凝土基础应于水池的底面混凝土同时浇筑形成整体。如果山体是在平地上堆叠，则基础平面应低于周围地平面至少 20cm。山体堆叠成形后再回填土，既隐蔽了基础，又可沿山体边沿栽植花草，使山体与临近地面的过渡更加自然生动。若假山上种植有高大树木时，为了能使其根系从基底土壤中吸收水分，通常需在种植位置下基础留白。

五、拉底

在山脚线范围内砌筑第一层山石，即做出垫底的山石层。

1. 拉底的方式

假山拉底的方式有满拉底和周边拉底两种。

(1) 满拉底。就是在山脚线的范围内用山石满铺一层。这种拉底的做法适宜规模较小、山底面积也较小的假山，或在北方冬季有冻胀破坏地方的假山。

(2) 周边拉底。则是先用山石在假山山脚沿线砌成一圈垫底石，再用乱石碎砖或泥土将石圈内全部填起来，压实后即成为垫底的假山底层。这一方式适用基底面积较大的大型假山。

2. 山脚线的处理

拉底形成的山脚边线也有两种处理方式：露脚，埋脚。

(1) 露脚。即在地面上直接做起山底边线的垫脚石圈，使整个假山就像是放在地上似的。这种方式可以减少一点山石用量和用工量，但假山的山脚效果稍差一些。

(2) 埋脚。将山底周边垫底山石埋入土下约 20cm 深，可使整座假山仿佛像是从地下长出来的。在石边土中栽植花草后，假山与地面的结合就更加紧密，更加自然了。

3. 拉底的技术要求

在拉底施工中，技术要求有以下 5 点：①要注意选择适合的山石做山底，不得用风化过度的松散山石；②拉底的山石底部一定要垫平垫稳，保证不能摇动，以便于向上砌筑山体；③拉底的石与石之间紧连互咬，紧密地扣合在一起；④山石之间要不规则地断续相间，有断有连；⑤拉底的边缘部分，要错落变化，使山脚线弯曲时有不同的半径，凹进时有不同的凹深和凹陷宽度，要避免山脚的平直和浑圆形状。

六、起脚

在垫底的山石层上开始砌筑假山，称为起脚。起脚石直接作用于山体底部的垫脚石，它和垫脚石一样，都要选择质地坚硬、形状安稳实在，少有空穴的山石材料，以保证能够承受山体的重压。

除了土山和带石土山之外，假山的起脚安排是宜小不宜大，宜收不宜放。起脚一定要控制在地面山脚线的范围内，宁可向内收一点，也不要向山脚线外突出。这就是说山体的起脚要小，不能大于上部分准备拼叠造型的山体。即使因起脚太小而导致砌筑山体时的结构不稳，还有可能通过补脚来加以弥补。如果起脚太大，以后砌筑山体时造成山形臃肿、呆笨、没有一点险峻的态势时，就不好挽回了。到时要通过打掉一些起脚山石来改变臃肿的山形，就极易将山体结构震动松散，造成整座假山的倒塌隐患。所以，假山起脚还是稍小点为好。

起脚时，定点、摆线要准确。先选到山脚突出点的山石，并将其沿着山脚线先砌筑上，待多数主要的凸出点山石都砌筑好了，再选择和砌筑平直线、凹进线处所用的山石。这样，既保证了山脚线按照设计而成弯曲转折状，避免山脚平直的毛病，又使山脚突出部位具有最佳的形状和最好的皴纹，增加了山脚部分的景观效果。

七、做脚

做脚就是用山石砌筑成山脚，它是在假山的上面部分山形山势大体施工完成以后，于紧贴起脚石外缘部分拼叠山脚，以弥补起脚造型不足的一种操作技法。所做的山脚石虽然无需承担山体的重压，但却必须根据主山的上部造型来造型，既要表现出山体如同土中自然生长出来的效果，又要特别增强主山的气势和山形的完美。假山山脚的造型与做脚方法如下所述。

（一）山脚的造型

假山山脚的造型应与山体造型结合起来考虑，在做山脚的时候就要根据山体的造型而采取相适应的造型处理，才能使整个假山的造型形象浑然一体，完整且丰满。在施工中，山脚可以做成如图1-67所示的几种形式。

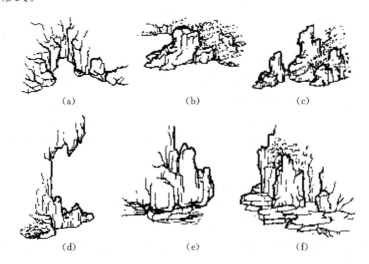

图 1-67 山脚的造型

(a) 凹进脚；(b) 凸出脚；(c) 断连脚；(d) 承上脚；(e) 悬底脚；(f) 平坂脚

1. 凹进脚

山脚向山内凹进，随着凹进的深浅宽窄不同，脚坡做成直立、陡坡或缓坡都可以。

2. 凸出脚

凸出脚是向外凸出的山脚，其脚坡可做成直立状或坡度较大的陡坡状。

3. 断连脚

山脚向外凸出，凸出的端部与山脚本体部分似断似连。

4. 承上脚

山脚向外凸出，凸出部分对着其上方的山体悬垂部分，起着均衡上下重力和承托山顶下垂之势的作用。

5. 悬底脚

局部地方的山脚底部做成低矮的悬空状，与其他非悬底山脚构成虚实对比，可增强山脚的变化。这种山脚最适于用在水边。

6. 平坂脚

片状、板状山石连续地平放山脚，做成如同山边小路一般的造型，突出了假山上下的横竖对比，使景观更为生动。

应当指出，假山山脚不论采用哪一种造型形式，它在外观和结构上都应当是山体向下的延续部分，与山体是不可分割的整体。即使采用断连脚、承上脚的造型，也还要"形断迹连，势断气连"，要在气势上也连成一体。

（二）做脚的方法

在具体做山脚时，可以采用点脚法、连脚法或块面脚法三种做法如图 1-68 所示。

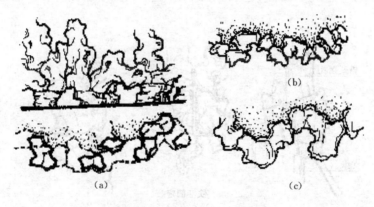

图 1-68 做脚的三种方法
(a) 点脚法；(b) 连脚法；(c) 块面脚法

1. 点脚法

点脚法主要运用于具有空透型山体的山脚造型。所谓点脚，就是先在山脚线处用山石做成相隔一定距离的点，点与点之上再用片状石或条状石盖上，这样，就可在山脚的一些局部造出小的洞穴，加强了假山的深厚感和灵秀感。如扬州个园的湖石山，所用的就是点脚做脚法。在做脚过程中，要注意点脚的相互错开和点与点间距离的变化，不要造成整齐的山脚形状。同时，也要考虑到脚与脚之间的距离与今后山体造型用石时的架、跨、券等造型相吻合、相适宜。点脚法除了直接作用于起脚空透的山体造型外，还常用于如桥、廊、亭、峰石等的起脚垫脚。

2. 连脚法

连脚法就是做山脚的山石依据山脚的外轮廓变化，成曲线状起伏连续，使山脚具有连续、弯曲的线形。一般的假山都常用这种连续做脚方法处理山脚。采用这种山脚做法，主要应注意使脚的山石以前错后移的方式呈现不规则的错落变化。

3. 块面脚法

这种山脚也是连续的，但与连脚法不同的是，坡面脚要使做出的山脚线呈现大进大退的形象，山脚突出部分与凹陷部分各自的整体感都要很强,而不是连脚法那样小幅度的曲折变化。块面脚法一般用于起脚厚实、雄伟的大型山体,如苏州藕园主山就是起脚充实、成块面状的。

山脚施工质量好坏,对山体部分的造型有直接影响。山体的堆叠施工除了要受山脚质量的影响外,还要受山体结构形式和叠石手法等因素的影响。

八、山体堆叠施工

假山山体的施工,主要是通过吊装、堆叠、砌筑操作,完成假山的造型。由于假山可以采用不同的结构形式,因此在山体施工中也就相应要采用不同的堆叠方法。而在基本的叠山技术方法上,不同结构形式的假山也有一些共同之处。下面,就对这些相同的和不同的施工方法作一些介绍。

在叠山施工中,不论采用哪一种结构形式,都要解决山石与山石之间的固定与衔接问题,而这方面的技术方法在任何结构形式的假山中都是通用的。

1. 支撑

山石吊装到山体一定位点上,经过位置、姿态的调整后,就要将山石固定在一定的状态上,这时就要先进行支撑,使山石临时固定下来。支撑材料应以木棒为主,以木棒的上端顶着山石的某一凹处,木棒的下端则斜着落在地面,并用一块石头将棒脚压住(见图1-69)。一般每块山石都要用2~4根木棒支撑,因此,工地上最好能多准备一些长短不同的木棒。此外,使用铁棍或长形山石,也可作为支撑材料。用支撑固定的方法主要是针对大而重的山石,这种方法对后续施工操作将会有一些阻碍。

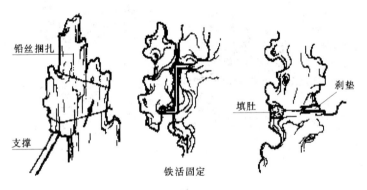

图1-69　山石衔接与固定方法

2. 捆扎

为了将调整好位置和姿态的山石固定下来,还可采用捆扎的方法。捆扎方法比支撑方法简便,而且对后续施工基本没有阻碍现象。这种方法最适宜体量较小山石的固定,对体量特大的山石则还应该辅之以支撑方法。山石捆扎固定一般采用8号或10号铅丝。用单根或双根铅丝做成圈,套上山石,并在山石的接触面垫上或抹上水泥砂浆后再进行捆扎。捆扎时铅丝圈先不必收紧,应适当松一点;然后再用小钢钎(錾子)将其绞紧,使山石无法松动(见图1-69)。

3. 铁活固定

对质地比较松软的山石,可以用铁爬钉打入两相连接的山石上,将两块山石紧紧地抓在一起,每一处连接部位都应打入2~3个铁爬钉(见图1-69)。对质地坚硬的山石连接,要先在地面用银锭扣连接好后,再作为一整块山石用在山体上。或者,在山崖边安置坚硬山石时,使用铁吊架,也能达到固定山石的目的。

4. 刹垫

山石固定方法中,刹垫是最重要的方法之一。刹垫是用平稳小石片将山石底部垫起来,使山石保持平稳的状态。操作时,先将山石的位置、朝向、姿态调整好,再把水泥砂浆塞入石底。然后用小石片轻轻打入不平稳的石缝中，直到石片卡紧为止（见图 1-69）。一般在石底周围要打进 3～5 个石片，才能固定好山石。刹片打好后，要用水泥砂浆把石缝完全塞满，使两块山石连成一个整体。

5. 填肚

山石接口部位有时会有凹缺，使石块的连接面积缩小，也使连接的两块山石之间成断裂状，没有整体感。这时就需要"填肚"。所谓填肚，就是用水泥砂浆把山石接口处的缺口填补起来，一直要填得与石面平齐（见图 1-69）。

掌握了上述山石固定与衔接方法，就可以进一步了解假山山体堆叠的技术方法。山体的堆叠方法应根据山体结构形式来选用。例如，山体结构若是环透式或层叠式，就常用安、连、飘、做眼等叠石手法；如果采用竖立式结构，则要采用剑、拼、垂、挂等砌筑手法。

九、假山施工技艺

假山施工中具有特色施工技艺的主要是用石、用"刹"、构洞、留隙等。

用石巧妙地运用获得的山石材料是考验假山施工主持人技术水平的重要方面，掌握用石，是学习假山施工的基础。传统口诀中有关"相石定位"的口诀既是对用石的经验总结，又是指导实践的诀窍，如图 1-70 和图 1-71 所示。

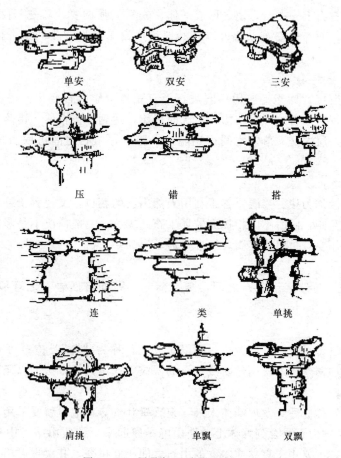

图 1-70 层叠与环透叠石法（一）

假山师傅中所流传的"字诀"很多，如北京的"山子张"张蔚庭老先生曾经总结过"十字诀"，即安、连、接、斗、挎、拼、悬、剑、卡、垂。此外，还有挑、飘、戗等。江南一带则流传九个字，即叠、竖、垫、拼、挑、压、钩、挂、撑。两相比较，有些是共有的字，有些即使称呼不一样但实际上是一个内容。

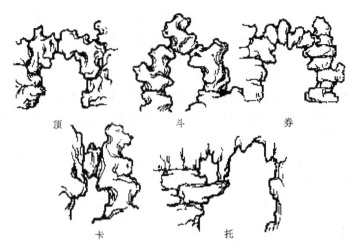

图 1-71 层叠与环透叠石法（二）

1. 安

安是安置山石的总称。放置一块山石称为"安"一块山石。特别强调这块山石放下去要安稳。其中又分单安、双安和三安。双安指在两块不相连的山石上面安一块山石。下断上连，构成洞、岫等变化。三安则是于三石上安一石，使之形成一体。安石又强调要"巧安"，即本来这些山石并不具备特殊的形体变化，而经过安石以后可以巧妙地组成富于石形变化的组合体，即《园冶》所谓"玲珑安巧"的含义。

2. 连

山石之间水平向衔接称为连。连切忌石与石平直相连，应因石变化，按石的形态、方向、棱角、轮廓自然相连，符合叠石纹理、结构、层次的规律，达到连接自然、错落有致的效果。大块面相连可密缝合成一体，层次交叉落差之间可用隐连、跨连，组石之间可取疏连，山脉与主峰称为续连。

3. 接

山石之间竖向衔接称为接。接既要善于利用天然山石的茬口，又要善于补救茬口不够吻合的所在。最好是上下茬口互咬，同时不因相接而破坏了石的美感。一般情况下是竖纹和竖纹相接，横纹和横纹相接。接石操作要点是对接牢固，纹理勾通，宛如一石。

4. 斗

置石成向上拱状，两端架于二石之间，腾空而起，宛如自然岩石之环洞或下层崩落形成的孔洞。

5. 挎

如山石某一侧面过于平滞，可以旁挎一石以全其美，称为"挎"。挎石可利用茬口咬压或上层镇压来稳定，必要时加钢丝绕定。钢丝要藏在石的凹纹中或用其他方法加以掩饰。

6. 拼

有一些假山的山峰叠好后，发现峰体太细，缺乏雄壮气势，这时就要采用"拼"的手法来"拼峰"，将其他一些较小的山石拼合到峰体上，使山峰雄厚起来。就假山施工中砌筑山石而言，竖向为叠，横向为拼。拼，主要用于直立或斜立的山石之间相互拼合，其次也可用于其他状态山石之间的拼合。

7. 悬

在下面是环孔或山洞的情况下，使某山石从洞顶悬吊下来，这种叠石方法即称为悬。在山洞中，随处做一些洞顶的悬石，就能够很好地增加洞顶的变化，使洞顶景观就像石灰岩溶洞中倒悬的钟乳石一样。

8. 剑

用长条形峰石直立在假山上，作假山山峰的收顶石或作为山脚、山腰的小山峰；使峰石直立如剑，挺拔峻峭，这种叠石手法被称为剑。在同一座假山上，采用"剑"法布置的峰石不宜太多，太多则显得如"刀山剑树"般，是假山造型应力求避免的。剑石相互之间的布置状态应该多加变化，要大小有别、疏密相间、高低错落。

9. 卡

在两个分离的山石上部，用一块较小山石插入二石之间的楔口而卡在其上，从而达到将二石上部连接起来，并在其下做洞的叠石目的。在自然界中，山上崩石被下面山石卡住的情况也很多见。卡石重力传向两侧山石的情况和券拱相似，因此，在力学关系上比较稳定。"卡"的手法运用较为广泛，既可用于石景造型，又可用于堆叠假山。承德避暑山庄烟雨楼旁的峭壁假山以卡石收顶做峰，无论从造型上或是从结构上看都比较稳定和自然。

10. 垂

山石从一个大石的顶部侧位倒挂下来，形成下垂的结构状态。其与悬的区别在于：一为中悬，一为侧垂。与"挎"之区别在于以倒垂之势取胜。"垂"的手法往往能够造出一些险峻状态，因此多被用于立峰上部、悬崖顶上、假山洞口等处。

十、假山上的植物配植

在假山上许多地方都需要栽种植物，要用植物来美化假山、营造山林环境和掩饰假山上的某些缺陷。在假山上栽种植物，应在假山山体设计中将种植穴的位置考虑在内，并在施工中预留下来。

种植穴是在假山上预留的一些孔洞，专用来填土栽种假山植物，或者作为盆栽植物的放置点。假山上的种植穴形式很多，常见的有盆状、坑状、筒状、槽状、袋状等，可根据具体的假山局部环境和山石状况灵活地确定种植穴的设计形式。穴坑面积不用太大，只要能够栽种中小型灌木即可。

假山上栽植的植物不应是树体高大，叶片宽阔的树种，应该选用植株高矮适中，叶片狭小的植物，以便能够在对比中有助于小中见大效果的形成。假山植物应以灌木为主。一部分假山植物要具有一定的耐旱能力，因为在假山的上部种植穴中能填进的土壤很有限，很容易变得干燥。在山脚下可以配植麦冬草、沿阶草等草丛，用茂密的草丛遮掩一部分山脚，可以加强山脚景观的表现力。在崖顶配植一些下垂的灌木如爬墙虎、迎春花、金钟花、蔷薇等，可以丰富崖顶的景观。在山洞洞口的一侧，配植一些植物半掩洞口，能够使山洞显得深不可测。在假山背面，可多栽种一些枝叶浓密的大灌木，以掩饰假山上一些缺陷之处，同时还能为假山提供背景的依托。

任务五　塑石假山工程施工

一、塑石假山工艺的特点

（1）可以塑造较理想的艺术形象，雄伟、磅礴富有力感的山石景，特别是能塑造难以采运和堆叠的巨型奇石。这种艺术造型较能与现代建筑相协调。此外还可通过仿造，表现黄蜡石、英石、太湖石等不同石材所具有的风格。

（2）可以在非产石地区布置山石景，利用价格较低的材料，如砖、沙、水泥等。

（3）施工灵活方便，不受地形、地物限制，在重量很大的巨型山石不宜进入的地方，如室内花园、屋顶花园等，仍可塑造出壳体结构的、自重较轻的巨型山石。

（4）可以预留位置栽培植物，进行绿化。

二、塑石假山的一般施工步骤

1. 建造骨架结构

骨架结构有砖结构、钢架结构以及两者的混合结构等。砖结构简便节省，对于山形变化较大的部位，要用钢架悬挑。山体的飞瀑、流泉和预留的绿化洞穴位置，要对骨架结构做好防水处理。

2. 泥底塑型

用水泥、黄泥、河沙配成可塑性较强的砂浆在已砌好的骨架上塑型。反复加工，使造型、纹理、塑体和表面刻划基本上接近模型。

3. 塑面在塑体表面细致地刻划石的质感、色泽、纹理和表层特征

质感和色泽根据设计要求，用石粉、色粉按适当比例配白水泥或普通水粉调成砂浆，按粗糙、平滑、拉毛等塑面手法处理。纹理的塑造，一般来说，直纹为主、横纹为辅的山石，较能表现峻峭、挺拔的姿势；横纹为主、直纹为辅的山石，较能表现潇洒、豪放的意象；综合纹样的山石则较能表现深厚、壮丽的风貌。为了增强山石景的自然真实感，除了纹理的刻划外，还要做好山石的自然特征，如缝、孔、洞、烂、裂、断层、位移等的细部处理。一般来说，纹理刻划宜用"意笔"手法，概括简练；自然特征的处理宜用"工笔"手法，精雕细琢。

4. 设色在塑面水分未干透时进行，基本色调用颜料粉和水泥加水拌匀，逐层洒染

在石缝孔洞或阴角部位略洒稍深的色调，待塑面九成干时，在凹陷处洒上少许绿、黑或白色等大小、疏密不同的斑点，以增强立体感和自然感。

三、塑山工艺简介

1. GRC 塑山材料

传统塑山工艺施工技术难度大、皱纹不宜逼真、材料自重大，并且易裂易褪色。为克服这些缺陷，近年来园林科研工作者探索出一种新型的塑山材料——短纤维强化水泥（GRC）。它是用脆性材料如水泥、沙、玻璃纤维等结合在一起而成的一种韧性较强的复合物，主要用来塑造假山、雕塑、喷泉、瀑布等。GRC 塑山的工艺过程由组件成品的生产流程和山体的安装流程组成。

（1）组件成品的生产流程。

原材料（低碱水泥、沙、水、添加剂）→搅拌、挤压→加入经过切割粉碎的玻璃纤维→混合后喷出→附着模具压实→安装预埋件→脱模→表面处理→组件成品。

（2）山体的安装流程。

构架制作→各组件成品的单元定位→焊接→焊点防锈→预埋管线→做缝→设施定位→面层处理→成品。

2. FRP 塑山材料

继 GRC 之后，目前还出现了另一种新型塑山材料——玻璃纤维强化树脂（FRP），是用不饱和树脂及玻璃纤维结合而成的一种复合材料。其特点是刚度好、质轻、耐用、价廉、造型逼真，同时还可预制分割，方便运输，特别适用于大型、易地安装的塑山工程。

其施工程序为：

泥模制作→翻制石膏→玻璃钢制作→模件运输→基础和钢框架制作安装→玻璃钢预制件拼装→修补打磨→油漆→成品。

（1）泥模制作。按设计要求放样制作泥模，一般在一定比例（多用 1∶15～1∶20）的小样基础上进行，泥模制作应在临时搭设的大棚内作业。

（2）翻制石膏。一般采用分割翻制，便于翻模和以后运输的方便。分块的大小和数量根据塑山的体量来确定，其大小以人工能搬动为好。每块按顺序标注记号。

（3）玻璃钢制作。玻璃钢原材料采用 191 号不饱和聚酯及固化体系，1 层纤维表面毯和 5 层玻

璃布，以聚乙烯醇水溶液为脱模剂。要求玻璃钢表面硬度大于 34，厚度 4mm，并在玻璃钢背面粘钢筋，制作时要预埋铁件以便安装固定用。

（4）基础和钢框架制作安装。柱基础采用钢筋混凝土，其厚度不小于 80cm，双层双向直径 18 配筋，C20 预拌混凝土。框架柱梁可用槽钢焊接，必须确保整个框架的刚度和稳定。框架和基础用高强度螺栓固定。

（5）玻璃钢预制件拼装。根据预制件大小及塑山高度，先绘出分层安装剖面图和分块立面图，要求每升高 1～2m 就要绘一幅分层水平剖面图，并标注每一块预制件 4 个角的坐标位置与编号，对变化特殊之处要增加控制点，然后按顺序由下向上逐层拼装，做好临时固定，全部拼装完毕后，由钢框架伸出的角钢悬挑固定。

（6）打磨、油漆。拼装完毕后，接缝处用同类玻璃钢补缝、修饰、打磨，使其浑然一体。最后用水清洗，罩以土黄色玻璃钢油漆即成。

四、广东园林塑山

园林塑山起源于广东省，现在多用水泥来进行表面处理，内加颜料而具不同色彩，可仿不同石材。人工塑造的山石，其内部构造有两种形式。

1. 钢筋铁丝网塑石构造

（1）基架设置（骨架）。

1）砖和钢筋混凝土骨架。

2）钢基架。

（2）铺设钢丝网。骨架外层按照设计的岩石或假山形体，用直径 12mm 左右的钢筋，编扎成山石的模胚形状，钢筋的交叉点最好用电焊焊牢，然后再用铁丝网（双层为好）蒙在钢筋骨架外面，并用细铁丝紧紧地扎牢。

（3）水泥砂浆成大形。用粗砂配制的 1∶2 水泥砂浆（加纤维），在钢丝网上进行抹面。一般 2～3 遍，使塑石的石面壳体总厚度达到 4～6cm。

（4）加色砂浆作表面塑造。仿自然山石做表面逼真处理。

2. 砖石填充物塑石构造

先按照设计的山石形体，用砖石材料砌筑出大形，为了节省材料，可在砌体内砌出内空的石室，然后用钢筋混凝土板盖顶。然后，用水泥砂浆进行表面处理。

项目八 园林供电应用

任务一 照明的相关术语

一、照明的相关术语

(1) 夜间景观（简称夜景）。在夜晚，通过黄道光、月光、星光和灯光重现白天的自然或人文景观。

(2) 夜间照明。泛指除体育场、工地和室外安全照明外的室外活动空间或景观的夜间景观照明。照明的对象有建筑或构筑物，广场、道路和桥梁，机场、车站和码头，名胜古迹，园林绿地，江河水面，商业街和广告标志以及城市市政设施等的景观照明，其目的就是利用灯光将上述照明对象的景观加以重塑，并有机地组合成一个和谐协调，优美壮观和富有特色的夜景图画，以此来表现一个城市或地区的夜间形象。

注：国际照明委员会（CIE）称夜景照明的"夜间室外城市景观装饰照明"。

(3) 夜景效果图。能真实、准确地表达夜景照明设计方案，并有一定艺术表现力的夜景图。

(4) 夜景天际线。以天空为背景，通过城市的建筑和构筑物，山体、江河水面的夜景灯光表现城市高低起伏韵律，描述整个城市全貌和特征的夜间景观边界线（或称轮廓线）。

(5) 照明。使物体及其环境经光照射可以看得见的一种措施。广义地说也包括紫外辐射和红外辐射的应用。

(6) 光环境。照明系统（天然光和人工光）和环境中所有表面的光度特性的综合效果。

(7) 照明技术。照明工艺及有关科学原理的结合，包括获得光、应用光和测光技术等方面。

(8) 照明系统。照明设备按其安装部位或使用功能构成的基本制式。

(9) 城市照明。城市功能照明和夜间景观照明的总称。

(10) 室外照明。建筑物的外部，除道路交通照明以外的其他照明部分，包括室外工作场地（工地与码头等）照明、警卫照明、体育和娱乐场地照明、广场照明、城市夜景照明、广告照明等。

(11) 绿色照明。节约能源、保护环境、有益于提高人们的学习、工作效率和生活质量以及保障身心健康的照明。

二、照明种类

(1) 节日庆典照明。利用灯光或灯饰营造欢乐、喜庆和节日气氛的照明。

(2) 建筑物夜景照明。就是用灯光重塑人工营造的，供人们进行生产、生活或其他活动的房屋或场所的夜间形象。照明对象有房屋建筑，如纪念建筑、陵墓建筑、园林建筑和建筑小品等。照明时，应根据不同建筑的形式、布局和风格充分反映出建筑的性质、结构和材料特征、时代风貌、民族风格和地方特色。

注：建筑物夜景照明也称建筑立面照明。

(3) 构筑物夜景照明。用灯光再现构筑物的夜间景观的照明。照明对象有碑、塔、路、桥、隧道、上下水道、运河、水库、矿井、烟囱、水塔、蓄水池、贮气罐等。鉴于构筑物的特点是为特定目的建造，一般人们不在内部生产或生活的特点，照明时除考虑构筑物功能要求外，还必须注重构筑物形态，以及和周围环境协调的要求。

（4）广场夜景照明。根据不同类型广场的功能要求，通过科学的设计，利用照明设施的优美造型，简洁明快的色彩，合理的布灯，营造出和广场性质以及周围环境统一协调，优美宜人的照明。

（5）道路景观照明。在保证道路照明功能的前提下，通过路灯的优美造型，简洁明快的色彩，科学的布灯，营造出功能合理，景观优美的照明。

（6）商业街照明景观。根据商业街的功能、性质和类别，综合考虑街区的路、店、广告、标志、市政设施（含公共汽车站、书报亭、广场、流水、喷泉、绿地、树木及雕刻小品等）构景元素照明的特征，统一规划，精心设计，形成统一和谐的照明。

（7）园林夜景照明。根据园林的性质和特征，对园林的硬质景观（山石、道路、建筑、流水及水面等）和软质景观（绿地、树木及植被等）的照明进行统一规划，精心设计，形成和谐协调的照明。

（8）水景照明。为渲染水景的艺术效果，根据水景的类别，对自然水景（江河、瀑布、海滨水面及湖泊等）和人文水景（喷泉、叠水、水库及人工湖面等）设置的照明。

（9）公共信息照明。利用灯光（含地标性灯光、广告和标志灯光等）作媒体，为人们提供公共信息的照明。

（10）广告照明。为照亮各种广告的照明，所用的光源有霓虹灯、荧光灯、高强度气体放电灯及发光二极管。

（11）标志照明。为照亮用文字、纹样、色彩传递信息而表示的符号或设施的照明。

三、照明规划

（1）夜景照明规划。以本城市或地区的建设和发展规划为依据，在认真调研分析该城市或地区的自然和人文景观的构景元素的历史和文化状况及景观的艺术特征的基础上，按夜景照明的规律，对本城市或地区的夜景照明建设作出的规划。夜景照明规划有总体规划和详细规划两个层次。

（2）夜景照明总体规划。在本城市或地区的建设和发展总体规划的基础上，从宏观上对该城市或地区的夜景照明建设的定位、目标、特色、水平、建设步骤与政策措施作出的综合性总体规划。

注：近年来，夜景照明概念规划逐步为人们所接受和采用。如新加坡1968年的建设规划，以概念规划取代总体规划，近来香港特区和广州等地区或城市也进行了概念规划，并取得了良好成效。

（3）夜景照明详细规划。是在本城市或地区夜景照明总体规划的基础上，对本城市或地区在近期建设的夜景景区、景点或工程（含城市标志性景观、广场和道路景观、商业街景观、名胜古迹和园林景观、江河水面景观以及区域景观等）作出的具体规划。

四、照明方式和方法

（1）泛光照明。通常用投光灯来照射某一情景或目标，且其照度比其周围照度明显高的照明方式。

（2）轮廓照明。利用灯光直接勾画建筑物或构筑物轮廓的照明方式。

（3）内透光照明。利用室内光线向外透射形成的照明方式。

（4）建筑化夜景照明法。光源或灯具和建筑立面的墙、柱、檐、窗、墙角或屋顶部分的建筑结构联为一体的照明。

（5）多元空间立体照明法。从景点或景物的空间立体环境出发，综合利用多元（或称多种）照明方式或方法，对景点和景物赋予最佳的照明方向，适度的明暗变化，清晰的轮廓和阴影，充分展示其立体特征和文化艺术内涵的照明。

（6）剪影照明法。此法也称背景照明法，利用灯光将被照景物和它的背景分开，使景物保持黑暗，并在背景上形成轮廓清晰的影像的照明。

（7）层叠照明法。对室外一组景物，使用若干种灯光，只照亮那些最精彩和富有怀趣的部分并有意让其他部分保持黑暗的照明。

（8）"月光"照明法。此法也称月光效果照明法，将月光等安装在高大树枝或建筑物，或空中，好比朦胧的月光效果，并使树的枝叶或其他景物在地面形成光影的照明。

（9）功能照明法。利用室内外功能照明灯光（含室内灯光、广告标志、橱窗灯光、工地作业灯光、机动车道的路灯等）装饰室外夜景的照明。

（10）特种照明方法。利用光纤、导光管、硫灯、激光、发光二极管、太空灯球、投影灯和火焰光等特殊照明器材和技术来营造夜景的照明方法。

五、照明新技术

（1）光纤照明技术。在夜景照明工程中使和光纤传光的照明技术。

（2）导光管照明技术。在夜景照明工程中使用光导管传光的照明技术。

（3）硫灯应用技术。在夜景照明工程与导光管配套使用硫灯的技术。

（4）激光技术。在重大节日庆典，水幕电影或地标性建构物的夜景工程中应和激光来渲染气氛、形成动画或标识城市方位的景观照明技术。

（5）发光二极管 [（LED）照明技术]。在夜景照明工程中应用发光二极管做装饰或标识照明的技术。

（6）电致发光带。在夜景工程中利用电致发光带（也称场致发光带）作装饰照明的技术。

六、光污染

（1）光污染。干扰性或过量的光辐射（含可见光、紫外和红外光辐射）对人体健康和人类生存环境造成的负面影响的总称。

（2）室外照明的光污染。主要是因建筑立面照明、道路照明、广场照明、广告照明、标志照明、体育场和停车场室外功能和景观照明产生的干扰光对人、环境、天文观测、交通运输等造成的负面影响的总称。

（3）干扰光。溢散光的溢散量、方向性和光谱，三者作用对人的活动和动植物产生不良影响或干扰的光线。

注：在特定场合下溢散光数量，方向或光谱引起烦恼不适、分心或视觉信息能力下降的光线。

（4）溢散光。从照明装置散射出并照射到照明范围以外的光线。

（5）反射光。室外照明设施的光线通过墙面，地面或其他被照面反射到周围空间，并对人与环境产生干扰的光线。

（6）阀取增量。由道路照明灯具引起的失能眩光而使视觉辨认降低需增加亮度对比的指标。

（7）天空光或称天空辉光。来自大气中的气体分子和气溶胶的散射（包括可见和非可见）光线，反射在天文观测方向形成的夜空光亮现象。它由以下两个独立成分构成。

1）自然天空辉光。天体和地球大气上层辐射过程引起的那部分天空辉光。

2）人为天空辉光。人工辐射源形成的那部分天空辉光（室外人工照明），它包括直接向上和经地面反射到空中的光辐射。

（8）向上光输出比。照明设施处于标准设计条件下，照明光源或灯具发射到参考水平面以上的光通量的比例。

（9）实际向上光输出比。照明设施处于实际安装位置（条件）时，光源或灯具发射到参考水平面以上的光通量的比例。

（10）宵禁。控制干扰光光污染要求比较严格的时间段，通常是政府管理部门，尤其是地方政府应用照明控制的一种时间分段作法。

（11）环境区域。按规划或活动内容，对干扰光光污染的限制提出相应要求的区域。区域划分为 E1 至 E4 共 4 个区域。

任务二 园 林 照 明 用 电

一、园林照明用电

园林绿地（公园、小游园等）和工农业生产一样，需要用电。没有电，园林事业也是无法经营管理的。工农业以动力用电为主，建筑、街道等多于照明用电为主。而园林绿地用电，既要有动力电（如电动游艺设施、喷水池、喷灌以及电动机具等），又要有照明用电，但一般来说，园林用电中还是照明多于动力。

园林照明除了创造一个明亮的园林环境，满足夜间游园活动、节日庆祝活动以及保卫工作需要等功能要求之外，最重要的一点是园林照明与园景密切相关，是创造新园林景色的手段之一。近年来园内各地的溶洞游览、大型冰灯、各式灯会、各种灯光音乐喷泉；园外搞的"会跳舞的喷泉"、"声与光展览"等均是突出地体现了园林用电的特点，并且也是充分和巧妙地利用园林照明等来创造出各种美丽的景色和意境。

二、照明技术的基本知识

有关光、光谱、光通量、发光强度、照度、亮度等光的物理性能，不在有关课程中讲述，在此仅对一些概念作一简单介绍。

1. 色温

色温是电光源技术参数之一。光源的发光颜色与温度有关。当光源的发光颜色与黑体（指能吸收全部光能的物体）加热到某一温度所发出的颜色相同时的温度，就称为该光源的颜色温度，简称色温。用绝对温标 K 来表示。例如白炽灯的色温为 2400~2900K；管型氙灯为 5500~6000K。

2. 显色性与显色指数

当某种光源的光照射到物体上时，所显现的色彩不完全一样，有一定的失真度。这种同一颜色的物体在具有不同光谱功率的光源照射下，显出不同的颜色的特性，就是光源的显色性，它通常用显色指数（Ra）来表示光源的显色性。显色指数越高，颜色失真越少，光源的显色性就越好。国际上规定参照光源的显色指数为 100。常见光源的显色指数如表 1-23 所示。

表 1-23　　　　　　　　　　常见光源的显色系数

光　源	显色指数（Ra）	光　源	显色指数（Ra）
白色荧光灯	65	荧光水银灯	44
日光荧光灯	77	金属卤化物灯	65
暖白色荧光灯	59	高显色金属卤化物灯	92
高显色荧光灯	92	高压钠灯	29
水银灯	23	氙灯	94

三、园林照明的方式和照明质量

1. 一般照明方式

进行园林照明设计必须对照明方式有所了解，方能正确规划照明系统。其方式可分成下列3种。

（1）一般照明。一般照明是不考虑局部的特殊需要，为整个被照场所而设置的照明。这种照明方式一次性投资少，照度均匀。

（2）局部照明。对于景区（点）某一局部的照明。当局部地点需要高照度并对照度方向有要求时，宜采用局部照明，但在整个景（区）点不应只设局部照明而无一般照明。

（3）混合照明。由一般照明和局部照明共同组成的照明。在需要较高照度并对照射方向有特殊要求的场合，宜采用混合照明。此时，一般照明照度按不低于混合照明总照度的5%～10%选取，且最低不低于20lx（勒克司）。

2. 照明方式的正确选择

（1）安全照明。安全照明可采用多种不同的照明技术，如园路照明可采用装饰性照明如树上的朦胧灯或特殊的行路照明如在附近植物丛中的蘑菇灯 。

（2）泛光照明。在国际照明词汇中（由 CIE）中给出的定义：泛光照明是某处场景或某个物体的照明，通常通过投光灯来实现，目的是大量增加其相对于周围环境的照度。指用投光灯直接照射被照物立面，在夜间重塑其形象的照明方式。这是目前城市景观夜景照明中使用最多的一种照明方式，其照明效果不仅能凸现建筑物的全貌，还能将景物造型、立体感、饰面颜色和材料质感乃至装饰细部处理都有效地表现出来。如草地儿童足球游乐场或晚会场地的下射照明就是一种典型的泛光照明，目的是创造尽可能与白天相同的光照条件，便于体育运动的进行，但使用泛光照明时，应避免产生眩光。

（3）轮廓照明。这是 1949 年以来最常用的一种照明方式，即通过光源本身将照明对象的轮廓线突显出来，或通过一组嵌入式灯具突出物体的轮廓。轮廓照明适用于落叶树的照明，尤其是冬天，效果更好。也就是使树木处于黑暗之中，而将树后的墙照亮，从而形成强烈的对比效果。

（4）上射照明。指灯具将光线向上投射而照亮物体，可用来表现树木的雕塑质感。上射灯比泛光灯更为柔和，多用于强调景物的效果，如乔木、雕像、建筑的正面或墙面的照明。上射照明也是灌木树墙补充照明的理想方式，可增加不同照明个体之间的视觉连续性。虽然上射照明灯一般固定在地面上或安装在地面下，但安装在墙面、园林小品和枝条上的点射灯和水下照明灯也具有上射照明的功能。

（5）下射照明。下射照明所产生的光线区域为伞形，光线也较为柔和，适用于人们进行室外活动的区域，如庭院。安装在屋檐、露台或树上的下射灯将光线洒向庭院，给人以舒适的感觉。当然，也适合于盛开的花朵，因为绝大多数花朵都是向上开放的。安装在花架、墙面和乔木上的下射灯均可满足这一要求。

（6）月光照明。它是室外空间照明中最自然的方式，即将灯具安装在树上合适的位置，一部分向下照射，以产生斑驳的图案；另一部分向上照射，将树叶照亮。这样，就会产生月影斑驳的效果，好像满月的照明一样。如将灯具安装在树上，让朦胧的灯光将下部树枝和树叶的影子投射到地面上，树下的长椅就会形成斑驳的影子，从而创造出浪漫的气氛。

3. 照明质量

良好的视觉效果不仅是单纯地依靠充足的光通量，还需要有一定的光照质量要求。

（1）合理的照度。照度是决定物体明亮程度的间接指标。在一定范围内，照度增加，视觉能力也相应提高。表1－24所示为各类设施一般照明的推荐照度。

表 1-24   各类设施一般照明的推荐照度

照 明 地 点	推荐照度 (lx)	照 明 地 点	推荐照度 (lx)
国际比赛足球场	1000~1500	更衣室、浴室	15~30
综合性体育正式比赛大厅	750~1500	库房	10~20
足球、游泳池、冰球室、羽毛球、乒乓球、台球	200~500	厕所、盥洗室、热水间、楼梯间、走道	5~20
篮、排球场、网球场、计算机房	150~300	广场	5~15
绘图室、打字室、字画商店、百货商场、设计室	100~200	大型停车场	3~10
办公室、图书馆、阅览室、报告厅、会议室、博展馆、展览厅	75~150	庭院道路	2~5
一般性商业建筑	50~100	住宅小区道路	0.2~1

(2) 照明均匀度。游人置身园林环境中，如果有彼此亮度不相同的表面，当视觉从一个面转到另一个面时，眼睛被迫经过一个适应过程。当适应过程经常反复时，就会导致视觉的疲劳。在考虑园林照明中，除力图满足景色的需要外，还要注意周围环境中的亮度分布应力求均匀。

(3) 眩光限制。眩光是影响照明质量的主要特征。所谓眩光是指由于亮度分布不适当或亮度的变化幅度太大，或由于在时间上相继出现的亮度相差过大所造成的，观看物体时感觉不适或视力减低的视觉条件。

为防止眩光产生，常采用的方法如下所述。

1) 注意照明灯具的最低悬挂高度。

2) 使照明光源来自优越方向。

3) 使用发光表面面积大、亮度低的灯具。

四、电光源及其应用

1. 园林中常用照明光源

在园林中常用的照明光源有白炽灯、卤钨灯、荧光灯、荧光高压汞灯、高压钠灯、金属卤化物灯、管形氙灯。

2. 光源选择

园林照明中，一般宜采用白炽灯、荧光灯或其他气体放电光源。但因频闪效应而影响视觉的场合，不宜采用气体放电光源。

振动较大的场合，宜采用荧光高压贡灯或高压钠灯。在有高挂条件又需要大面积照明的场所，宜采用金属卤化物灯，高压钠灯或长弧氙灯。当需要人工照明和天然采光相结合时，应使照明光源与天然光相协调。常选用色温在 4000~4500K 的荧光灯或其他气体放电光源。

同一种物体采用不同颜色的光照，在人们视觉上产生的效果是不同的。红、橙、黄、棕色给人以温暖的感觉，人们称之为"暖色光"，而蓝、青、绿、紫色则给人以寒冷的感觉，就称它为"冷色光"。光源发出光的颜色直接与人们的情趣——喜、怒、哀、乐有关，这就是光源的颜色特性。这种用光的颜色特性——"色调"，在园林中就显得更为重要，应尽力运用光的"色调"来创造一个优美的环境，或是各种有情趣的主题环境。如白炽灯用在绿地、花坛、花径照明，能加重暖色，使之看上去更鲜艳。喷泉中，用各色白炽灯组成水下灯，和喷泉的水柱一起，在夜色下可构成各种光怪陆离、虚幻缥缈的效果，分外吸引游人。而高压钠灯等所发出的光线穿透能力强，在园林中常用于滨河路、河湖沿岸等及云雾多的风景区的照明。部分光源的色调见表1-25。

表1-25　　　　　　　　　　　　　常见光源色调

照明光源	光源色调	照明光源	光源色调
白炽灯、卤钨灯	偏红色光	荧光水压汞灯	淡黄一绿光，缺红色
日光荧光灯	与太阳光相似的白色光	金属卤化物灯	接近日光的白色光
高压钠灯	金黄色、红色成分多	氙灯	非常接近日光的白色光

在视野内具有色调对比时，可以在被观察物和背景之间适当造成色调对比，以提高识别能力，但此色调对比不宜过分强烈，以免引起视觉疲劳。在选择光源色调时还可考虑以下被照面的照明效果。

（1）暖色能使人感觉距离近些，而冷色则使人感到距离加大，故暖色是前进色，冷色则是后退色。

（2）暖色里的明色有柔软感，冷色里的明色有光滑感；暖色的物体看起来密度大些、重些和坚固些，而冷色则看起来轻一些。在同一色调中，暗色好似重些，明色好似轻些。在狭窄的空间宜选冷色里的明色，以造成宽敞、明亮的感觉。

（3）一般红色、橙色有兴奋作用，而紫色则有抑制作用。

在使用节日彩灯时应力求环境效果和节能的统一。

3.灯具的选用

灯具的作用是固定光源，把光源发出的光通量分配到需要的方面、防止光源引起的眩光以及保护光源不受外力及外界潮湿气体的影响等。在园林中灯具的选择除考虑到便于安装维护外，更要考虑灯具的外形和周围园林环境相协调，使灯具能为园林景观增色。

（1）灯具分类。灯具若按结构分类可分为开启型、闭合型、密封型及防爆型。而灯具按光通量在空间上、下半球的分布情况，又可分为直射型灯具、半直射型灯具、漫射型灯具、半反射型灯具、反射型灯具等。而直射型灯具又可分为广照型、均匀配光型、配照型、深照型和特深照型5种。

（2）灯具选用。灯具应根据使用环境条件、场地用途、光强分布、限制眩光等方面进行选择。在满足下述条件下，应选用效率高、维护检修方便的灯具。

1）在正常环境中，宜选用开启式灯具。

2）在潮湿或特别潮湿的场所可选用密闭型防水灯或带防水防尘密封式灯具。

3）可按光强分布特性选择灯具。光强分布特性常用配光曲线表示。如灯具安装高度在6m及以下时，可采用深照型灯具；安装高度在6～15m时，可采用直射型灯具；当灯具上方有需要观察的对象时，可采用漫射型灯具，对于大面积的绿地，可采用投光灯等高光强灯具。

4.园林中常见的灯具

园林中常见的灯具有道路灯具、广场照明灯具、水池灯、防潮灯、庭院灯、门灯、霓虹灯具、庭园灯、草坪灯、投光灯具等。

（1）门灯。庭院出入口与园林建筑的门上安装的灯具为门灯。包括矮墙上安装的灯具。又分门顶灯、门壁灯、门前座灯。

（2）霓虹灯具。霓虹灯能瞬时启动、光输出可以调节、灯管可以做成各种形状（文字、图案等）。而且图案可以不断更换闪烁，可以起到明显的广告宣传作用。

（3）道路灯具。有功能性道路灯具和装饰性道路灯具。

（4）广场照明灯具。一种大功率的投光类灯具，具有镜面抛光的反光罩，采用高强度气体电光源，光效高，照射面大。灯具装有转动装置，能调节灯具照射方向。

（5）水池灯、防潮灯具有很好的防水性，一般选用卤钨灯。

（6）庭园灯。用在庭院、公园及大型建筑物的周围，既是照明器材，又是艺术欣赏品。常见的有园林小径灯、草坪灯。

五、公园、绿地的照明原则

园林意境的表达不能缺少景物所构成的外部园林空间。在塑造园林夜间空间灯光环境的时候，要对园景内涵、文化背景和园景中的空间组织序列有足够的重视，只有通过灯光整体勾勒和塑造的组织型游览空间，以深层次的灯光明暗关系创造设计的视觉兴奋点，才能给夜间游园的人们留下最优美并且流畅舒适的意境。公园、绿地的室外照明，由于环境复杂，用途各异，变化多端，因而很难予以硬性规定，仅提出以下一般原则供参考。

1. 应结合园林景观的特点

以能最充分体现其在灯光下的景观效果为原则来布置照明措施。

2. 关于灯光的方向和颜色的选择

应能增加树木、灌木和花卉的美观为主要前提。如针叶树只在强光下才反映良好，一般只宜于采取暗影处理法。又如，阔叶树种白桦、垂柳、枫等对泛光照明有良好的反映效果；白炽灯包括反射型、卤钨灯却能增加红、黄色花卉的色彩，使它们显得更加鲜艳，小型投光器的使用会使局部花卉色彩绚丽夺目；汞灯使树木和草坪的绿色鲜艳夺目等。在较弱的光照条件下就能看得非常清楚，如攀援在花架上的白色月季花，用少量上射光照明即可非常醒目。

3. 植物景观照明设计

树是夜景的重要组成部分，无论是直接观赏或倒映在幽暗的池面或湖面上，还是作为雕塑或规则式小品的背景，它的独特姿态都能增加夜景的立面效果和戏剧性。树木照明，一般用投光照明，当然也有很多使用串灯来勾绘树木轮廓的例子。照明方法的使用，要根据树种或树形来确定。对阔叶型树木，可将灯具藏在树丛中，自下而上照明树叶，使树的轮廓变得更为清晰；对于针叶树种，可在树冠外围对整个树冠进行照明，当然也可在靠近树干的地方安装窄照型上射灯，增加戏剧效果；对树冠开阔的树种，如柳树，可将灯具设置在靠近树干的地方，斜向上照亮树干及枝叶以突出其下垂的枝条。低矮且枝叶茂密的灌木，可采用正面外投光的方式，使其在暗背景下显示形貌。应注意的是，色彩是灌木花境照明的一个重要因素。

安装下射灯和月光效果照明方式对已盛开的花朵作为照明重点的花园灯光设计尤为重要。在花架的横梁、柱子或墙壁上安装下射灯，是突出攀援植物盛开花朵的一种有效照明方式，同时还能为花架下的道路或露台提供重叠照明。在树上安装月光效果照明灯特别适合于秋根花卉、缀花草坪和草本花境，而照明花丛的光源，一般要选用显色性好的光源，因为白炽灯昏暗的光晕会让植物看起来毫无生气。草地照明设计应简洁、明快，以能更好地衬托主要植物景观为原则。光源要求低照度，显色性要求不严。如小片草坪，灯具布置呈随机性和点缀性，可结合花境（带）、树丛，三五成群的布置灯具。

花坛的照明对于地平面上的花坛，应采用向下照射的蘑菇式灯具。灯具常放于花坛的中央或边缘，灯具高度取决于花的高度。光源常用白炽灯、紧凑型荧光灯等显色指数高的光源。

4. 园路照明设计

园路灯光是构成流畅的旋律曲线的主要部分。园林道路有多种类型，不同的园路对于灯光的要求也不尽相似。对于园林中可能会有车辆通行的主干道和次要道路，需根据安全照明要求，使用有一定亮度且均匀的连续照明，以使部分车辆及行人能准确判别路上情况；对于游憩小路，除须照亮路面外，还须营造出幽静、祥和的氛围，因而用环境照明的方法可使其融入柔和的光线中。

对于公园和绿地的主要园路，宜采用低功率的路灯装在 3～5m 高的灯柱上，柱距 20～40m，效果较好，也可每柱两灯，需要提高照度时，两灯齐明。也可隔柱设置控制灯的开关，来调整照明。可利用路灯灯柱装以150W的密封光束反光灯来照亮花圃和灌木。在一些局部的假山、草坪内可设地灯照明，如要在内设灯杆装设灯具时，其高度应在2m以下。

5. 公园、绿地园路装照明灯设计

在设计公园、绿地园路安装照明灯时，要注意路旁树木对道路照明的影响，为防止树木遮挡可以采取适当减少灯间距，加大光源的功率以补偿由于树木遮挡所产生的光损失，也可以根据树型或树木高度不同，安装照明灯具时，采用较长的灯柱悬臂，以使灯具突出树缘外或改变灯具的悬挂方式等以弥补光的损失。

6. 园林构筑物照明设计

园林中的构筑物主要包括亭、廊、门洞、花架、桥梁等。在照明设计中要结合构筑物的形体特征及其周围环境，采用不同的照明方式和灯具类型，以突出园林构筑物的形体美和夜景魅力。可采用轮廓照明方式，然后用泛光灯照射构筑物主体墙面或柱身，并使光线由下向上或由上向下呈现强弱变化，以展现园林构筑物的造型美，并选择适宜的光色来强调构筑物本身的色彩和质感。如对四面敞开的亭榭，可用适当的照明照亮屋顶内面，同时用轮廓灯勾勒屋顶外缘，但是在布灯时要注意避免产生眩光给在此休息的人带来的不舒适感；园林中有各种形状的门洞，其目的是通过它们构筑一个取景框，以便能按意愿取舍另一个空间的景物，或通过这些形状使园景产生特殊的外貌，因此，其照明可采用泛光灯照亮门洞周围的墙面，构成亮框，也可用轮廓灯勾画门洞形状，同时要将门洞内景物的照明与之配合起来考虑；花架的照明，可以用上射灯照射柱子上的攀援植物，或在花架的横梁或立柱顶端上安装下射灯。

7. 彩色装饰灯可创造节日气氛

彩色装饰灯反映在水中更为美丽，但是这种装饰灯光不易获得一种宁静、安详的气氛，也难以表现出大自然的壮观景象，只能有限度地调剂使用。

8. 敷设电缆线路

无论是白天或黑夜，照明设备均需隐蔽在视线之外，最好全部敷设电缆线路。

9. 雕塑照明设计

(1) 照明点的数量与排列，取决于被照目标的类型。为视线中心的雕塑需用较强的灯光进行照明。

(2) 根据被照目标的位置及其周围的环境确定灯具的位置。雕塑照明灯具的安装可采用两种方式：①将灯具置于地面或地下；②将灯具固定在照明杆上，而照明点的排列则取决于雕塑的类型和位置。

1) 孤立地处于草地或空地中央的照明目标，灯具尽量与地面平齐，以保持周围的外观。

2) 孤立地处于草地或空地中央的照明目标，如果坐落在基座上，灯具安放在远一些的地方，避免由于基座的遮挡而在被照目标的底部产生阴影。

3) 坐落在基座上的目标，如果靠近行人，应将灯具固定在公共照明杆上或附近建筑的立面上。

4) 对于塑像，常照脸部的主体部分以及像的正面。选择照射方向时要避免在塑像脸部产生阴影。照明设计应从雕塑的神态、造型、材质、色彩以及周围的环境出发，挖掘其艺术特质，运用灯光的艺术表现力，创造光影适宜、立体感强、个性鲜明并有一定特色的夜景，对雕塑进行照明的技巧是只照亮雕塑的一面，通过暗面与亮面的对比来提升整个雕塑的艺术效果。如果各个面都被照亮就会使雕塑失去立体感。其目的是通过阴影和不同的亮度，创造出轮廓鲜明的效果。在对雕塑照明时，应将灯具埋于地面下，从雕塑的左右、前侧投射灯光以照亮雕塑的正面，其中照射角度不能使雕塑的正视面产生阴影。

(3) 对于某些雕塑，灯光的颜色要和雕塑材料的颜色相协调。

10. 水景照明

水景照明设计在所有的园林景点中，水景灯光是园林夜景照明的重要部分。公园的水景，特别是水面的灯光倒影处理得好，将会使公园夜色显得更美。并且幽深的水池、潺潺的小溪、流动不息的喷泉和瀑布，为灯光的创造性设计提供了有利条件。

（1）对喷泉的照明。在水流喷射的情况下，将透光灯具装在水池内的喷口后面或在水流重新落到水池内的落下点下面，或两个地方都装上灯具。在水下设置灯具时，应注意使其在白天难于发现隐藏在水中的灯具，但也不能埋得过深，否则会引起光强的减弱。一般安装在水面以下 30～100mm 为宜。常使用红、蓝、黄三原色，其次使用绿色。这样既能将灯具很好地隐藏在水光之中，又能赋予跳动的水体以各种变幻的色光，使跳动的水流色彩丰富而又晶莹透明，从而获得奇妙的水景效果。

（2）对瀑布的照明。对水流和瀑布，灯具应装在水流下落处的底部，这样既可以借助激起的水泡将灯具掩盖，又能使灯光照射到瀑布上，从而产生多彩的效果；某些大瀑布采用前照灯光的效果很好，但如让设在远处的投光灯直接照在瀑布上，效果并不理想。潜水灯具的应用效果颇佳，但需特殊的设计。

（3）静水和湖的照明。大面积的静态水体，如人工湖、浅水潭、庭院水景池等，可在其岸沿环形布置光线柔和的庭院灯，柔和的灯光烘托出恬雅、幽静的夜色水景，

1）水面、水景照明。对于水面、水景照明景观的处理上，注意如以直射光照在水面上，对水面本身作用不大，但却能反映其附近被灯光所照亮的小桥、树木或园林建筑呈现出波光粼粼，有一种梦幻似的意境。灯具照射岸边的景象，可在水面上形成倒影。也可利用灯光的透射将岸边树木的倒影影射到水面上，这种夜色中的水景倒影更能体现出园林幽深的夜景美。

2）岸上的物体照明。对岸上的物体，可用浸在水下的投光灯具来照明。

3）动态的水面。对于动态的水面可用投光灯具直接照射水面。

六、照明设计

1. 园林照明设计

"安全、适用、经济、美观"是园林照明装置设计的基本原则。在进行园林照明设计以前，应具备下列一些原始资料。

（1）绿地的平面布置图及地形图，必要时应有该公园、绿地中主要建筑物的平面图、立面图和剖面图。

（2）绿地对电气的要求（设计任务书），特别是一些专用性强的公园、绿地照明，应明确提出照度、灯具选择、布置、安装等要求。

（3）电源的供电情况及进线方位。

2. 照明设计的顺序常有以下几个步骤

（1）总体构思，确定重要区域地段和视觉中心，明确照明对象的功能和照明要求。根据园林夜色景观的总体构思，对种植区进行划分，白天重要的区域可能不同于晚上的重要区域，因而需要对夜间的视觉中心、背景元素等进行重新划定。

（2）选择照明方式，可根据设计任务书中公园绿地对电气的要求，在不同的场合和地点，选择不同的照明方式。

（3）确定亮度与光色。根据总体构思确定每个区域的亮度、光色特征，对于每个种植区域，要决定应以何种方式进行园林植物夜间形态的表达。

光源和灯具的选择，主要是根据公园绿地总体构思的配光和光色要求、与周围景色配合等来选择光源和灯具，选择适合的各式灯具并进行配置。

（4）灯具的合理布置。除考虑光源光线的投射方向、照度均匀性等，还应考虑经济、安全和维

修方便等。初步确定灯具的数量、功率，从而计算出供电量。如园林建筑采用泛光照明、轮廓照明；园林小品采用投光照明、泛光照明、明暗对比；园路照明一般将灯具置于道路两侧，塔形灯具具有更好的光照效果，采用蘑菇形照明灯具也能得到较好的效果。

（5）进行照度计算。具体照度计算可参考有关照明手册。

（6）选择供电电压和电源。

（7）选择照明配电网络的形式。

（8）选择导线形式、截面和敷设方法。

（9）选择各种电气设备。

（10）绘制照明装置平面布置图。

任务三　园林供电设计

一、园林供电设计内容及程序

园林供电设计与园林规划、园林建筑、给排水等设计紧密相连，因而供电设计应与任务二园林照明用电设计密切配合，以构成合理的布局。

1. 园林供电设计的内容

（1）确定各种园林设施中的用电量，选择变压器的数量及容量。

（2）确定电源供给点（或变压器的安装地点）进行供电线路的配置。

（3）进行配电导线截面的计算。

（4）绘制电力供电系统图、平面图。

2. 设计程序

在进行具体设计以前，应收集以下内容的资料。

（1）甲方对照明的要求，园内各建筑、用电设备、给排水、暖通等平面布置图及主要剖面图，并附有各用电设备的名称、额定容量（kW）、额定电压（V）、周围环境（潮湿、灰尘）等。这些是设计的重要基础资料，也是进行负荷计算和选择导线、开关设备以及变压器的依据。

（2）了解各层电设备及用电点对供电能力、供电可靠性的要求。

（3）供电局同意供给的电源容量、电源情况。

（4）供电电源的电压、供电方式（架空线或电缆线；专用线或非专用线）、进入公园或绿地的方向及具体位置，从何处引进、引进方式等。

（5）当地电价及电费收取方法。

（6）应向气象、地质部门了解气象是否是雷击区、土壤等资料。

二、公园用电量的估算

公园绿地用电量分为动力用电和照明用电，即

$$S_\text{总} = S_\text{动} + S_\text{照}$$

式中　$S_\text{总}$——公园用电计算总容量；

$S_\text{动}$——动力设备所需总容量；

$S_\text{照}$——照明用电总计算容量。

三、公园绿地变压器的选择

在一般情况下，公园内照明供电和动力负荷可共用同一台变压器供电。

选择变压器时，应根据公园、绿地的总用电量的估算值和当地高压供电的线电压值来进行。变

压器的容量选择和确定变压器高压侧的电压等级。

在确定变压器容量的台数时，要从供电的可靠性和技术经济上的合理性综合考虑，具体的可根据以下原则。

（1）变压器的总容量必须大于或等于该变电所的用电设备总计算负荷，即

$$S_{额} \geqslant S_{选用}$$

式中　$S_{额}$——变压器额定容量；

　　　$S_{选用}$——实际的估算选用容量。

（2）一般变电所只选用 1～2 台变压器，且其单台容量一般不应超过 1000kVA，尽量以 750kVA 为宜。这样可使变压器接近负荷中心。

（3）当动力和照明共用一台变压器时，若动力严重影响照明质量时，可考虑单独设一照明变压器。

（4）在变压器型式方面，如供一般场合使用时，可选用节能型铝芯变压器。

（5）在公园绿地考虑变压器的进出线时，为不破坏景观和游人安全，应选用电缆，以直埋地方式敷设。

四、供电线路导线截面的选择

公园绿地的供电线路，应尽量选用电缆线。市区内一般的高压供电线路均采用 10kW 电压级。高压输电线一般采用架空敷设方式，但在园林绿地附近应要求采用直埋电缆敷设方式，但在园林绿地附近应要求采用直埋电缆敷设方电缆，电线截面选择的合理性直接影响到有色金属的消耗量和线路投资以及供电系统的安全经济运行，因而在一般情况下，可采用铝芯线，在要求较高的场合下，则采用铜芯线。

电缆、导线截面的选择可以按以下原则进行。

（1）按线路工作电流及导线型号，查导线的允许载流量表，使所选的导线发热不超过线芯所允许的强度，因而可使所选的导线截面的载流量应大于或等于工作电流。

即　　　　　　　　　　　　　　$$I_{载} \geqslant K I_{工作}$$

式中　$I_{载}$——导线、电缆按发热条件允许的长期工作电流（A），具体可查有关手册；

　　　$I_{工作}$——线路计算电流；

　　　K——考虑到空气温度、土壤温度、安装敷设等情况的校正系数。

（2）所选用导线截面应大于或等于机械强度允许的最小导线截面。

（3）验算线路的电压偏移，要求线路末端负载的电压不低于其额定电压的允许偏移值，一般工作场所的照明允许电压偏移相对值是 5%，而道路、广场照明允许电压偏移相对值为 10%，一般动力设备为 ±5%。

五、公园绿地配电线路的布置

1. 确定电源供给点

公园绿地的电力来源，常见的有以下几种。

（1）借用就近现有变压器，但必须注意该变压器的多余容量是否能满足新增园林绿地中各用电设施的需要，且变压器的安装地点与公园绿地用电中心之间的距离不宜太长。中小型公园绿地的电源供给常采用此法。

（2）利用附近的高压电力网，向供电局申请安装供电变压器，一般用电量较大（70～80kW 以上）的公园绿地最好采用此种方式供电。

（3）如果公园绿地（特别是风景点、区）离现有电源太远或当地电源供电能力不足时，可自行设立小发电站或发电机组以满足需要。

一般情况下，当公园绿地独立设置变压器时，需向供电局申请安装变压器。在选择地点时，应尽量靠近高压电源，以减少高压进线的长度。同时，应尽量设在负荷中心或发展负荷中心。

2. 配电线路的布置

公园绿地布置配电线路时，应注意全面统筹安排考虑，主要是：经济合理、使用维修方便，不影响园林景观，从供电点到用电点，要尽量取近，走直路，并尽量敷设在道路一侧，但不要影响周围建筑及景色和交通；地势越平坦越好，要尽量避开积水和水淹地区，避开山洪或潮水起落地带。在各具体用电点，要考虑到将来发展的需要，留足接头和插口，尽量经过能开展活动的地段。因而，对于用电问题，应在公园绿地平面设计时作出全面安排。

（1）线路敷设形式可分为两大类：架空线和地下电缆。架空线工程简单，投资费用少，易于检修，但影响景观，妨碍种植，安全性差；而地下电缆的优缺点正与架空线相反。目前在公园绿地中都尽量地采用地下电缆，尽管它一次性投资大些，但从长远的观点和发挥园林功能的角度出发，还是经济合理的。架空线仅常用于电源进线侧或在绿地周边不影响园林景观处，而在公园绿地内部一般均采用地下电缆。当然，最终采用什么样的线路敷设形式，应根据具体条件，进行技术经济的评估之后才能定。

（2）线路组成。

1）对于一些大型公园、游乐场、风景区等，其用电负荷大，常需要独立设置变电所，其主接线可根据其变压器的容量进行选择，具体设计应由电力部门的专业电气人员设计。

2）变压器——干线供电系统。对于变压器已选定或在附近有现成变压器可用时，其供电方式常有以下 5 种。

a. 在前面电源的确定中已提及，在大型园林及风景区中，常在负荷中心附近设置独立的变压器、变电所，但对于中、小型园林而言，常常不需设置单独的变压器，而是由附近的变电所、变压器通过低压配电盘直接由一路或几路电缆供给。当低压供电采用放射式系统时，照明供电线可由低压配电屏引出。

b. 对于中、小型园林，常在进园电源的首端设置干线配电板，并配备进线开关、电度表以及各出线支路，以控制全园用电。动力、照明电源一般单独设回路。仅对于远离电源的单独小型建筑物才考虑照明和动力合用供电线路。

c. 在低压配电屏的每条回路供电干线上所连接的照明配电箱，一般不超过 3 个。每个用电点（如建筑物）进线处应装刀开关和熔断器。

d. 一般园内道路照明可设在警卫室等处进行控制，道路照明除各回路有保护处，灯具也可单独加熔断器进行保护。

e. 大型游乐场的一些动力设施应由专门的动力供电线路，并有相应的措施保证安全、可靠供电，以保证游人的生命安全。

3）照明网络。照明网络一般采用 380/220V 中性点接地的三相四线制系统，灯用电压 220V。

为了便于检修，每回路供电干线上连接的照明配电箱一般不超过 3 个，室外干线向各建筑物等供电时不受此限制。

室内照明支线每一单相回路一般采用不大于 15A 的熔断器或自动空气开关保护，对于安装大功率灯泡的回路允许增大到 20～30A。

每一个单相回路（包括插座）一般不超过 25 个，当采用多管荧光灯具时，允许增大到 50 根灯管。

照明网络零线（中性线）上不允许装设熔断器，但在办公室、生活福利设施及其他环境正常场所，当电气设备无接零要求时，其单相回路零线上宜装设熔断器。

一般配电箱的安装高度为中心距地 1.5m，若控制照明不是在配电箱内进行，则配电箱的安装高度可以提高到 2m 以上。

拉线开关安装高度一般在距地 2～3m（或者距顶棚 0.3m），其他各种照明开关安装高度宜为

1.3～1.5m。

　　一般室内暗装的插座，安装高度为0.3～0.5m（安全型）或1.3～1.8m（普通型）；明装插座安装高度为1.3～1.8m，低于1.3m时应采用安全插座。潮湿场所的插座，安装高度距地面不应低于1.5m，儿童活动场所（如住宅、托儿所、幼儿园及小学）的插座，安装高度距地面不应低于1.8m（安全型插座例外），同一场所安装的插座高度应尽量一致。

项目九　园林建设工程概算与预算应用

任务一　园林工程概预算概述

一、概算

概算是编制预算以前，通过概略统计得出的、不精确的收支数据，有可行性研究投资估算和初步设计概算两种。

二、预算

预算是指企业或个人未来的一定时期内经营、资本、财务等各方面的收入、支出、现金流的总体计划。它将各种经济活动用货币的形式表现出来。每一个责任中心都有一个预算，它是为执行本中心的任务和完成财务目标所需各种资财的财务计划。

预算又有施工图设计预算和施工预算之分。基本建设工程预算是估算、概算和预算的总称。预算（或利润计划）可以说是控制范围最广的技术，因为它关系到整个组织机构而不仅是其中的几个部门。

一个预算就是一种定量计划，用来帮助协调和控制给定时期内资源的获得、配置和使用。编制预算可以看成是将构成组织机构的各种利益整合成一个所有各方都同意的计划，并在试图达到目标的过程中，说明计划是可行的。贯穿正式组织机构的预算计划与控制工作把组织看成是一系列责任中心，并努力把测定绩效的一种系数与测定该绩效影响效果的其他系数区别开来。概算有可行性研究投资估算和初步设计概算两种，预算又有施工图设计预算和施工预算之分，工程建设预算泛指概算和预算两大类，基本建设工程预算是上述估算、概算和预算的总称。

三、概算和预算区别

1. 概算和预算作用不同

概算编制在初步设计阶段，并作为向国家和地区报批投资的文件，经审批后用以编制固定资产计划，是控制建设项目投资的依据；预算编制在施工图设计阶段，它起着建筑产品价格的作用，是工程价款的标底。

2. 概算和预算编制依据不同

概算依据概算定额或概算指标进行编制，其内容项目经扩大而简化，概括性大，预算则依据预算定额和综合预算定额进行编制，其项目较详细，较重要。

3. 概算和预算编制内容不同

概算应包括工程建设的全部内容，如总概算要考虑从筹建开始到竣工验收交付使用前所需的一切费用；预算一般不编制总预算，只编制单位工程预算和综合预算书，它不包括准备阶段的费用（如勘察、征地、生产职工培训费用等）。

一般情况下决算不能超过预算、预算不能超过概算、概算不能超过估算。

四、园林工程概预算

1. 园林工程概预算概念

园林工程概预算是指在工程建设过程中，根据不同阶段的设计文件的具体内容和国家有关文件规定及各省市所制定的园林工程预算定额、指标及取费标准，预先估算和确定建设项目的全部工程费用的技术经济文件。

2. 编制工作

(1) 确定工程分项和计算工程量。

(2) 编制工程预算书。

1) 确定单位预算价值。

2) 计算工程直接费。

3) 计算其他各项费用。

4) 计算工程预算总造价。

5) 校核。

6) 装订。

(3) 工料分析。

(4) 审核及审批。

五、设计概算

1. 设计概算概念

设计概算是在初步设计阶段由设计单位编制的建设项目费用概算总造价，它是初步设计文件的重要组成部分。编制依据主要是概算定额（或概算指标）、初步设计文件等，较粗放。

2. 设计概算作用

(1) 编制园林建设工程计划依据。

(2) 管理园林工程建设投资依据。

(3) 对设计方案进行技术、经济分析的依据。

(4) 投资包干的依据。

六、施工图预算

1. 施工图预算概念

施工图预算是在施工图设计及施工方案确定后，在施工前由施工单位（或投标单位）依据预算定额、已批准的施工图、施工组织设计及国家颁布的相关文件进行编制的，比较精细。

2. 施工图预算作用

(1) 确定园林工程造价的依据。

(2) 办理工程竣工结算及工程招投标的依据。

(3) 建设单位与施工单位签订施工合同的依据。

(4) 建设银行管理工程款或贷款的依据。

(5) 考核工程成本的依据。

(6) 对设计方案进行技术经济分析比较的依据。

(7) 施工企业组织施工、编制计划统计工作量和实物量指标的依据。

七、施工预算

1. 施工预算概念

施工预算是施工阶段由施工单位内部自行编制的一种预算。编制依据施工定额、施工组织设计等，预算结果不应超过施工图预算，比较精确。

2. 施工预算作用

(1) 施工企业编制施工计划的依据。

(2) 施工企业安排施工任务、进行材料设备管理、掌握施工进度的依据。

(3) 经济包干、按劳分配的依据。

(4) 施工企业进行经济包干、按劳分配的依据。

(5) 施工企业进行经济分析、经济管理及控制成本依据。

八、园林工程结算

1. 园林工程结算概念

园林工程结算是指一个单项工程、单位工程、分部工程或分项工程完工后，依据施工合同的有关规定，按照规定程序向建设单位收取工程价款的一项经济活动。主体是施工企业。目的是施工企业向建设单位索取工程款，完成商品销售的活动。

2. 园林工程结算的分类

园林工程结算应根据《竣工结算书》和《工程价款结算账单》进行，分为园林工程价款结算和园林工程竣工结算。

九、园林工程价款结算

1. 园林工程价款结算概念

园林工程价款结算是指施工企业在工程实施过程中进行的一个部分的结算，依据施工合同中有关条款的规定和工程进展所完成的工程量，按照规定程序向建设单位收取工程价款的一项经济活动。

2. 工程价款结算方式

(1) 按月结算方式。实行旬末或月中预支、月终结算、竣工后清算的办法。

(2) 竣工后一次结算方式。全部园林工程的建设期在 12 个月以内，或者工程承包合同价值在 100 万元以下的工程，可实行工程价款每月月中预支，竣工后一次清算。适合工期短 12 个月以内，100 万元以内可做完的工程。

(3) 分段结算方式。当年不能竣工的单项工程或单位工程，按照工程建设进度，可以划分出不同阶段进行结算，按月预支工程款。

(4) 目标结算方式。将承包工程的内容分解成不同的控制界面，以建设单位验收控制界面作为支付工程价款的前提条件。也就是将合同中的工程内容分解成不同的验收单元。

(5) 其他结算方式。结算双方约定并经开户建设银行同意的其他结算方式。

十、园林竣工结算

1. 园林竣工结算概念

园林竣工结算是指施工企业按照合同规定的内容，全部完成所承包的工程，经有关部门验收合格，并符合合同要求后，按照规定程序向建设单位办理最终工程价款结算的一项经济活动。

2. 工程竣工结算的方式

(1) 施工图预算加签证结算方式。

（2）预算包干结算方式。

（3）每平方米造价包干结算方式。

（4）招、投标结算方式。

十一、竣工决算

1. 竣工决算的概念

竣工决算指建设项目全部完成，并通过验收，由建设单位编制的从项目筹建到竣工验收、交付使用全过程中实际支付的全部建设费用的经济文件。

2. 竣工决算的作用

（1）反映基本建设实际投资额及其投资效果。

（2）核算新增固定资产和流动资金价值。

（3）国家或主管部门验收和交付使用的重要财务成本依据。

（4）通过竣工决算与概、预算的对比分析，可以考核建设成本，总结经验，积累技术经济资料，提高投资效果。

十二、工程竣工结算与工程竣工决算的区别

工程竣工结算与工程竣工决算的区别如表 1 - 26 所示。

表 1 - 26　　　　　　　　　　　　　　工程竣工结算与决算的区别

项　　目	工程竣工结算	工程竣工决算
编制与审查单位	承包方编制，发包方审查	发包方编制，上级主管部门审查
包含内容	施工建设的全部费用，最终反映施工单位完成的施工产值	建设工程从筹建开始到竣工交付使用为止的全部建设费用。最终反映建设工程的投资效益
性质和作用	（1）承包方与业主办理工程价款最终结算的依据； （2）双方签订的工程承包合同终结的凭证； （3）业主编制竣工决算的主要资料	（1）业主办理交付、验收、动用新增各类资产的依据； （2）竣工验收报告的重要组成部分

任务二　园林建设工程预算定额

一、定额的概念

定额就是生产产品和生产消耗之间数量的标准。

二、工程定额属性

1. 工程定额概念

工程定额是指在正常施工条件下，在先进合理的劳动组织及合理地使用材料和机械的条件下，采用科学的方法制定出的完成单位合格产品所消耗的人工、材料、机械设备及其价值的数量标准。

2. 工程定额的特性

工程定额的特性包括：科学性与群众性、系统性、统一性、法令性、相对稳定性与时效性、针对性与地域性。

三、工程定额的作用

在工程建设中，工程定额主要作用有 4 个方面。

1. 定额是企业计划管理的依据

企业为了组织和管理施工生产活动，必须编制各种计划。由于施工生产受影响的因素很多，各种计划的确定在施工企业管理中尤为突出。而计划的编制就要依据定额来进行，在编制施工进度计划、下达施工任务单、限额领料单，计算劳动力、各种材料、机械设备等的需用量时均应以工程定额为依据编制。

2. 定额是确定工程造价和进行技术经济评价的依据

工程造价是根据设计图及有关规定，并依据定额规定的人工、材料、机械台班（机械台班：单位机械在一个工作班〈8h〉内发挥的机械效能）。

建筑施工机械台班费是以"台班"为单位计算确定的，一台班为 8h。机械台班费由第一类费用（也称不变费）和第二类费用（也称可变费）组成，每机械台班的不变费包括：台班折旧费、台班大修理费、台班经常维修费、强班替换设备、工具及附具费，台班润滑及擦拭材料费、台班安装拆卸及辅助设施费，台班机械保管费等，可变费包括：机上工作人员工资、动力，燃料费、车辆养路费等的消耗量和单位价值来计算的，因此，定额是确定工程造价的依据。此外，同一工作项目的设计都有若干个方案，每个方案的投资及其功能的多少，直接反映了该设计方案技术经济水平面的高低。所以，根据定额和概算指标及其他相关知识对一个工程的若干个设计方案进行技术经济分析，可从中选择经济合理的最优设计方案。

3. 定额是加强企业科学管理，贯彻按劳分配，搞好经济核算的依据

企业为了加强科学管理，提高企业管理水平，需正确地编制各种计划，如施工进度计划，各种资源需要量计划、财务计划等，这些计划的制定、实施、调节和控制都要以各种定额为依据。

企业为了分析和比较施工生产中的各种消耗，在进行工程成本核算时，必须以定额为标准，分析比较企业各项成本，肯定成绩，找出差距，提出改进措施，不断降低各种消耗，降低工程成本，提高企业的经济效益。

4. 定额是总结、分析、改进生产方法，提高劳动生产率的重要手段

定额明确规定了工人或班组完成一定工作内容的人工、材料及机械设备的消耗量，要想超过定额水平，企业就必须带领班组，努力提高技术水平，改进劳动组织，采用先进的生产方法，降低消耗，提高劳动生产率。一方面定额直接作用于生产工人，企业以定额作为促使工人降低工作消耗，提高劳动生产率，加快施工进度的手段，以使工人增强竞争能力，获取更多的利润；另一方面合适的工程造价计算依据的各类定额，又促使企业加强管理，把社会劳动的消耗控制在合理的限度内。

四、工程定额的分类

定额种类很多，根据使用对象和组织施工的具体目的、要求不同，定额的形式、内容和种类也不同。定额主要有以下几种分类方法。

1. 按生产要素分类

生产要素包括劳动者、劳动手段和劳动对象 3 部分，与其相对应的定额是劳动定额（又称人工定额）、材料消耗定额和机械台班使用定额。该 3 种定额被称为三大基本定额。

（1）劳动定额。

1）劳动定额概念。劳动定额又称人工定额，它是指在合理的施工技术组织条件下完成一定数量的合格产品所必需的活劳动消耗量标准。也是指在正常施工条件下，生产单位合格产品所必需消耗的劳动时间，或者是在单位时间内生产合格产品的数量标准。

2）劳动定额关系。

$$时间定额＝1/产量定额$$
$$产量定额＝1/时间定额$$
$$时间定额×产量定额＝1$$

（2）消耗定额。简称材料定额。它是指在合理施工条件下和节约使用的原则下生产单位合格产品所必须消耗的一定品种规格的原材料、半成品、成品或结构件的数量标准。

（3）机械台班消耗定额。简称机械定额，它是指在合理使用机械和合理施工组织条件下利用某种施工机械生产单位合格产品所必需消耗的机械工作时间，或者在单位时间内机械完成合格产品的数量标准。

2. 按定额的编制程序和用途分类

按定额的编制程序和用途分类工程定额分为工序定额、施工定额、预算定额、概算定额、概算指标、工期定额。

（1）工序定额。工序定额是以最基本的施工过程为标定对象，表示其产品数量与时间消耗关系的定额。由于工序定额比较细，所以一般不直接用于施工中，主要在制定施工定额时作为原始资料。如钢筋制作的施工定额就是由运输钢筋、钢筋调直、钢筋下料、切断钢筋、弯曲钢筋、绑扎成形等工序定额综合而成的定额。

（2）施工定额。施工定额主要用于编制施工预算，是施工企业管理的基础，施工定额由劳动定额、材料消耗定额和机械台班使用定额 3 部分组成。

（3）预算定额。预算定额是指在正常合理的施工条件下，完成一定计量单位的分享工程或结构构件所必需的人工、材料、机械以及价值货币表现的消耗数量标准。它是在编制施工图预算时计算工程造价和计算单位工程中劳动、材料、机械台班需要量使用的一种定额。

（4）概算定额。在相应预算定额的基础上，以主体结构分部工程为主，综合、扩大、合并与其相关部分，使其达到项目少、内容全、简化计算、准确适用的目的。

（5）概算指标。概算指标是比概算定额综合、扩大性更强的一种定额指标。概算指标主要用于投资估算或编制设计概算，是以每个建筑物或构筑物为对象，规定人工、材料或机械台班耗用量及其资金消耗的数量标准。

3. 按制定单位和执行范围分类

按制定单位和执行范围分类分为全国统一定额、主管部门统一定额、地方统一定额、企业定额。

（1）全国统一定额。全国统一定额是由国家主管部门或授权单位，综合全国基本建设的施工技术、施工组织管理和生产劳动的一般情况编制并在全国范围内执行的定额。例如 1995 年开始施行的《全国统一建筑工程基础定额》，1998 年开始施行的《全国统一仿古建筑及园林工程预算定额》。

（2）主管部门统一定额。主管部门定额充分考虑了由于各专业生产部的生产技术措施而引起的施工生产和组织管理上的不同，并参照统一定额水平编制的，通常只在本部门和专业性质相同的范围内执行。如矿井建设工程定额，铁路建设工程定额。

（3）地方统一定额。地方定额是在考虑地区特点和全国统一定额水平的条件下编制，并只在规定的地区范围内执行的定额。如各省、自治区、直辖市等编制的定额。

（4）企业定额。企业定额是指由建筑施工企业具体考虑本企业生产技术和组织管理等具体情况，并参照统一定额或主管部门定额、地方定额的水平编制的，只在本企业内部使用的定额。适用于某些建筑施工水平比较高的企业，随着企业建筑施工技术和组织管理水平的发展，外部定额不能满足其需要时而编制的。

五、按适用专业分类

按适用专业分类时，定额一般可分为建筑工程定额、装饰工程定额、房屋修缮工程定额、安装工程定额、仿古建筑及园林工程定额、公路工程定额、铁路工程定额、矿井工程定额等。

六、预算定额与施工定额的关系

预算定额是以施工定额为基础编制的，它们都是施工企业实行科学管理的工具。

预算定额与施工定额的区别如下所述。

（1）预算定额是编制施工图预算、标底、工程结算的依据，施工定额是施工企业编制施工预算的依据。

（2）预算定额中除人工、材料、机械台班等消耗量以为，还有费用和单价，而施工定额只包含人工、材料、机械台班的消耗量。

（3）预算定额水平反映大多数企业和地区能达到的水平，是社会平均水平；施工定额反映的是平均先进水平，比预算定额水平高出 10％左右。

（4）预算定额是一种综合性定额，不仅考虑了施工定额中未包含的多种因素，而且还包含了为完成该分项工程或构件的全部工序之内容。

（5）施工定额项目的划分远比预算定额项目划分细，精确程度也相对高些，它是编制预算定额的基础资料。

任务三　园林建筑工程概算与预算及其费用的组成

一、园林建筑工程概算与预算费用相关概念

1. 园林工程项目的划分

（1）建设工程总项目。指在一个或数个场地上按照一个总体设计进行施工的各个工程项目的总和。

（2）单项工程。指在一个建设工程总项目中具有独立的设计文件，竣工后可以独立发挥生产能力或工程效益的工程。

（3）单位工程。指具有单独的设计文件和独立的施工条件但不能单独发挥作用的工程。

（4）分部工程。按照单位工程的不同部位或是按照使用不同的工种、材料和机械设备而划分的工程项目。

分部工程是将单位工程中某些性质相近、材料大致相同的施工对象归纳在一起。如《全国 1998 年仿古建筑及园林工程预算定额》第一册共分六章，即土石方、打桩、围堰、基础垫层工程；砌筑工程；混凝土及钢筋混凝土工程；木作工程；楼地面工程；抹灰工程。

（5）分项工程。是分部工程以下按照单位工程的各个部位或按照使用不同的施工方法、不同材料、不同规格等因素而进一步划分的最基本的工程项目。园林施工中，有园林建筑工程和园林绿化。

如砌筑分部工程中，又分砌砖、砌石、卵石、预制品安装四节。节以下，再按工程性质、规格、材料类别等分成若干项目。如砌砖工程中可分成砖基础墙、砖墙、保护墙、框架间墙、砖柱等项目。在项目中，还可以按结构的规格再细分许多子目，如砖墙中可分为外墙、内墙、砖墙、1/4 砖墙等。

2. 工程量清单计价

（1）工程量清单概念。

1）工程量概念。工程量就是以物理计量单位或自然单位来表示的各个具体工程构件和结构配件的数量。

物理计量单位或自然单位一般用来表示长度、面积、体积、重量等，如建筑物面积，楼地面的

面积用平方米，墙基础、墙体、石作、梁板柱用体积立方米，管道道路用米，钢梁、钢柱、钢屋架用重量吨等表示。

2）工程量清单是依据招标文件规定、施工设计图纸、施工现场条件和国家制定的统一工程量计算规则、分部分项工程的项目划分计量单位及其有关法定技术标准计算出的构成工程实体各分部分项工程的、可提供编制标底和投标报价的实物工程量的汇总清单。

（2）工程量清单计价。工程量清单计价是指依据招标文件中的工程量清单，招标人编制标底，投标人进行报价，招标人与中标人签订合同价款和办理结算等计价活动。

（3）推行工程量清单计价目的。工程量清单管理模式的内涵是量价分离，目的就是由招标人提供工程量清单，由投标人对工程量清单复核，结合企业管理水平、技术装备、施工组织措施等，依照市场价格水平、行业成本水平及所掌握的价格信息，由企业自主报价。

（4）工程量清单的作用。

1）工程量清单是编制招标工程标底和投标报价的依据。工程量清单为编制工程标底、投标报价提供了共同的基础。

2）工程量清单是调整工程量、支付工程进度款的依据。在施工过程中，可参考工程量清单确定工程量的增减和支付阶段进度款。

3）工程量清单是办理工程结算及工程索赔的依据。在办理工程结算或工程索赔时，可参考工程量清单单价来计算。

（5）工程量清单计价与定额计价的关系。

1）联系。定额计价在中国已使用多年，具有一定的科学性和实用性，清单计价规范的编制以定额为基础，参照和借鉴了定额的项目划分、计量单位、工程量计算规则等。定额计价可作为清单计价的组价方式。在确定清单综合单价时，可以参考地方预算定额或企业定额进行计算。

2）区别。计价依据的区别、单价构成的区别、费用划分的区别、子目设置的区别、计价规则的区别、计算程序的区别、招标评标办法的区别。

工程量清单报价采用的是市场计价模式，由施工单位自行定价。

（6）工程量计算一般原则。

1）计算口径要一致，避免重复和遗漏。

2）工程量计算规则要一致，避免出错。

3）计算单位要一致。

4）按顺序进行计算。

5）计算精度要统一。

（7）工程量计算步骤。

1）列出分项工程项目名称。

2）列出工程量计算式。

3）调整计量单位。

4）套用预算定额进行计算。

（8）单价法预算。单价法预算是用货币的形式来反映工程造价的预算方式。利用各地区、各部门编制的工程单位估价表或预算定额基价，根据施工图计算出的各分项工程量，分别乘以相应单价或预算定额基价并求和，得到定额直接费，再加上其他直接费，即为该工程的直接费；再以工程直接费或人工费为计算基础，按有关部门规定的各项取费费率，求出该工程的间接费、计划利润及税金等费用；最后将上述各项费用总合即为工程预算造价。

1）综合单价法。指项目单价采用除规费、税金外的全费用综合单价的一种计价方法，规费、税金单独计取。

2）工料单价法。指项目单价采用人工、材料、机械费用计算的一种计价方法，企业管理费、利润、风险费用及规费税金单独计取。

二、园林建设工程造价组成

园林建设工程造价组成为直接费，间接费，利润（综合费用）税金、预备费和其他项目清单费用。

1. 直接费

（1）直接费主要包括直接工程费、措施费。

（2）直接工程费是指工程施工过程中耗费的构成工程实体的各项费用，包括人工费、材料费、施工机械使用费。

1）人工费。人工费是指直接从事园林工程施工的生产工人和辅助生产工人开支的各种费用。人工费的获取：各省《定额》和市场价格。

a. 基本工资。

b. 辅助工资。

c. 工资性津贴。

d. 职工福利费用和劳动保护费等。

2）材料费。材料费是指完成园林工程实体所需要的材料、构配件、零件和半成品的费用以及周转材料的摊销（或租赁）费用。根据购买材料的来源和各地材料价格公布情况以及各地定额标准的不同，分为以下内容。

a. 材料原件或供应价格。

b. 材料运杂费。

c. 运输损耗费。

d. 采购及保管费。

e. 检验试验费。

3）施工机械使用费。施工机械使用费是指园林施工中使用施工机械所发生的机械使用费用以及机械安拆费和场外运输费用。

a. 折旧费。

b. 大修理费。

c. 经常修理费。

d. 安拆费及场外运费。

e. 人工费。

f. 燃料动力费。

g. 养路费及车船使用税，保险及年检。

（3）措施费。措施费是指为完成工程项目施工，发生于该工程施工前和施工过程中的非工程实体项目的费用，由施工技术措施费和施工组织措施费组成。

1）施工技术措施费。

a. 大型机械设备进出场及安拆费。

b. 混凝土、钢筋混凝土模板及支架费。

c. 脚手架费。

d. 施工排水、降水费。

e. 其他施工技术措施费。

2）施工组织措施费。

a. 环境保护费。

b. 文明施工费。

c. 安全施工费。

d. 临时设施费。

e. 夜间施工增加费。

f. 缩短工期增加费。

g. 二次搬运费。

h. 已完成工程及设备保护费。

i. 其他施工组织措施费。

2. 间接费

间接费由建设工程定额管理站统一明确规定，是不能随意增减的。包括有规费、企业管理费。

（1）规费。

1）工程排污费。

2）工程定额测定费。

3）社会保障费。

a. 养老保险费。

b. 失业保险费。

c. 医疗保险费。

4）住房公积金。

5）危险作业意外伤害保险。

（2）企业管理费。

1）管理人员工资。

2）办公费。

3）差旅交通费。

4）固定资产使用费。

5）工具用具使用费。

6）劳动保险费。

7）工会经费。

3. 利润（综合费用）税金、预备费

（1）利润是指施工企业完成所承包工程应收取的酬金。

$$税金＝（直接工程费＋管理费＋措施费＋其他项目费＋利润＋规费）×税率$$

（2）税金。税金是指按国家税法规定的应计入建筑安装工程造价内的营业税、城市建设维护税及教育费附加。

4. 其他项目清单费用

（1）招标人部分。不可预见费，指招标人在工程招标范围内为可能发生的工程变更而预备的金额。

（2）工程分包和材料购置费，指招标人将按国家规定准予分包的工程指定分包人或者指定供应商供应材料等而预留的金额。

（3）投标人部分。

1）总承包服务费。指投标人配合协调招标人工程分包和材料采购所发生的费用。

2）零星工作费。指施工过程中应招标人的要求而发生的不是以实物计量和定价的零星项目所发生的费用，工程竣工时按实际结算。

三、以人工费为计算基数的工程费用计算程序

以人工费为计算基数的工程费用计算程序见表 1-27。

表 1－27 工程费用计算程序

费 用 项 目	计 算 方 法
一、分部分项工程量清单项目费 　　　1. 其中人工费 二、措施项目清单费 　　（一）施工技术措施费 　　　　2. 其中人工费 　　（二）施工组织措施费 三、其他项目清单费 四、规费 五、税金 六、建设工程价	（分部分项工程清单×综合单价） （一）＋（二） （技措项目清单×综合单价） ［（1＋2）×相应费率］ 按清单计价要去计算 （1＋2）×相应费率 （一＋二＋三＋四）×相应费率 一＋二＋三＋四＋五

任务四　工程预算编制的依据和步骤

一、园林工程概预算编制的依据

1. 依据名称

（1）施工图。园林工程设计图纸所包含的内容一般有园林建筑及小品、山石水体（假山叠石、河溪湖池）、园林绿化（园地平整、花草树木种植）、道路桥梁、大门花架围栏等工程项目。

（2）施工组织设计。施工组织设计是以园林工程为对象编写的用来指导施工的技术性文件。其核心内容是如何科学安排好劳动力、材料、设备、资金和施工方法这五个施工的主要因素。

（3）工程量清单或项目划分。

（4）工程技术质量。

（5）现场施工条件。

（6）建设单位和施工单位签订的合同或协议及工期要求。

（7）工程概预算定额。预算定额是确定造价的主要依据。它是由国家或被授权的单位同意组织编制和颁发的一种法令性指标，具有极大的权威性。

（8）市场建设材料基本价格。

（9）劳动力市场消耗量。

（10）施工机械台班定额。

（11）园林建设工程管理费及其他费用取费定额。

（12）国家及地区颁发的有关法规文件。

（13）工具书及其他有关手册。

2. 依据主要内容

（1）园林建筑及小品、山石水体、道路桥梁、园地绿化、大门花架围栏等工程项目的平、立、剖面图及所附的设计说明书、选用的通用标准图集或施工手册，设计变更文件等。

（2）不同项目的划分，项目名称及工程的数量。

（3）施工过程如何采用先进的、科学的施工方法。

（4）施工顺序、施工方法、劳动组织及技术措施。

（5）建设单位和施工单位签订的工期合同或协议。

（6）《全国统一建筑园林工程预算定额》、《全国市政工程预算定额》、《园林工程消耗量定额》及各地方相关定额。

（7）市场建设材料基本价格。

（8）工程管理费、人工工资标准。

（9）施工机械台班消耗量。

3. 依据作用

（1）通过施工图的读识，取定尺寸规格，计算工程量等。

（2）确定工程量的内容及数量，为预算提供材料明细基础。

（3）保证施工任务质量要求，按时完成。

（4）拟订合理施工方案。

（5）确定工程的内容及数量，核对工程量清单。

（6）确定工程总价的依据。

（7）确定材料费。

（8）确定人工费。

（9）确定机械费。

二、工程预算编制的步骤

（1）搜集各种编制所需的依据资料。

（2）熟悉施工图纸和施工说明书，参加技术交底，解决疑难问题。

（3）熟悉施工组织设计和现场情况。

（4）学习并掌握好工程概预算定额及其有关规定。

（5）确定工程项目、计算工程量。

（6）编制工程预算书。

（7）计算直接费、间接费、利润、税金，确定工程预算造价。

模块二　园林施工管理技术应用

项目一　园林工程合同书的起草与签订应用

任务一　园林工程合同书的起草

一、园林工程合同书的概念

《中华人民共和国合同法》规定，合同是平等主体的自然人、法人及其他组织之间设立、变更、终止民事权利和义务的协议。合同作为协议，本质是一种合意，必须是两个意思表示一致的民事法律行为。合同中所确立的权利和义务，必须是当事人依法可以享有的权利和能够承担的义务，这是合同具有法律效力的前提。

园林工程合同指发包人（业主）与承包方为完成一定的绿化工程任务而签订的，明确相互权利和义务关系的协议。依据绿化工程合同，承包方完成一定的种植、建筑和安装工程任务，发包人应提供必要的施工条件并支付工程价款。

在园林工程合同中，发包人和承包人双方应该是平等的民事主体。承包人、发包人双方签订绿化工程合同时，必须具备相应经济技术资质和履行园林绿化工程合同的能力。在对合同范围内的工程实施建设时，发包人必须具备组织能力；承包人必须具备有关部门核定经济技术的资质等级证书和营业执照等证明文件。

园林工程的承包人应是具备与工程相应资质和法人资格的，并被发包人接受的合同当事人及其合法继承人。承包人应是施工单位。

园林工程合同是园林绿化工程质量控制、进度控制、投资控制的主要依据。在市场经济条件下，建设市场主体之间相互的权利义务关系主要是通过市场确立的。

二、园林工程合同的特点

1. 合同目标的特殊性

园林工程合同中的各类植物产品、景观建筑，其基础部分与大地相连，不能移动。每个绿化工程合同中的项目因其环境的特殊性，相互之间不可替代，同时工程的单一性决定了施工生产的流动性，施工队伍、施工机械必须围绕绿化工程建设不断移动。

2. 合同履行期限的长期性

园林工程中植物、建筑物的施工，由于材料类型多、工作量大，与所有建设工程一样，不仅施工工期较长，而且工程建设的施工单位需要在合同签订后、正式开工前有一个较长的施工准备时间，工程全部竣工验收后，办理竣工结算及保修期也要一定的时间，特别是对植物的管护工作还需要更长的时间（至少一个生长季节）。此外，在工程的施工过程中，还可能因为不可抗力、工程的变更、材料供应的不及时等原因而导致工期顺延。所有这些情况，决定了园林工程合同履行期限的长期性。

3. 园林工程合同内容的多样性

园林工程合同除了应具备合同的一般内容外，还应对安全施工、专利技术使用、发现地下障碍和文物工程分包、不可抗力、工程设计变更、材料设备的供应、运输、验收等内容作出更加明确地规定。在合同履行过程中，除施工企业与发包人的合同关系外，还应涉及劳务人员的劳动关系、与保险公司的保险关系、与材料设备供应商的买卖关系、与运输业的运输关系等。所有这些决定了园林工程合同内容的复杂性和多样性。

4. 园林工程合同监督的严格性

由于园林工程合同的履行对国家的经济发展，人民的工作、生活和生存环境等都有重大影响。因此，国家对园林工程合同的监督十分严格。主要体现在以下几方面。

（1）对合同主体监督的严格性。园林工程合同的主体一般只能是法人。发包人一般只能经过批准进行园林工程项目建设的法人，必须有国家批准的建设项目，落实投资计划，并且应当具备相应的协调能力；承包人必须具备法人资格，而且应当具备相应的从事园林工程施工的经济、技术等资质。

（2）对合同订立监督的严格性。由于园林工程的复杂性，在施工过程中难免会发生合同履行的纠纷，因此，园林工程合同应采取书面形式。

（3）对合同履行监督的严格性。在园林工程合同履行的纠纷中，除了合同当事人及其主管机构应对合同进行严格的管理外，合同主管机关（工商行政管理机构）、金融机构、建设行政主管机关（管理机构）和园林行政主管部门、环境保护主管部门等都要对园林工程合同的履行变更、终止及各类纠纷的处理进行严格的监督。

三、园林工程合同的类型

根据计价方式的不同，园林工程合同可分为以下几种。

1. 固定总价合同

固定总价合同就是按商定的总价承包工程。特点是以设计图纸和工程说明书为依据，明确承包内容和计算包价，并一笔包死。在合同执行过程中，除非业主要求变更原定的承包内容，承包商一般不得要求变更包价。这种方式对业主比较方便，因此为业主所欢迎。对承包商来说，如果设计图纸和说明书相当详细，能以此精确地估算造价，签订合同时考虑的较周全，不致有太大的风险，也是一种比较简便的承包方式。如果图纸和说明书不够详细，未知数比较多，或者遇到材料突然涨价以及恶劣的气候等意外情况，承包商需承担应变的风险；为此，往往加大不可预见费用，因此不利于降低造价，最终对业主不利。这种承包方式常仅适用于规模较小、技术不太复杂的园林工程。

2. 计量估价合同

计量估价合同是以工程量清单和单价表为计算包价的依据。通常由业主委托设计单位或专业估算师提出工程量清单，列出分部分项工程量，例如挖土若干立方米，混凝土若干立方米，栽草坪若干立方米等，有承包商填报单价，再算出总造价。因为工程量是统一计算出来的，承包商只要经过复核并填上适当的单价就能得出总造价，承担风险较小；发包人只要审核单价是否合理即可，对双方都方便。目前园林工程合同采用这种承包方式的较多。

3. 单价合同

在没有施工详图就需开工，或虽有施工图而对工程的某些条件尚不完全清楚的情况下，即不能比较精确地计算工程量，又要避免凭运气而使业主和承包商任何一方承担过大的风险，采用单价合同时比较适宜的。这种园林工程合同能够成立的关键在于承发包双方对单价和工程量计算方法的确认。在合同履行中需要注意的是双方对实际工程量计量的确认，因为计算总价是以实际完成的工程量为准。

4. 成本加酬金合同

这种承包方式的基本特点是按工程实际发生的成本（包括人工费、材料费、施工机械使用费、其他直接费和施工管理费以及各项独立费，但不包括承包企业的总管理费和应缴所得税），加上商定的总管理费和利润，来确定工程总造价。这种承包方式主要适用于开工前对工程内容尚不十分清楚的情况，例如边设计边施工的紧急工程。

5. 按投资总额或承包工作量计取酬金的合同

这种承包方式主要适用于可行性研究、勘察设计等项承包业务，即按概算投资额的一定百分比计算设计费，按完成勘察工作量的一定百分比计算勘察费等，这些都要在合同中作出明确规定。

任务二　园林工程合同书的鉴订

一、园林工程合同的订立条件与原则

1. 园林工程合同订立应具备的条件

（1）工程初步设计已经批准。

（2）工程项目已经列入年度建设计划。附属绿地也已纳入单位年度建设计划。

（3）有能够满足施工需要的设计文件和有关技术资料。

（4）建设资金和主要建设资料、施工设备已经落实，施工现场条件中的"三通一平"已准备就绪。

（5）招投标工程的中标通知书已经下达。

（6）合同主体双方符合法律规定，并均有履行合同的能力。

2. 园林工程合同订立的原则

（1）合法原则。订立园林工程合同要严格执行《建设工程施工合同（示范文本）》，通过《中华人民共和国合同法》、《中华人民共和国建筑法》与《中华人民共和国环境保护法》等法律法规来规范双方的权利义务关系。唯有合法，园林工程合同才具有法律效力。

（2）平等自愿、协商一致的原则。主体双方均依法享有自愿订立园林工程合同的权利。在自愿、平等的基础上，承包方要就协议内容认真商讨。充分发表意见，为合同的全面履行打下基础。

（3）公平、诚实信用的原则。园林工程合同是双务合同，双方均享有确定的权利，也承担相应的义务，不得只注重享有权利而对义务不负责任，这有失公平。在合同签订中，要诚实信用，当事人应实事求是地向对方介绍自己订立合同的条件、要求和履约能力；在拟定合同条款时，要充分考虑对方的合法利益和实际困难，以善意的方式设定合同的权利和义务。

（4）过错责任原则。合同中除规定的权利和义务，必须明确违约责任，必要时，还要注明仲裁条款。

二、园林工程合同的订立及方式

1. 订立园林工程合同前的准备工作

在签订合同之前，应选择合适的合同文本。中国的园林工程合同文本通常采用《建设工程施工合同示范文本》。合同当事双方应根据工程的内容选择施工合同文本中应该包括的内容。

2. 订立园林工程合同的要约和承诺

园林工程合同作为工程项目合同的一种，其订立也应经过要约和承诺两个阶段。

（1）要约。要约是指合同当事人一方向另一方提出订立合同的要求，并列出合同的条款，以及并限定在一定期限内做出承诺的意思表示。邀约是一种法律行为，它表现为在邀约规定的有效期限内，要约人要受到要约的约束，受约人若按时和完全接受要约条款时，要约人负有与受约人签订合同的义务。否则，要约人对由此造成受约人的损失应承担法律责任。

要约具有法律约束力，必须具备以下条件。

1) 要约是特定的合同当事人的意思表示。

2) 要约必须是要约人与他人以订立合同为目的。

3) 要约的内容必须具体、确定。

4) 要约经受约人承诺，要约人即受要约的约束。

(2) 承诺。承诺是指当事人一方对另一方提出的要约，在要约有效期限内，做出完全同意邀约条款的意思表示。承诺要具有法律约束力，必须具备以下条件。

1) 承诺要由受约人做出。

2) 承诺的内容应与受要约的内容完全一致。

3) 承诺人必须在要约有效期限内做出承诺，并送达要约人。

3. 园林工程合同签订的方式

园林工程合同签订的方式有两种：即直接发包和招标发包。招标发包形式的合同签订，依据招标投标法的规定，必须在中标通知书发出的 30 天内完成。签订合同人必须是中标施工企业的法人代表或委托代理人。投标书中已确定的合同条款在签订时一律不得更改，合同价应与中标价一致。如果中标施工企业在规定的有效期限内拒绝与建设单位签订合同，则建设单位可不再返还其投标时在投资银行的保证金。建设行政主管部门或其授权机构还可视情况给予一定的处罚。

4. 园林工程合同的示范文本

合同文本格式是指合同的形式文件，主要有填空式文本、提纲式文本、合同条件式文本和合同条件加协议条款式文本。中国为了加强建设工程施工合同的管理，借鉴国际通用的 FIDIC《土木工程施工合同条件》，制定颁布了建设工程施工合同示范文本，该文本采用合同条件式文本。它是由协议书、通用条款、专用条款三部分组成，并附有三个条件：承包人承包工程一览表、发包人供应材料设备一览表及工程质量保修书。实际工作中必须严格按照这个示范文本执行。

根据合同协议格式，一份标准的施工合同有四部分组成。

(1) 合同标题。写明合同的名称，如＿＿公园绿化工程施工合同、＿＿小区绿化工程施工合同。

(2) 合同序文。包括承发包方名称、合同编号和合同签订的主要法律依据。

(3) 合同正文。合同正文是合同的重点部分，有以下内容组成。

1) 工程概况：包括工程名称、工程地点、建设目的、立项批文、工程项目一览表

2) 工程范围：即承包人进行施工的工作范围，实际上是界定施工合同的标的，是施工合同的必备条款。

3) 建设工期：指承包人完成施工任务的期限，明确开竣工日期。

4) 工程质量：指工程的等级要求，是施工合同的核心内容。工程质量一般通过设计图纸、施工说明书及施工技术标准加以确定，是施工合同的必备条款。

5) 工程造价：这是当事人根据工程质量要求与工程的概预算确定的工程费用。

6) 各种技术资料交付时间：指设计文件、概预算和相关技术资料。

7) 材料设备的供应方式。

8) 工程款支付方式与结算方法。

9) 双方相互协作事项与合理化建议。

10) 注明质量保修范围、质量保修（养）期。

11) 工程竣工验收。竣工验收条款包括验收的范围和内容、验收的标准和依据、验收人员的组成、验收方式和日期等。

12) 违约责任、合同纠纷与仲裁条款。

（4）合同结尾。注名合同份数，存留与生效方式；签订日期、地点、法人代表；合同公证单位；合同未尽事项或补充条款；合同应有的附件。

三、园林工程合同的格式条款和过失责任

1. 格式条款

格式条款又被称为标准条款，是指当事人为了重复使用而预先拟定，并在订立合同时未与对方协商即采用的条款。在合同中，可以是合同的部分条款为格式条款，也可以是合同的所有条款为格式条款。

值得注意的是合同的格式条款提供人往往利用自己的有利地位，常加入一些不公平、不合理的内容。因此，很多国家立法都对格式条款提供人进行一定的限制。提供格式条款的一方应当遵循公平的原则确定当事人之间的权利义务关系，并采取合理的方式提请对方注意免除或限制其责任的条款，按照对方的要求，对该条款予以说明。提供格式条款一方免除其责任、加重对方责任、排除对方主要权利的，该条款无效。

对格式条款的理解发生争议的，应当按照通常的理解予以解释，对格式条款有两种以上解释的，应当作出不利于提供格式条款的一方的解释。在格式条款与非格式条款不一致时，应当采用非格式条款。

在现代经济生活中，格式条款适应了社会化大生产的需要，提高了交易效率，在日常工作和生活中随处可见。现在园林工程采用格式条款也多了起来。

2. 缔约过失责任

缔约过失责任既不同于违约责任，也有别于侵权责任，是一种独立的责任。它是指在合同缔结过程中，当事人因一方或双方因自己的过失而致使合同不成立、无效或被撤销，应对信赖其合同为有效成立的相对人赔偿基于此项信赖而发生的损害。在园林工程中确实存在由于过失给当事人造成损失、但合同尚未成立的情况。缔约过失责任的规定能够解决这种情况的责任承担问题。

缔约过失责任是针对合同尚未成立应承担的责任，其成立必须具备一定的条件。缔约过失责任包括缔约一方受有损失，损害事实是构成民事赔偿责任的首要条件，如果没有损害事实的存在，也就不存在损害赔偿责任；违反先合同义务主要是承担缔约过失责任方应当有过错，包括故意行为和过失行为导致的后果责任；合同尚未成立，这是缔约过失责任有别于违约责任的最重要原因。

合同一旦成立，当事人应当承担的是违约责任或者合同无效的法律责任。

项目二　园林施工方案与计划的编制应用

任务一　施工方案的概念

一、施工方案的概念

施工方案是园林工程中单位工程或分部（分项）工程中某施工方法的分析，是对工程实施过程所耗用的劳动力、材料、机械、费用以及工期等在合理组织的条件下，进行技术经济的分析，力求采用新技术，从中选择最优施工方法即最优方案。其中包括组织机构方案（各职能机构的构成、各自职责、相互关系等）、人员组成方案（项目负责人、各机构负责人、各专业负责人等）、技术方案（进度安排、关键技术预案、重大施工步骤预案等）、安全方案（安全总体要求、施工危险因素分析、安全措施、重大施工步骤安全预案等）、材料供应方案（材料供应流程、接保险流程、临时〈急发〉材料采购流程等），此外，根据项目大小还有现场保卫方案、后勤保障方案等。施工方案是根据项目确定的，有些项目简单、工期短就不需要制订复杂的方案。对于园林工程项目中一些施工难点和关键分部、分项工程，需要专门编制有针对性的分项工程施工方案。

施工组织设计是对一个拟建园林工程进行施工准备和组织实施施工进行指导的基本的技术经济文件。其任务是要对具体的拟建园林工程的施工准备工作和整个的施工过程，在人力和物力、时间和空间、技术和组织上，做出安全、经济、全面、合理、有效地安排。施工方案的优劣直接决定整个施工组织设计的水平，反过来，施工组织设计全局部署、整体安排的合理，也会给施工方案的编制和实施带来积极的促进作用。

二、施工方案目标

在编制目的上，园林工程施工方案是针对某一分项工程的施工方法而编制的具体的施工工艺。它将对此分项工程的材料、机具、人员、工艺进行详细的部署。保证质量要求和安全文明施工要求；它应该具有可行性、针对性，符合施工及验收规范，而施工组织设计是一个工程的战略部署；是对工程全局的纲领性文件。它要求具有组织上的科学性和组织性，对施工中的人力、物力的使用以及时间安排上进行充分考虑。

施工方案应主要解决以下几个问题：施工顺序及流水方式；选择各分项工程主导施工过程的施工方法及施工机械；施工组织各项措施。

三、相互关系

综上所述，园林工程施工组织设计无法脱离施工方案而独立存在，没有合理的施工方案的施工组织设计，就不能准确地分析施工过程中的实际情况，也就不可能制定出满足实际需要的人工、材料、机械的组织方案。同样，如果局部的施工方案脱离施工组织设计进行编制，就很可能达不到整个工程对工期、质量等的要求，影响其他分部分项工程的施工，进而影响整个园林工程的顺利完工。

任务二　制定施工方案的目的

一、施工方案编制目的

园林工程施工方案的建立，目的是提高质量、加快工期、降低成本、提高项目施工的经济效益与社会效益。为了让施工进程顺利开展，保证现场的合理布置，需要制定合理的施工程序、顺序与工艺流程，采用兼顾工艺的先进性和经济上的合理性的施工方法，使用既能满足工程的需要，又能发挥其效能的施工机械，并通过技术、组织、经济、管理等方面进行全面分析，综合考虑，科学、合理地编制，经过分析比较后选择最佳的施工方案。

园林工程是一门综合性工程，与土建、市政等其他工程相比较，有它的特殊规律：要涉及土方、山石、道路、水景以及建筑工程，又有很强的季节性。即不同的树木、花、草种类与品种，均有其各自不同的最佳施工时期。保证按不同植物种植的最佳移植时期，来安排总进度和单项进度计划。

二、施工方案对施工的影响

施工方案的施工质量、成本控制、施工进度等方面都对施工有一定的影响。下面从施工方案对施工质量、成本控制来分析。

1. 园林工程施工方案对施工质量的影响

（1）园林工程施工方案可以保证工程施工质量。在园林工程施工过程中，施工方案是直接影响施工质量的关键，也就是说，在施工过程中，对人力与物力、主体与辅助、供应与消耗、生产与储存、专业与协作、使用与维修、空间布置与时间安排等方面进行科学、合理部署的方案，作为园林工程项目施工质量管理的指南。

在每个园林工程项目施工的准备阶段，其项目经理部应组织管理成员，按既定的施工组织设计施工方案。突击重点，采用切实可行的方法和有效措施，实行质量控制管理，履行岗位责任制度以及其他各项规章制度，科学、合理地组织并实施项目施工的程序、步骤、施工方法、施工机械及技术措施，认真按照施工图施工，依照现行的施工技术操作规程、施工规范、验收规范及质量检验评定标准进行检查、验评。

园林工程施工方案的确定，关系着施工过程的产品质量、整个工程的全面管理与项目的总评以及其经济效益和社会效益，因此必须给予足够的重视。

（2）园林工程施工方案对施工质量的指导。园林工程施工方案是用来指导建设工程项目施工过程中的技术、经济和组织的技术性文件。为保证建设项目的施工质量，必须有科学的、合理的、高水平的施工方案，通过管理组织进行科学、严密地管理，按既定的施工方案配备施工劳力、施工机械，依据施工程序与顺序、施工起点、流向和施工方法，严格要求，加以实施。

同时，为更好地发挥园林工程施工方案的指导作用，做好施工准备工作，搞好人力、物力、财力的统筹安排。开工前应对各级组织召开生产、技术会议，做好技术交底，明确关键部位的操作工艺、规程与保证措施，做到有组织、有计划、有步骤地实施，并建立岗位责任制，明确其责任与权利，加强监督和相互促进，开展劳动竞赛，把施工质量同员工物质利益有机结合，从而使施工方案在项目施工的实施过程中能够更加有效地保证施工质量。

（3）正确的技术手段是施工质量的保证。做好质量控制的管理，是保证施工方案实施的手段。为保证合同、设计要求和规范规定的质量标准所采取的一系列检测监控措施、手段与方法，其正确性与科学性，决定了施工方案的科学与合理，自然是施工质量的重要保证。

项目施工的质量控制应遵循如下原则。

1) 坚持"质量第一、用户至上"。

2) 人是质量的创造者，质量控制必须"以人为核心"；把人作为控制的动力，调动人的积极性、创造性，增强人的责任感，树立"质量第一"观念，提高人的素质，以人的工作质量保证工序质量、工程质量。

3) 从对质量的事后检查把关，转向对质量的事前控制、事中控制；从对产品质量的检查，转向对工作质量的检查、对工序质量的检查、对中间产品质量的检查，以"预防为主"采取这些措施，确保施工项目的质量。

4) 坚持质量标准，严格检验，一切用数据说话。

5) 贯彻执行科学、公正、守法的职业规范与道德观念。

(4) 质检及其标准是施工方案的依据和质量目标。为了使园林工程施工质量有可靠的保证，施工方案的实施与效果自然与质量检查及标准相关，其标准是施工方案确立的依据与结果，是施工质量的最终目标。

在园林工程施工方案中，要求每个分部、分项工程都必须根据国家现行颁发的建设工程施工技术操作规程、施工及验收规范、质量检验及评定标准进行检查、验评。建立检查制度，对每部分分项工程进行开工前检查，工序交接检查，隐藏工程检查，办理验收签证手续。根据不同的园林工程项目内容采取不同方式进行检查，验评质量以期达到预定标准。因此，只有这样确立的施工方案，才有预期的结果，施工质量才能得到保证。

园林工程的施工项目管理，只有从质量、安全、工期和技术经济指标等方面经过全面分析、综合考虑，进行权衡、比较后做出科学、合理、正确的施工方案，按照既定的施工程序、顺序、起点流向和施工方法、劳力组织、机械设备和其他技术经济指标的各项措施，通过有组织、有计划地科学管理，实行质量控制，检查制度和其他规章制度的严格认真实施，其工程项目的施工质量才能够达到预期目的。

2. 施工方案对施工成本的影响

长期以来，如何合理有效地控制园林工程造价，使有限的资金创造出更多、更大的效益，一直是园林施工单位普遍关注的问题。合理有效地控制施工成本，是施工管理的一个重要目标。

园林工程施工方法的确定、施工机具的选择、施工顺序的安排和流水施工的组织都依具体工程项目不同而有所变化。施工方案不同，工期就会不同，所需机具也不同。因此，施工方案的优化选择是施工企业降低工程成本的主要途径。制定施工方案要以合同工期和上级要求为依据，联系项目的规模、性质、复杂程度、现场等因素综合考虑。可以制订几个施工方案，互相比较，从中优选最合理、最经济的一个。同时拟定经济可行的技术组织措施计划，列入施工组织设计之中。为保证技术组织措施计划的落实并取得预期效果，工程技术人员、材料员、现场管理人员应明确分工，形成落实技术组织措施的一条龙，做到控制成本人人有责任、事事有人管。

在园林工程实施过程中，应对施工过程中的专题施工方案进行审查，运用价值工程法等方法通过不断地对施工方案进行技术经济分析，努力挖掘节约工程投资的潜力，从而达到节约投资，创造更高效益的目的。如有某个园林工程项目，原施工组织设计是土方开挖大量采用机械，考虑到地下水的影响，施工机械开挖占75%，人工开挖占25%，并有降水设施。当经过认真审核施工组织设计，发现开挖基础的时间正值枯水期，机械和人工的比例不合理，经过计算调整，按机械挖土占92%、人工挖土占8%计，且减少降水费用，节约了一大笔资金。

3. 施工方案对施工进度的影响

当采用施工方案不得当，施工组织设计不合理、施工进度计划不合理、施工工序安排不合理，不能解决工序之间在时间上的先后和搭接问题，以达到保证质量，充分利用空间、争取时间，实现合理安排工期的目的，就会影响到施工进度。

任务三　施工方案的内容和编制方法

一、施工方案的内容

1. 工程概况

（1）工程概况。建设项目名称、性质和建设地点；占地总面积和建设总规模；每个单项工程占地面积，预算金额等。

（2）建设项目的建设、设计和施工承包单位。建设项目的建设、勘察、设计、总承包和分包单位名称，以及建设单位委托的施工监理单位名称及其组织状况。

（3）施工组织总设计目标。建设项目施工总成本、总工期和总质量等级，以及每个单项工程施工成本、工期和工程质量等级要求。设计意图包括工程的意义、原则要求以及指导思想。

（4）建设地区自然条件状况。气象、工程地形和工程地质、工程水文地质以及历史上曾发生的地震级别及其危害程度及有利和不利条件。

（5）建设地区技术经济状况。地方园林绿化施工企业及其施工工程的状况；主要材料和设备供应状况；地方绿化、建筑材料品种及其供应状况；地方交通运输方式及其服务能力状况；地方供水、供电、供热和电讯服务能力状况；社会劳动力和生活服务设施状况；以及承包单位信誉、能力、素质和经济效益状况；地区园林绿化新技术、新工艺的运用状况。

（6）施工项目施工条件。主要材料、特殊材料和设备供应条件；项目施工图纸供应的阶段划分和时间安排；以及提供施工现场的标准和时间安排。

2. 施工部署

（1）建立项目管理组织。明确项目管理组织目标、组织内容和组织结构模式，建立统一的工程指挥系统。组建综合或专业工作队组，合理划分每个承包单位的施工区域，明确主导施工项目和穿插施工项目及其建设期限。

（2）认真做好施工部署。

1）安排好为全场性服务的施工设施。应优先安排好为全场性服务或直接影响项目施工的经济效果的施工设施，如现场供水、供电、供热、通讯、道路和场地平整，以及各项生产性和生活性施工设施。

2）合理确定单项工程开、竣工时间。根据每个独立交工系统以及与其相关的辅助工程、附属工程完成期限，合理地确定每个单项工程的开、竣工时间，保证先后投产或交付使用的交工系统都能够正常运行。

（3）主要项目施工方案。根据项目施工图纸、项目承包合同和施工部署要求，分别选择主要景区、景点化、建筑物和构筑物的施工方案，施工方案内容包括：确定施工起点流向、确定施工程序、确定施工顺序和确定施工方法。

3. 全场性施工准备工作计划

根据施工项目的施工部署、施工总进度计划、施工资料计划和施工总平面布置的要求，编制施工准备工作计划。具体内容如表2-1所示。

表2-1　　　　　　　　　　　　　　主要施工准备工作计划表

序　号	准备工作名称	准备工作内容	主办单位	协办单位	完成日期	负责人

（1）按照总平面图要求，做好现场控制网测量。

（2）认真做好土地征用、居民迁移和现场障碍物拆除工作。

（3）组织项目采用的新结构、新材料、新技术试验工作。

（4）按照施工项目施工设施计划要求，优先落实大型施工设施工程，同时做好现场"四通一清"工作。

（5）根据施工项目资源计划要求，落实绿化材料、建筑材料、构配件、加工品（包括植物材料）、施工机具和设备。

（6）认真做好工人上岗前的技术培训工作。

4．施工总进度计划

根据施工部署要求，合理确定每个独立交工系统及单项工程控制工期，并使它们相互之间最大限度地进行衔接，编制出施工总进度计划。在条件允许的情况下，可多搞几个方案进行比较、论证，以采用最佳计划。

（1）确定施工总进度表达形式。

1）总进度：全部工程项目的整个进度时间。

2）单项任务进度：整个工程项目中，各项任务的具体时间。例如植树工程任务的全部。

3）影响施工进度的关键因素，主要有以下3个。

a．施工方法：即机械施工、人力施工、义务劳动。

b．施工的主要环节：在安排施工方案时，要抓住主要矛盾，分析出影响进度的关键问题、关键环节，并提出处理办法，以保证施工进度按时完成。

c．自然因素：如天气等。

施工总进度计划属于控制性计划，用图表形式表达。园林建设项目施工进度常用横道图表达，如图2-1所示。

工程编号：①整理地形工程；②绿化工程；③假山工程；……

图2-1　施工进度横道图

（2）编制施工总进度计划。

1）根据独立交工系统的先后次序，明确划分施工项目的施工阶段；按照施工部署要求，合理确定各阶段及其单项工程开、竣工时间。

2）按照施工阶段顺序，列出每个施工阶段内部的所有单项工程，并将它们分别分解至单位工程和分部工程。

3）计算每个单项工程、单位工程和分部工程的工程量。

4）根据施工部署和施工方案，合理确定每个单项工程、单位工程和分部工程的施工持续时间。

5）科学地安排各分部工程之间衔接关系，并绘制成控制性的施工网络计划（见图2-2）或横道计划。

网络计划图表方法，如图2-3所示。

在网状图的基础上，编制施工作业一览表：施工网络计划明确了各作业间的相互关系、作业顺序、施工时间和重点作业等，以弥补工程进度表的不足（见表2-2）。

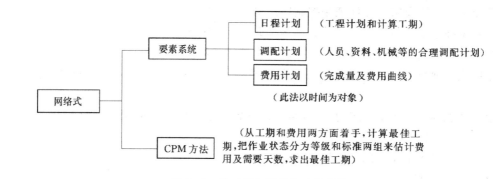

图 2-2　施工网络计划方法的种类

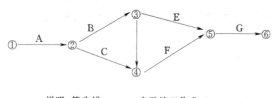

说明：箭头线 ——→ 表示施工作业

施工作业开始○$\frac{A(作业名称)}{5(作业天数)}$►○施工作业结束

○中填号数后，则表示施工作业的流程

图 2-3　施工网络计划图表示方法

表 2-2　　　施工作业一览表

施工作业	先行作业	后续作业	需要天数
A		B、C、D	3
B	—	E、F	4
C	A	F	9
D	A	G	4
E	A	G	3
F	B、C	G	4
G	D、E、F	—	5

6）在安排施工进度计划时，要认真遵循编制施工组织设计的基本原则。

7）可对施工总进度计划初始方案进行优化设计，以有效地缩短建设总工期。

（3）制订施工总进度保证措施。

1）组织保证措施。从组织上落实进度控制责任制，建立进度控制协调制度。

2）技术保证措施。编制施工进度计划实施细则；建立多级网络计划和施工作业周计划体系；强化施工工程进度控制。

3）经济保证措施。确保按时供应资金；奖励工期提前有功者；经批准紧急工程可采用较高的计件单价；保证施工资源正常供应。

4）合同保证措施。全面履行工程承包合同；及时协调各分包单位施工进度；按时提取工程款；尽量减少建设单位提出工程进度索赔的机会。

5. 施工总质量计划

施工总质量计划是以一个建设项目为对象进行编制，用以控制其施工全过程各项施工活动质量标准的综合性技术文件。应充分掌握设计图纸、施工说明书、特殊施工说明书等文件上的质量指标，制定各工种施工的质量标准，制定各工种的作业标准、操作规程、作业顺序等，并分别对各工种的工人进行培训及教育。

（1）施工总质量计划内容。

1）施工总质量计划内容。

2）工程施工质量总目标及其分解。

3）确定施工质量控制点。

4）制订施工质量保证措施。

5）建立施工质量体系，并应与国际质量认证系统接轨。

（2）施工总质量计划的制订步骤。

1）明确工程设计质量要求和特点。通过熟悉施工图纸和工程承包合同，明确设计单位和建设单位对建设项目及其单项工程的施工质量要求；再经过项目质量影响因素分析，明确建设项目质量特点及其质量计划重点。

2）确定施工质量总目标。根据建设项目施工图纸和工程承包合同要求，以及国家颁布的相关的工程质量评定和验收标准，确定建设项目施工质量总目标：优良或合格。

3）确定并分解单项工程施工质量目标。根据建设项目施工质量总目标要求，确定每个单项工程施工质量目标，然后将该质量目标分解至单位工程质量目标和分部工程质量目标，即确定出每个分部工程施工质量等级：优良或合格。

4）确定施工质量控制点。根据单位工程和分部工程施工质量等级要求，以及国家颁布的相关的工程质量评定与验收标准、施工规范和规程有关要求，选定各工种的质量特性（以土方工程为例，见表2-3），确定各个分部（项）工程质量标准和作业标准；对于影响分部（项）工程质量的关键部位或环节，要设置施工质量控制点，以便加强对其进行质量控制。

表 2-3　　　　　　　　　　　土方工程的质量特性

物理特性（施工前）		力学特性（施工中）		地基土壤的承载力（施工后）	
质量特性试验	质量特性	试验	质量特性	试验	
（1）颗粒度	颗粒度	（1）最大干燥密度	捣固	（1）贯入指数	各种贯入试验
（2）液限	液限	（2）最优含水量	捣固	（2）浸水 CBR	CBR
（3）塑限	塑限	（3）捣固密实度	捣固	（3）承载力指数	平板荷载试验
（4）现场含水量	含水量				

5）制订施工质量保证措施。

a. 组织保证措施。建立施工项目的施工质量体系，明确分工职责和质量监督制度，落实施工质量控制责任。

b. 技术保证措施。编制施工项目施工质量计划实施细则，完善施工质量控制点和控制标准，强化施工质量事前、事中和事后的全过程控制。

c. 经济保证措施。保证资金正常供应；奖励施工质量优秀的有功者，惩罚施工质量低劣的操作者，确保施工安全和施工资源正常供应。

d. 合同保证措施。全面履行工程承包合同，严格控制施工质量，及时了解及处理分包单位施工质量，热情接受施工监理，尽量减少建设单位提出工程质量索赔的机会。

6）建立施工质量认证体系。

6. 施工总成本计划

施工总成本是以一个园林建设项目为对象进行编制，用以控制其施工全过程各项施工活动成本额度的综合性技术文件，由于园林建设工程施工内容多，牵涉到的工种亦多，计算标准成本很困难，但随着园林事业的发展以及不断进行的体制改革和规章制度的日益完善园林事业日趋现代化，因而园林业也会和其他部门一样，朝制定标准成本的方向努力。

（1）施工成本分类。

1）施工预算成本。施工预算成本是工程的成本计划，是根据项目施工图纸、工程预算定额和相应取费标准所确定的工程费用总和，也称建设预算成本。制订工程预算书是进行成本管理的基础，它是根据设计书、图表、施工说明书、图纸等实行预算及成本计算（见表2-4）。

2）施工计划成本。施工计划成本是在预算成本基础上，经过充分掘潜力、采取有效技术组织措施和加强经济核算努力下，按企业内部定额，预先确定的工程项目计划费用总和，也称项目成本。施工预算成本与施工计划成本差额，称为项目施工计划成本降低额。

表 2-4   施工预算成本管理表

预算成本计算		施工计划成本计算		施工实际成本计算
基本计算	估算成本	不同工种计算	不同因素计算	预算成本与完成工程成本实行预算报告比较研究
		直接工程费 ×××作业	材料费 劳务费	
确定预算		×××作业 间接工程费 一般管理费	转包费 经 费	
编制实行预算书	执行预算		中途分析实行 预算差异	
计划	实施		调整	评价

　　3）施工实际成本。施工实际成本是在项目施工过程中实际发生，并按一定成本核算对象和成本项目归集的施工费用支出总和。施工预算成本与施工实际成本的差额，称为工程成本降低额；成本降低额与预算成本比率，称为成本降低率。施工管理人员应找出成本差异发生的原因，在控制成本的同时，及时采取正确的施工措施，一般说来，在比较成本时应保证工程数量与成本都必须准确。该指标可以考核建设项目施工总成本降低水平或单项工程施工成本降低水平（见表 2-5）。

表 2-5   成本差异分析表

工种区分	施工预算成本			施工实际成本			成本差异		
	数量	单价	金额	数量	单价	金额	增	减	
×× ×× ×× 合计									成本差异 大的作业

　　（2）施工成本构成。施工成本由直接费和间接费构成。

　　（3）编制施工总成本计划步骤。

　　1）确定单项工程施工成本计划。

　　a. 收集和审查有关编制依据。上级主管部门要求的降低成本计划和有关指标；施工单位各项经营管理计划和技术组织措施方案；人工、材料和机械等消耗定额和各项费用开支标准；历年有关工程成本的计划、实际和分析资料。

　　b. 做好单项工程施工成本预测。通常先按量、本、利分析法，预测工程成本降低趋势，并确定出预期成本目标，然后采用因素分析法，逐项测算经营管理计划和技术组织措施方案的降低成本经济效果和总效果。当措施的经济总效果大于或等于预期工程成本目标时，就可开始编制单项工程施工成本计划。

　　c. 编制单项工程施工成本计划。首先由工程技术部门编制项目技术组织措施计划，然后由财务部门编制项目施工管理计划，最后由计划部门会同财务部门进行汇总，编制出单项工程施工成本计划，即项目成本计划表。工程预算成本减去计划（降低）成本的差额，就是该项目工程成本指标。

　　2）编制建设项目施工总成本计划。根据园林建设项目施工部署要求，其总成本计划编制也要划分施工阶段，首先要确定每个施工阶段的各个单项工程施工成本计划，并编制每个施工阶段组成的项目施工成本计划，再将各个施工阶段的施工成本计划汇在一起，就成为该园林建设项目施工总成本计划，同时也求得该建设项目工程计划成本总指标。

　　3）制订建设项目施工总成本保证措施。

a. 技术保证措施。园林建设工程中大量是园林植物，品种各异，来源不同，必须精心优选各类植物材料、各种建设材料、设备的质量和价格，合理确定其供货单位；优化施工部署和施工方案以节约成本；按合理工期组织施工，尽量减少赶工费用。

b. 经济保证措施。经常对比计划费用与实际费用差额，分析其产生原因，并采取改善措施，及时奖励降低成本有功人员。

c. 组织保证措施。建立健全项目施工成本控制组织，完善其职责分工和有关规章制度，落实项目成本控制者的责任。

d. 合同保证措施。按项目承包合同条款支付工程款；全面履行合同，减少建设单位索赔条件和机会；正确处理施工中已发生的工程赔偿事项，尽量减少或避免工程合同纠纷。

7. 施工总资源计划

（1）劳动力需要量计划。施工劳动力需要量计划是编制施工设施和组织工人进场的主要依据。劳务费平均占承包总额的 30%～40%，它是施工管理人员实施管理的重要一环，在管理过程中要执行《中华人民共和国劳动法》、《中华人民共和国劳动卫生法》等。劳动力需要量计划是根据施工总进度计划、概（预）算定额和有关经验资料，分别确定出每个单项工程专业工种、工人数和进场时间，然后逐项汇总直至确定出整个建设项目劳动力需要量计划，是一项政策性很强的工作。

工程的劳动力可实行招聘制，并要订立相关合同，合同双方都要遵守劳动合同，认真地履行各自的权利与义务。

（2）主要材料需要量计划。主要材料需要量计划，它是组织施工材料和部分原材料加工、订货、运输、确定堆场和仓库的依据。它是根据施工图纸、施工部署和施工总进度计划而编制的。然而，园林施工中的特殊材料如掇山、置石的材料需要根据设计所要求的体态、体量、色泽、质地等经过相石、采石、运输等环节，故需事先作好需要量计划。

（3）施工机具和设备需要量计划。施工机具和设备需要量计划是确定施工机具和设备进场、施工用电量和选择施工后临时变压器的依据。它可根据施工部署、施工方案、工程量而确定，一般而言，园林施工中的大型施工机械不多见，但在地形塑造、土方工程、水景施工中所用的一些中、小机械设备也不容忽视。

8. 施工总平面布置的原则

安排施工方案时，可以用平面图的形式，标出与施工有关设施的放置位置。

主要有施工现场的交通路线、存放材料的地点、水源、放线基点、生活区的位置，这些设施，最好安排在对施工影响不大，而又最方便的地方。

（1）施工总平面布置的原则。

1）在满足施工需要前提下，尽量减少施工用地，不占或少占农田，施工现场布置要紧凑合理，保护好施工现场的古树名木、原有树木、文物等。

2）合理布置各项施工设施，科学规划施工道路，尽量降低运输费用。

3）科学确定施工区域和场地面积，尽量减少专业工种之间交叉作业。

4）尽量利用永久性建筑物、构筑物或现有设施为施工服务，降低施工设施建造费用，尽量采用装配式施工设施，提高其安装速度。

5）各项施工设施布置都要满足：有利于施工、方便生活、安全防火和环境保护要求。

（2）施工总平面布置的依据。

1）园林建设项目总平面图、竖向布置图和地下设施布置图。

2）园林建设项目施工部署和主要项目施工方案。

3）园林建设项目施工总进度计划、施工总质量计划和施工总成本计划。

4）园林建设项目施工总资源计划和施工设施计划。

5）园林建设项目施工用地范围和水、电源位置，以及项目安全施工和防火标准。

（3）施工总平面布置内容。

1）园林建设项目施工用地范围内地形和等高线；全部地上、地下已有和拟建的道路、广场、河湖水面、山丘、绿地及其他设施位置的标高和尺寸。

2）标明园林植物种植的位置、各种构筑物和其他基础设施的坐标网。

3）为整个建设项目施工服务的施工设施布置，包括生产性施工设施和生活性施工设施两类。

4）建设项目必备的安全、防火和环境保护设施布置。

（4）编制建设项目施工设施需要量计划。

1）确定工程施工的生产性设施。生产性施工设施包括：工地加工设施、工地运输设施、工地储存设施、工地供水设施、工地供电设施和工地通讯设施6种。通常要根据整个园林建设项目及其每个单项工程施工需要，统筹兼顾、优化组合、科学合理地确定每种生产性施工设施的建造量和标准，编制出项目施工的生产性施工需要量计划。

2）确定工程施工的生活性设施。生活性施工设施包括：行政管理用房屋、居住用房屋和文化福利用房屋3种。通常要根据整个建设项目及其每个单项工程施工需要，统筹兼顾、科学合理地确定每种生活性施工设施的建造量和标准，编制出项目施工的生活性施工设施需要量计划。

3）确定项目施工设施需要量计划核心部分，必然是以上两项"需要量计划"之和，然后在其前面写明"编制依据"，在其后面写明"实施要求"。这样便形成了"建设项目施工设施需要量计划"。

（5）施工总平面图设计步骤。

1）确定仓库和堆场位置，特别注意植物材料的假植地点应选在背风、背阴处。

2）确定材料加工场地位置。

3）确定场内运输道路位置。

4）确定生活用施工设施位置。

5）确定水、电管网和动力设施位置。

6）评价施工总平面图指标。

为了优化施工工程，应从多个施工总平面图方案中根据下列评价指标：施工占地总面积、土地利用率、施工设施建造费用、施工道路总长度和施工管网总长度。并在分析计算基础上，对每个可行方案进行综合评价。

9．主要技术经济指标

为了评价每个建设项目施工组织总设计各个可行方案的优劣，以便从中确定一个最优方案，通常采用以下技术经济指标进行方案评价。

（1）建设项目施工工期。

（2）建设项目施工总成本和利润。

（3）建设项目施工总质量。

（4）建设项目施工安全。

（5）建设项目施工效率。

（6）建设项目施工其他评价指标。

二、编制施工组织方案的方法

工程计划方法最为常见的是条形图法（横道图）和统筹法（网络图）两种。

1．条形图计划技术与网络图计划技术

例如要编制一个钢筋混凝土结构的喷水池施工进度计划，可采用如图2-4（a）所示的横道图进度计划或图2-4（b）所示的双代号网络图进度计划，两种计划均采用流水施工方式施工。从图2-4（a）中可以看出，横道条形图进度计划是以时间参数为依据的，图右边的横向线段代表各工作或工序的起止时间与先后顺序，表明彼此之间的搭接关系。用条形图组织施工进度计划编制简单、直观易懂，至今在流水施工中应用甚广。但这种方法也有明显的缺点，它不能全面地反映各工作或工序间的相互联系及彼此间的影响；它不能建立数理逻辑关系，因此无法进行系统的时间分析，不能确定重点、关键性工序或主攻的对象，不利于充分发挥施工潜力，也不能通过先进的计算机技术进行计算优化。因而，往往导致所编制的进度计划过于保守或与实际脱节，也难以准确有效预测、妥善处理和监控计划执行中出现的各种情况。

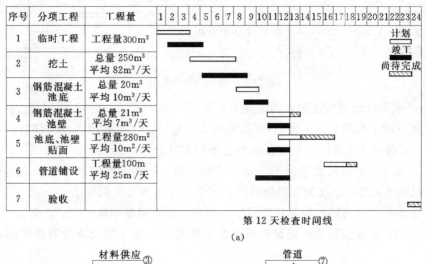

第 12 天检查时间线

（a）

（b）

图 2-4　喷水池横道图和网络图施工进度

（a）横道图；（b）网络图

而图 2-4（b）所示网络计划技术是将施工进度看作一个系统模型，系统中可以清楚看出各工序之间的逻辑制约关系，哪些工序是关键、重点工序，或是影响工期的主要因素。同时由于它是有方向有序的模型，便于计算机进行技术调整优化。因而，它较条形图计划技术更科学、更严密，更利于调动一切积极因素，更有效把握和控制施工进度，是工程施工进度现代化管理的主要手段。

2. 条形图法

条形图法也称横道图、横线图。它简单实用，易于掌握，在绿地项目施工中得到广泛应用。常见的有作业顺序表和详细进度表两种。

编制条形图进度计划要确定工程量、施工顺序、最佳工期以及工序或工作的天数、搭接关系等。

（1）作业顺序表。如图 2-5 所示是某绿地铺草工程的作业顺序表，图右边表示作业量的比率，左边则是按施工顺序标明的工程或工序。它清楚地反映了各工序的实际情况，对作业量的完成率一目了然，

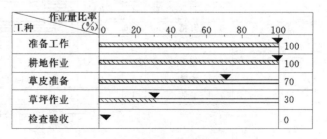

图 2-5　铺草作业顺序表

便于实际操作。但工种间的关键工程不明确，不适合较复杂的施工管理。

（2）详细进度表。详细进度表是最普遍、应用最广的条形图进度计划表，经常所说的横道图就是指施工详细进度表。

条形图详细进度计划编制。详细进度计划是由两部分组成，左边以工种（或工序、分项工程）

为纵坐标，包括工程量、各工种工期、定额及劳动量等指标；右边以工期为横坐标，通过线框或线条表示工程进度，如图2-6所示。

工种	单位	数量	开工日	完工日	4月
					5　　10　　15　　20　　25　　30
准备作业	组	1	4月1日	4月5日	
定点	组	1	4月1日	4月1日	
土山工程	m³	5000	4月10日	4月15日	
栽植工程	株	450	4月15日	4月28日	
草坪种植	m³	900	4月24日	4月30日	
收尾	队	1	4月28日		

图2-6　施工详细进度表

根据图2-6说明详细进度计划表的编制方法如下。

a. 确定工序（或工程项目、工种）。一般要按施工顺序，作业搭接客观次序排列，可组织平行作业，但最好不安排交叉作业。项目不得疏漏也不得重复。

b. 根据工程量和相关定额及必需的劳动力，加以综合分析，制定各工序（或工种、项目）的工期。确定工期时可视实际情况酌加机动时间，但要满足工程总工期要求。

c. 用线框在相应栏目内按时间起止期限绘成图表，需要清晰准确。

d. 清绘完毕后，要认真检查，看是否满足总工期需要。图中能否清楚看出时间进度和应完成的任务指标等。

（3）条形图的应用。利用条形图表示施工详细进度计划就是要对施工进度合理控制。并根据计划随时检查施工过程，达到保证顺利施工，降低施工费用，符合总工期的目的。

图2-4（a）是按条形图制定的喷水池施工进度。图中反映：工程工期24天，其中临时工程3天，土方工程5天……工程验收1天，当第17天水池贴面完成后需消毒保养6天才进行最后验收；前三项工程均比原计划迟开工，但能满足池壁工程施工要求；第五、六项工程则比原计划早开工且进度较快；在第12天检查时，尚待完成的工程量较计划要少，因此有利于保证工期。

图2-7所示是某护岸工程的横道图施工进度计划。原计划工期20天，由于各工种相互衔接，施工组织严密，因而各工种均提前完成，节约工期2天。在第10天清点时，原定刚开工的铺石工序实际上已完成了工程量的1/3。

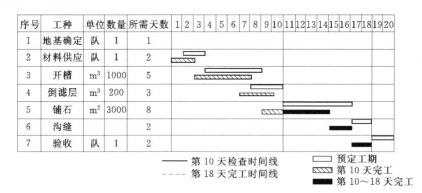

图2-7　护岸横道施工进度计划

综合以上两例可见，条形图控制施工进度简单实用，一目了然，适用于小型园林绿地工程。由于条形图法对工程的分析以及重点工序的确定与管理等诸多方面的局限性，限制了它在更广阔的领域中应用。为此，对复杂庞大的工程项目必须采用更先进的计划技术——网络计划技术。

3．网络图法

网络图法又称统筹法，它是以网络图为基础的用来指导施工的全新计划管理方法。20 世纪 50 年代中期首先出现于美国，60 年代初传入中国并在工业生产管理中应用。其基本原理为：将某个工程划分成多个工作（工序或项目），按照各工作之间的逻辑关系找出关键线路编成网络图，用以调整、控制计划，求得计划的最佳方案，以此对工程施工进行全面监测的指导。用最少的人力、材料、机具、设备和时间消耗，取得最大的经济效益。

网络图是网络计划技术的基础，它是依据各工作面的逻辑关系编制的，是施工过程时间及资源耗用或占用的合理模拟，比较严密。目前，应用于工程施工管理的网络图有单代号网络图和双代号网络图两种。这里首要介绍双代号网络图。

（1）网络图识读。网络图主要由工序、事件和线路 3 部分组成，其中每道工序均用一根箭线和两个节点表示，箭线两端点编号用以表明该箭线所表示的工序，故称"双代号"，如图 2-8（a）所示。

1）工序。工序是指某项目按实际需要划分的既费时间又耗资源的分项目，用一条箭线和两个节点表示。凡消耗时间或消耗资源的工序称实际工序；既不耗损时间也不损耗资源的工序，称虚工序，它仅表示相邻工序间的逻辑关系，用一根虚箭线表示，如图 2-8（b）所示。箭线的前端称头，后端称尾，头的方向说明工序结束，尾的方向说明工序开始。箭线的上方填写工序名称，下方填写完成该工序所需的时间。

(a)双代号网络图工序表示　　(b)虚工序表示(t＜i)

图 2-8　护岸横道施工进度计　　　　图 2-9　工序间的相互关系

如果将某工序称为本序，那么紧靠其前的工序就称为紧前工序，而紧靠后面的工序则称为紧后工序，与之平行的称平行工序。如图 2-9 所示，A 为紧前工序，B 为本工序，C 为平行工序，D 为紧后工序。

2）事件。即结合点，工序间交接点，用圆圈表示。网络图中，第一个结合点（节点）称为起始点。表明某工序的开始；最后一个节点称为结束节点，表明该工序的完成。由本工序至起始点间的所有工序称先行工序，本工序至结束节点间所有工序称后续工序。

3）线路。关键线路是指网络图中从起始节点开始沿箭线方向直至结束节点的全路线，其他称非关键线路。关键线路上的工序均称关键工序，关键工序应做重点管理。

（2）网络图逻辑关系表示。工程施工中，各工序间存在着相互的依赖和制约关系，即指逻辑关系。清楚分析工序间的逻辑关系是绘制网络图的首要条件。因此，弄清本工序、紧前工序、紧后工序、平行工序等逻辑关系，才能清晰绘制出正确的网络图。

如图 2-10 所示，工程划分 7 个工序，由 A 开始，A 完工后 B、C 动工；完成后开始 D、E；F 要开始必须待 C、D 完工后；G 要动工则等 E、F 结束后。就 F 而言，A、B、C、D 均为其紧前工序；E 为其平行工序；G 为其紧后工序。

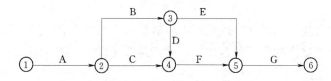

图 2-10　工序的逻辑关系

（3）编制网络图的基本原则。

1）同一对结合点之间，不能有两条以上的箭线。网络图中进入节点的箭线允许有多条，但同一结合点进来的箭线则只能有一条。图2-11（a）中②-③有三根箭线，应表示三道工序，但无法弄清B、C、D属哪道工序，因而造成混乱。为此，需增加虚工序，分清逻辑工序关系，故图2-11（b）是正确的。

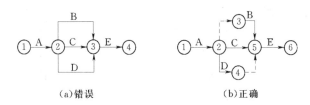

图2-11　同一节点进来的

2）网络图中不允许出现循环回路。循环回路如图2-12（a）中的③-④-⑤，这在实际施工中是不存在的，因而是错误的，应按施工顺序更正如图2-12（b）所示，是正确的。

图2-12　网络图循环回路

3）网络图中不得出现双向箭线和无箭头线段。图2-13所示画法是错误的。

图2-13　双向箭头和无箭头线段

4）一个网络图中只许有一个起点和一个终点，也不允许无箭尾节点或无箭头节点的箭线。因此，图2-14（a）和图2-15所示均是错误的。

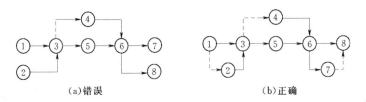

图2-14　一个起点和一个终点

图2-15　无箭尾节点和无箭头节点

（4）网络图的编制方法。编制网络图应首先弄清楚三个基本内容：第一是拟计划的工程由哪些工序组成；第二是各工序之间的搭接关系如何；第三是要完成每个工序需要多少时间。然后按照以下步骤编制。

1）分析工程，按每个工序的紧前工序通过矩阵图推出其紧后工序。

2）根据紧前工序和紧后工序推算出各工序的开始节点和结束节点，方法如下。

a. 无紧前工序的工序其开始节点号为零。

b. 有紧前工序的工序其开始节点号为紧前工序的起始节点号取最大值加1。

c. 无紧后工序的工序其结束节点是各工序结束点的最大值加1。

d. 有紧后工序的工序其结束点号为紧后工序开始节点号的最小值。

3）根据节点号绘出网络图。

4）用初绘的网络图与相关图表进行对照检查。

例如某工程各工序之间的关系如表2-6所示，要求绘制网络图。

表2-6　　　　　　　　　　　　　某工程各工序间的关系

工序名称	A	B	C	D	E	F	G
紧前工序	—	A	A	A	B	B、C	D、E、F
工序时间（天）	3	4	9	4	3	4	5

第一：由紧前工序确定其紧后工序，先绘矩阵图，以横坐标为紧前工序，纵坐标为紧后工序，如图2-16所示。

	A	B	D	E	F	G
A	*					
B	*					
C	*					
D						
E						
F						
G				*	*	*

图2-16　矩阵图

第二：计算各工序的起始点和结束点，列表，如表2-7所示。

表2-7　　　　　　　　　　　　　各工序的起始点和结束点

工序名称	A	B	C	D	E	F	G
紧前工序	—	A	A	A	B	B、C	D、E、F
紧后工序	B、C、D	E、F	F	G	G	G	—
开始节点	0	1	1	1	2	2	3
结束节点	1	2	2	3	3	3	4

第三：根据各工序的起始点和结束节点绘制网络图，如图2-17所示。

（5）网络图时间参数计算。工程工期用日、月、年等时间单位表示，它是控制施工工期的直接因素。要使网络计划满足工程工期的要求或想方设法缩短工期，那么对工序的时间参数计算就显得十分重要。因此，在实际工作中要熟悉这些参数的计算。

为便于查找，现将各种计算因子及其计算方法列于表2-8，需要时可参照逐一计算，并将计算结果采用不同的符号标注于网络图中。

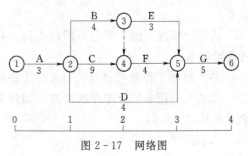

图2-17　网络图

表 2 - 8　　　　　　　　　　　　　　　网络图时间参数的计算

计算类型	日程名称	代号	含　义	计算方法	说　明
时间计算	最早开始时间	EST	某工程能最早开始的时点	(1) 起始节点 EST 为零 (2) 紧前工序 EFT 的最大值	
	最早结束时间	EFT	某工程能最早结束的时点	工序的 EST＋所需用日数	
	最迟开始时间	LST	某工序必须开工的时点	(1) 逆算法 (2) LST＝LET－所需天数	
	最迟结束时间	LFT	某工序必须结束的时点	紧后工序 LST 的最小值	
机动时间计算	全面机动时间	TF	整个网络空余时间	TF＝LFT－EFT	工序总时差
	自由机动时间	FF	不影响后工序最长路径的最早时点	FT＝紧后工序 EST－该工序 EFT	工序单时差
节点计算	最早节点时间	ET	由起始节点至某工序最长路径的最早时点	(1) 起始节点 ET＝0 (2) 箭线方向各工序所需天数相加，取 ET 最大值	
	最迟节点时间	LT	任意节点至结束节点最长路径的最迟时点		
	节点机动时间	SL	各节点的空余时间	SL＝LT－ET	工序单时差
关键路线计算	关键路线	CP	在路径中所需时间最多的路线	(1) 结束点至起始点 TF＝0 的线路 (2) 天数最多的线路	

（6）网络图的应用。园林工程施工管理中，网络计划技术是现代化管理技术。它能集中反映施工的计划安排和资源的合理配置，工程总工期及必须重点管理的工序等。因此，在实际施工管理中，通过应用网络图可以达到缩短工期、降低费用、合理利用资源等目的。

1）工序时差的应用。网络图中工序时差的分析和利用是网络计划技术的核心内容，应给以充分重视并根据实际需要加以合理利用。

a. 工序时差是指各工序可以机动利用的空余时间，它反映各工序可挖掘的潜力，一般分为工序总时差和工序单时差两种。总时差是网络图中全部工序可机动利用总的空余时间；单时差是在不影响紧后工序的条件下可利用的部分空余时间。通过工序时差的分析，目的是找出关键线路及相应的关键工序，然后再对关键线路进行重点管理，以及对整个施工进度全面控制。工序时差的应用着重在以下几个方面：

当工作面和资源允许时，适当增加劳动力加强关键工序，以求缩短关键线路的持续时间。

b. 如果总时差满足，可视实际需要划分更细的工序，争取利用平行工序，增加搭接时间，亦可缩短施工周期。

c. 若劳动资源保持一定水平，在工序时差允许的情况下周密组织各工序的开工和竣工时间，使有效的力量集中于关键工序中。

2）工期优化。工期优化是指计算工期大于指定工期时如何缩短计划计算工期以达到指定工期的目的。那么，在编制中应通过什么途径、什么方法、采取什么有效措施缩短工期呢？以下方法值得参考。

a. 认真分析施工图，确定不同的工种，再根据工种划分工序，合理排出工序顺序，即弄清彼此间逻辑关系。

b. 各工序的工作量要适当，对关键工序或内容复杂的工序必须简化，减少不必要的工作量。

c. 可适当利用非关键工序的时差，加强重点工序管理，对工程质量和安全影响不大的工序应尽量缩短其需要时间。

d. 多利用平行作业和交叉作业。

e. 先进技术、新材料的应用，提高效率。

f. 搞好劳动保护，制定奖励措施，充分挖掘劳动潜力。

g. 根据需要合理加班加点或加强夜间施工。

h. 请求纵向的领导组织支持和加强横向的协作关系。

i. 严格的劳动纪律和质量监控。

3）成本时间优化。成本时间优化是指在满足指定工期的条件下，检查各工序所需要时间与所需成本费用的关系，从而求得计划项目总费用最低、工期最佳的方法，也称 CPM 法。

从上述计划项目时间优化所采用的方法可见，要加强施工进度，缩短工期，一般需要增加劳动力、设备或采用更先进的技术措施，这无疑会提高施工成本。因而，实际中将不论施工费多少，都难以再缩短工期的时点称为赶工时间；在正常施工条件下按指定工期完成施工的时间称为标准时间。前者的相应费用称为赶工费用，后者的费用称为标准费用。

图 2-18 所示是时间—成本曲线图，图中反映出工期与施工成本的关系。由标准时间和标准费用所确定的交点称为标准点；赶工时间与赶工费用的交点称为赶工点；连接赶工点和标准点所得的直线称为成本坡度，它反映的是随施工工期缩短成本递增的变化状况。

$$成本坡度 = \frac{赶工费用 - 标准费用}{标准时间 - 赶工时间}$$

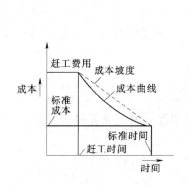

图 2-18　时间—成本曲线

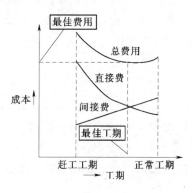

图 2-19　工期与费用曲线

要正确进行成本时间的优化组合，需要了解成本费用的构成，这是 CPM（Critical Path Method）与日程计划的差别所在。

某项工程的费用常由直接费用和间接费用两大类组成，直接费用是直接用于工程的费用，例如人工、材料消耗、能源消耗、设备折旧及技术改造费用等；间接费用是指与工程有关的施工组织和技术性经营管理等的全部费用，如现场管理费、办公费、物资储存保管和损失费、未完结工程的维护费和贷款利息等。成本时间优化的目的就是要使直接费用和间接费用累加后总费用为最小，并以此费用确定工期，即为工程施工最佳工期。图 2-19 所示是最佳工期与总费用的关系曲线。

任务四　园林分项工程施工方案选编

一般园林建筑工程的施工方案。主要包括有地形、水体、园林小品、花架、铺地、景亭、花池等。

一、地面铺装施工方法工艺流程

1. 素土夯实

素土夯实采用振动夯实机。每个夯窝之间的距离，可根据需要间隔 2～3 个夯位，接上夯之邻的二道夯位进行打夯，二道夯完毕后，再进行三夯位的打夯。夯实后，填土密实度在基础以下 0～

80cm 达到 95％以上，80cm 以下密实度达到 85％～90％。

2. 灰土垫层施工工艺工艺流程

（1）施工前应做好水平标高的标志，如在边坡上每隔 3m 钉上灰土上平的木橛或在地面上插好标高控制的标准木桩。

（2）灰土垫层是用石灰粉、砂土拌制而成，土不含有有机杂物，使用前过筛，粒径不大于 15mm。灰土应拌和均匀，加水适量，以用手将灰土紧握成团，两指轻捏即碎为宜，如土料水分过大或不足时，应晾干或洒水润湿。铺设时应分层下料夯实，每层灰土的虚铺厚度不大于 200mm。灰土分段施工时，上下两层灰土的接槎距离不得小于 500mm，在硬化期间，要避免受水浸湿。灰土回填每层夯实后，应根据规范规定进行环刀取样，测出灰土质量密度，达到设计要求后，才能进行上一层灰土的铺摊。灰土最上一层完成后，应拉线或用靠尺检查标高和平整度，超高处用铁锹铲平；低洼处应及时补打灰土。施工时应注意妥善保护定位桩、轴线桩，防止碰撞位移，并应经常复测。

（3）灰土垫层施工完成后，应及时进行基础的施工，否则应临时遮盖，防止日晒雨淋。对各种地下管线及设备均应妥善保护，防止灰土垫层施工时碰撞和损坏。

3. C10 混凝土垫层

混凝土混合料在拌和场用搅拌机生产，混凝土按照设计要求进行配比。混凝土拌和后，人工进行摊铺，采用平板振动或卡板振动器振捣，振动器搁在纵向侧模顶上，自一端向另一端依次振动 2～3 遍。混凝土垫层以人工进行收浆，成型后 2～3h 且物触无痕迹时，用麻袋进行全面覆盖，经常洒水保持湿润。

4. 清理基层

（1）基层施工时，必须按规范要求预留伸缩缝。

（2）抄平，以地面 ±0.00 的抄平点为依据，在周边弹一套水平基准线。水泥砂浆结合层厚度控制在 10～15mm 之间。

（3）清扫基层表面的浮灰、油渍松散混凝土和砂浆，用水清洗湿润。

5. 弹线

根据板块分块情况，挂线找中，在装修区取中点，拉十字线，根据水平基准线，再标出面层标高线和水泥砂浆结合层线，同时还需弹出流水坡度线。

6. 试拼

（1）根据找规矩线，对每个装修区的板块，按图案、颜色、纹理试拼达到设计要求后，按两方向编号排列，按编号放整齐。同一装修区的花色、颜色要一致。缝隙如无设计规定，不大于 1mm。

（2）根据设计要求把板块排好，检查板块间缝隙，核对板块与其他管线、洞口、构筑物等的相对位置，确定找平层砂浆的厚度，根据试排结果，在装修区主要部位弹上互相垂直的控制线，引到下一装修区。

7. 铺装结合层

采用 1∶3 的干硬性水泥砂浆，洒水湿润基层，然后用水灰比为 0.5 的素水泥浆刷一遍，随刷随铺干硬性水泥砂浆结合层。根据周边水平基准线铺砂浆，从里往外铺，虚铺砂浆比标高线高出 3～5mm，用括尺赶平，拍实，再用木抹子搓平找平，铺完一段结合层随即安装一段面板，以防砂浆结硬。铺张长度应大于 1m，宽度超出板块宽 20～30mm。

8. 铺面层

铺镶时，板块应预先浸湿晾干，拉通线，将石板跟线平稳铺下，用橡皮锤垫木轻击，使砂浆振实，缝隙、平整度满足要求后，揭开板块，再浇上一层水灰比为 0.5 的水泥素浆正式铺贴。轻轻锤击，找直找平。铺好一条，及时拉线检查各项实测数据。注意锤击时不能砸边角，不能砸在已铺好的板块上。

9. 灌、擦缝

板块铺完养护 2 天后在缝隙内灌水泥浆、擦缝。水泥色浆按颜色要求，在白水泥中加入矿物颜料调制。灌缝 1～2h 后，用棉纱醮色浆擦缝。缝内的水泥浆凝结后，再将面层清洗干净。

10. 成品保护

铺装完后严禁早期上人走动，表面覆盖锯末、席子、编织袋等予以保护。

二、砖砌体施工方法

砖砌体采用 M5 水泥砂浆 MU7.5 机制砖砌筑，表面用 20 厚 1：3 水泥砂浆抹面。

1. 材料要求

（1）红砖。红砖的品种、强度等级必须符合设计要求，并应规格一致有出厂合格证明及检验单。

（2）水泥。品种与标号应根据砌体部位及所处环境选择，采用 425 号硅酸盐水泥，应有出厂合格证明和试验报告方可使用，不同品种的水泥不得混合使用。

（3）砂。采用中砂，严禁使用海砂，严格按规范进行配比砂浆。

2. 操作工艺

（1）根据试验提供的砂浆配合比进行配料称量，水泥配料精确度控制在±5％以内。

（2）砂浆应随拌随用，水泥砂浆和水泥混合砂浆必须分别在拌成后 3～4h 内使用完毕。

（3）砖砌体施工工序。砌砖宜采用挤浆法，或者采用"三一"砌砖法。"三一"砌砖法的操作要领是"一铲灰、一块砖、一挤揉"，并随手将挤出的砂浆刮去。操作时砖要放平，跟线，砌筑操作过程中，以分段控制游丁走缝和刮缝。经常进行自检、如发现有偏差、应随时纠正，严禁事后采用撞砖纠正。应随砌随将溢出砖墙的灰迹块刮除。

三、钢筋混凝土施工方法

1. 模板的制作、安装

（1）制模时，要考虑模板拼装结合的需要。板边要找平刨直，接缝严密，不漏浆。钉子的长度一般为木板的 2～2.5 倍。每块板在横档处至少要钉 2 处钉子。第二块板的钉子要朝向第一块板方向斜钉，使拼缝严密。配制完后，对不同部位的模板进行编号，写明用途，分别堆放。

（2）模板安装时，先在基础面上弹出纵横轴线和四周边线。然后调整标高。

（3）及时拆除模板，有利于模板的周转及加快工程进度，但应使混凝土达到 70％以上的强度。拆模时注意不要用力过猛，其程序为后支先拆，先支后拆；先拆除非承重部分，后拆除承重部分。

2. 钢筋制作、安装

（1）钢筋在进场之前，应有供方提供的出厂材质报告，我方依据设计提供的参数进行必要的抽样，并送质检部门进行检测，合格后，现场才能组织相应的钢筋进场。

（2）进场的钢筋表面应洁净。无油渍、漆污，用锤敲击时能剥落的浮皮、铁锈等应在使用前进行清除干净。在焊接前，焊接点处的水锈应清除干净。将同规格钢筋根据不同长度长短搭接，统筹安排，先断长料，后断短料，减少短头，减少损耗。在切断过程中，如发现钢筋有劈裂、缩头或严重弯头等必须切除。

（3）钢筋弯曲前，对形状复杂的钢筋，对钢筋料牌上标明的尺寸，用石笔将弯曲点的位置画出，钢筋弯曲处不得有裂缝，钢筋不能弯过头再弯回来。

（4）钢筋绑扎接头应符合设计及规范要求。首先划出钢筋位置线，即在模板上用红油漆画线。钢筋安装完毕后，检查钢筋接头的位置及搭接长度是否符合设计要求。检查钢筋接头是否牢固，有无松动变形。

3. 混凝土的施工方法

混凝土混合料在拌和场用搅拌机生产，混凝土按照设计要求进行配比。混凝土拌和后，人工进行摊铺，采用平板振动或插入式振动器振捣，振动器搁在纵向侧模顶上，自一端向另一端依次振动2～3遍。混凝土成型后2～3h且物触无痕迹时，用麻袋进行全面覆盖，经常洒水保持湿润。

四、墙面粘贴工程施工方法

1. 瓷砖墙面

（1）抹底灰。10厚1∶3水泥砂浆打底扫毛。抹灰前应清理基层，在不同材料交界处加钉200宽钢板网，对凹凸不平的墙面应凿平或修补，然后浇水湿润，再进行抹灰。刮平搓毛养护1～2天后，方可镶贴面层。混凝土墙面应用火碱或洗涤剂将隔离剂清洗掉，并用清水冲净，再用1∶1水泥砂浆加107胶水溶液（30％胶＋70％水）拌和，甩成小拉毛，2天后再抹底灰。

（2）弹线和粘贴。

1）弹竖线。在确定表面平整度满足要求后，用墨斗弹出竖线，沿竖线按瓷砖宽度尺寸为1mm，在墙面两侧镶贴竖向定位瓷砖（5～7mm），作为各皮砖镶贴基准，定位瓷砖的底线要与水平线吻合，在排砖时注意不应有小于1/2的砖，被裁砖应排在阴角。

2）弹水平线。在距地面一定高度处弹出水平线（此高度视瓷砖排列情况而定，但不宜小于50mm，以便放置木托板），使木托板顶面与水平线吻合。

3）挂平整线。镶贴时，在两侧竖向定位瓷砖上，分层挂平整线，以保证每一层瓷砖在同一水平线上，又可利用它控制整个墙面的平整度。

（3）设木板托。以弹线为依据，设置支撑釉面砖的木板托，防止釉砖在水泥浆未硬化前下坠。木板托应加工平整，其顶面与水平线相平，第一行釉面砖就在木托板面上镶贴。

（4）镶贴。釉面砖镶贴前应将砖的背面清理干净，并浸水2h以上，待表面晾干后方可使用；镶贴面砖前，在找平层面刷素水泥浆一道。用5厚水泥加20％107胶由下向上进行粘贴。在瓷砖背面满抹水泥浆，四角刮成斜面，左手持抹有灰浆的瓷砖，以线为标志贴于未初凝的结合层上。就位后用灰匙手柄轻轻敲击面砖，使其粘牢平整。每贴几块后，要检查平整度和调缝。阴阳角处可用阴阳角条。也可用整块瓷砖对缝，阳角对缝瓷砖需沿边切45°。

（5）勾缝。面砖镶贴后，扫去表面浮灰并用竹签划缝，再用布和棉丝擦洗表面，用白水泥擦缝。待全部工程完成、嵌缝材料硬化后，视不同污染程度，用棉丝、砂纸或稀盐酸擦净，并用清水冲刷。

2. 花岗岩墙面

（1）材料要求。花岗岩的品种、规格、颜色由业主和设计院选定。所有板材必须符合有关标准规定，金属挂件和填充材料必须符合设计要求。

（2）施工准备。复核作业面上的基层的外形尺寸，清理基层的碎屑，搭设操作平台。

（3）放线。从柱的两端，由上至下叼出垂直线，投点在地面上或固定点上。按吊出的垂线，联结两点作为起始挂装板材的基准，在基层立面上接板材的大小和缝隙的宽度，弹出横平竖直的分隔墨线。

（4）挂件安装。按设计要求在柱面上钻孔剔槽，焊接钢筋网。

（5）板格钻孔。按设计要求在板端面需钻孔的位置，预先画线，集中钻孔。

（6）板材联结。在板材端面的孔内灌入适量的环氧树脂混合料并插入挂钩。

（7）板材安装。由主要的立面开始，由下而上依次按一个方向顺序安装，尽量避免交叉作业，并注意板材色泽的一致性。

（8）一施工段安装后，仔细检查无误后清扫用硅酮胶填逢。

五、绿化植物种植施工方法

1. 物料要求

所用材料，除符合图纸的要求外，尚须符合下列规定。

（1）绿化土方应符合《城市绿化工程施工及验收规范》（CJJ/T 82—99）中的规定，且不含有盐、碱及垃圾等对植物生长有害的物质。

（2）用于植物生长和养护的水，应不含有任何有害植物生长的酸、碱、盐等物质。

（3）绿化植物除符合《城市绿化工程施工及验收规范》（CJJ/T 82—99）的规定外，应达到以下质量标准。

1）乔木。

a. 生长健壮、树冠开展，树枝根系发育正常，根系苗壮，无病虫害。

b. 树干胸径不得小于 2.0m、树高不低于 1.5m（袋装乔木除外）。

c. 不得有直径为 2.0cm 以上的未愈合的伤痕和截枝。

2）灌木。

a. 高度应符合设计规定。

b. 所有灌木应是常绿、根蔓、树大、枝干丛生的阔叶灌木，并且有本地区的生长特性。

3）草皮、草籽、花草。草本植物应是耐旱力强，容易生长、蔓面大，根部发达，茎低矮，多年生的特性，花草应有观赏价值。

2. 场地准备

（1）土质。为使草坪植物有良好的生长基础，使其生长良好并保持较长时间的景观寿命，种植草坪植物的土壤必须为壤土类，黏土类和沙土类必须进行改良。如目前采用的广东黄壤，必须通过增施有机肥进行改良，以达到壤土的颗粒组成标准。种植土层必须与地下土层连接，以保持土壤的毛管上下贯通，保持液体、气体的上下连贯。如种植层下有水泥板、沥青、石层等隔断层，必须将其铲除，直至上下土壤连接。

（2）土层厚度。在缺少表土或厚度不足的表土层上种植植物时，应撒铺经监理工程师批准的土壤，使土壤厚度达到植物生长所必需的最低土层厚度，土层厚度应依据 DB 440300/T8—1999 中的规定。

（3）土地的平整、耕翻。

1）杂草、杂物的清除：为避免草坪建成后杂草生长而影响草坪纯度和景观效果，植草前必须彻底消灭杂草。可铲除杂草并深挖草根或用"草甘磷"等灭生性的内吸传导型除草剂消灭杂草，"草甘磷"用量控制在 0.2～0.4ml/m³，使用 2 周后可开始植草。同时，必须将瓦块、石砾、建筑垃圾及杂物全部清出场地外（见表 2-9）。

表 2-9　　　　　　　　　　　　　　　植物生长的最小土层厚度

种　别	植物生存的最小厚度（cm）	种　别	植物生存的最小厚度（cm）
草坪	30	大灌木	45
花坛	40	浅根性乔木	60
小灌木	30	深根性乔木	90

2）换土：在耕翻过程中，若发现土质不符合要求，则必须换填合格种植土。换土后应压实，使密实度达 80% 以上，以免因沉降产生坑洼和高低不平。

3）整平、施基肥及耕翻：在清除了杂草、杂物及压实后的地面应进行铲高填低的平整。平整要顺地形和周围环境，整成龟背形、斜坡形等，陡度为 2.5%～3.0%，边缘要低于路面或道牙 3～5cm，表面平整，无坑洼。平整后撒施基肥。如用堆沤蘑菇肥、堆沤木屑等，必须加 3% 的过磷酸钙和 4% 的尿素进行堆沤后使用；用量宜控制在 $10m^3$ 左右。施肥后应进行 1 次约 30cm 深的耕翻，使肥与土充分混匀，做到肥土相融，起到既提高土壤养分，又使土壤疏松、通气良好的作用。

4）对于不良地质的处理，施工前应提出处理方案报监理工程师批准后方可施工。

3. 施工要求

（1）道路两侧边坡和沿线空地等一切道路用地，应按图纸要求规定种植植物，保护环境，美化路容。

（2）栽植苗木要规整，直线路段要求树干成一直线，个别树干如有弯曲，要将弯曲部位朝向路线方向，行列树要求树干通直。

一般在弯道外侧栽植乔木，弯道内侧为了不影响行车视距，只宜栽植低矮的灌木及花、草。

（3）在平交道口、丁字路口绿化时，必须符合道路停车视距的规定。

（4）植树密度及株行距应符合图纸规定。如无规定时，采用速生树种绿化道路时，一般株距 6m，行距 2m，慢生树种单行栽植。

4. 草皮种植的施工方法

草坪营造，可采用播种、栽种、铺种等方法。

凡结籽量大且种子容易采集的草种如结缕草等均可用播种法。

（1）种子的质量。采用纯度在 97% 以上、发芽率在 50% 以上的经过处理的种子。

（2）播种量和播种时间。单播应根据草种、种子发芽率确定播种量，一般用量为 $10\sim20g/m^2$；混播则要求 2~3 种草按合适比例混播，其总用量为 $10\sim20g/m^2$。暖季型草种可在春末夏初播种，冷季型草种宜在秋季播种。

任务五　计划表格编制与填写

施工方案是全部工程施工过程的组织依据。它牵涉施工单位的每个部门和全体参加施工人员。编写时必须用简练的语言，而又能逐个地、明确地、详细地说明问题，长期的实践经验证明，有些问题用表格的形式表达最清楚。

一、计划表格的基本要求

1. 内容全面

应把所包括的内容全部设在一张表格内，把应说明的问题，在一张表格内说清楚。

2. 项目详细

表格项目应分列详细、明白，需要交待清楚的问题，必须交待的十分细致。如工程进度，有时应说明具体日期，甚至小时等。

3. 文字简练

用最简练的数字，配合最简练的文字，说明问题。

4. 意思明确

文字虽然简练，但必须把意思表达明确。

二、计划表格的设置和填写方法

1. 进度计划

主要是要说明施工的时间进度。

2. 工具和材料计划

施工中需要的工具和材料，由后勤部门供应。采购、运输、入库、领取、记账以及办理一些必要的手续，都需要一定时间。同时还必须保证工具和材料的类别、规格，与工程的需要完全符合。

　　3. 苗木供应计划

　　植树工程最重要的物质保障，就是按时供应苗木。供应早了，没有施工条件，长期假植会影响质量，供应迟了，植树季节已过，就会大大降低成活率，所以必须提出合理的供苗计划。

　　4. 机械、车辆计划

　　机械、车辆计划在植树工程中也是非常重要的，没有机械、车辆计划保障，施工工期和进度都会受到很大影响。所以要进行计划地保障。

项目三　植树工程的施工组织应用

任务一　植树施工原则

植树工程施工是把规划设计者的美好理想变为现实。每个规划设计者在作规划设计时，都是根据园林建设和绿化地环境的需要与可能，按照科学原则、艺术原则进行构思设计，其中往往融汇了诗情画意的形象，蕴含着一定文化、哲理。所以施工人员必须通过设计人员的设计交底，充分理解设计意图，熟悉设计图纸，严格按图施工，一切符合设计意图。

一、施工图要完整准确

施工图的设计文件要完整，内容、深度要符合要求，文字、图纸要准确清晰，整个文件要经过严格校审，避免"错、漏、碰、缺"。应根据已通过的初步设计文件及设计合同书中的有关内容进行编制，内容以图纸为主，应包括：封面、图纸目录、设计说明、图纸、材料表及材料附图等。施工图设计文件一般以专业为编排单位。各专业的设计文件应经严格校审、签字后，方可出图及整理归档。如果施工人员发现设计图纸与施工现场实际不符，需变更设计时，则应及时向设计人员提出，求得设计部门的同意，决不可各行其事。同时也不可完全被图纸束缚，可以在遵从设计原则的基础上创新提高，以取得最佳绿化效果。

二、施工技术必须符合树木的生物学和生态学习性

不同树种对环境条件的要求和适应能力表现出差异性，在树木栽植时必须做到适地适树、适树适栽，这是园林树木栽植中的一个重要原则。掌握适地适树原则主要是使"树"对环境条件要求和"地"所具有的环境条件之间能相互协调，当两者之间发生较大差异时，栽植养护者能采取适当的措施进行缓解，变不适应为较适应，变较适应为适应，使树木能够良好的生长发育，从而充分发挥其观赏价值和生态价值。适树适栽是指根据各树种的生物学和生态学特性选用最适宜的栽培方法。如再生力、发根力强的树种，如杨、柳、榆、槐、椿、楸、槭、泡桐、枫杨、黄栌等栽植容易成活，一般裸根栽植即可，苗木的包装、运输也可以简单些，栽植技术要求可以粗放些。而一些常绿树及发根力、再生力均差的树种，必须带土球栽植，栽植技术要求要严格，否则会严重影响成活率。所以植树工程中的施工技术人员必须了解不同树种的生活习性，掌握其共性与特性，并能采取相应的技术措施，才能保证成活和工程的高质量完成。

三、抓紧适宜的植树季节

从树木成活的基本原理来看，适宜的植树季节和植树时间是提高树木成活率的关键措施之一。中国幅员辽阔，不同地区树木适宜的种植期不相同；即使同一地区，不同树种的习性不同，施工当年的气候变化和物候期也有差别，要做到适时植树，在施工方面必须做到以下三点。

1. 选择最适宜的植树季节

一般来说是早春和晚秋，具体确定要看施工时当地的气候情况。

2. 做到"三随"

即随掘苗，随运苗，随栽苗要求植树前要做好一切准备工作，如人员组织培训、工具材料、土

地整理等一切必要的条件，保证在最适宜的时期内，抓紧时间，完成起、运、栽各环节，再加上及时的后期养护、管理工作，这样就可以提高栽植成活率。

3. 合理安排种植顺序

原则是发芽早的树种应早栽植，发芽晚的可以推迟栽植；落叶树春栽宜早，常绿树栽植时间可以晚些。

四、加强经济核算，讲求经济效益

园林工程施工和其他施工一样，要求在施工时必须充分调动全体施工人员的积极性，发挥主人翁精神，同时要注意及时收集、记录资料，总结施工经验，争取以尽可能少的投入，获取较大园林观赏价值、生态价值、经济价值，这是园林工程施工的最终目标。

五、严格执行植树工程的技术规范和操作规程

植树工程的技术规范和操作规程是前人植树经验的总结，是指导植树施工的技术方面的法规，各项操作都必须符合国家或地方的技术规程。

任务二　植树工程的准备工作

植树工程在栽植之前，必须作好绿化工程的一切准备工作。

一、了解工程概况

1. 植树与其他相关工程的范围和工程量

植树工程包括铺草坪、建花坛以及土方、道路、给排水、山石、园林设施等。

2. 工程的施工期限

工程的施工期限包括全部工程的开始和竣工日期，即工程的总进度，以及各个单项工程的进度或要求将各种苗木栽完的日期。特别应当指出的是：植树工程的进度必须以不同树种的最适栽植时期为前提，其他工作应围绕进行。

3. 工程投资

工程投资包括工程主管部门批准的投资数和设计预算的定额依据，以备编制施工预算计划。

4. 施工现场的地上与地下情况与定点防线的依据

施工现场地上的地物及处理要求与地下管线和电缆分布与走向情况与定点防线的依据，以测定标高的水位基点和测定平面位置的导线点或和设计单位研究确定地上固定物作依据。

5. 工程材料来源

各项施工材料的来源渠道，其中最主要的是树苗的出圃地点、时间和质量、规格要求。

6. 机械和运输条件

主要搞清有关部门所能担负的机械、运输车辆的供应条件。

二、现场踏勘

在了解设计意图和工程概况之后，负责施工的主要人员（施工队、技术质量、劳动人事等）必须亲自到现场进行细致的踏勘与调查。应了解以下情况。

（1）各种地上物（如房屋、原有树木、市政或农田设施等）的去留及需保护的地物（如古树名木等）。要拆迁的如何办理有关手续与处理办法。

（2）现场内外交通、水源、电源情况，如能否施用机械车辆，无条件的，如何开辟新线路。

（3）施工期间生活设施（如食堂、厕所、宿舍等）的安排。

（4）施工地段的土壤调查，以确定是否换土，估算客土量及其来源等。

三、编制施工方案

园林工程属于综合性工程，为保证各项施工项目的相互合理衔接，互不干扰，做到多、快、好、省地完成施工任务，实现设计意图和日后维修与养护，在施工前都必须制定好施工方案。大型的园林施工方案比较复杂，需精心安排，因而也称为"施工组织设计"，有经验丰富的人员负责编写，其内容包括。

1. 施工组织指挥部以及下设的职能部门

如生产指挥、技术指挥、劳动工资、后勤供应、政工、安全、质量检验等。

2. 确定施工程序并安排具体的进度计划

项目比较复杂的绿化工程，最理想的施工程序是：征收土地→拆迁→整理地形→安装给、排水管线→修建园林建筑→铺设道路、广场→种植树木→铺栽草坪→布置花坛。如有需用吊车的大树移植任务，则应在铺设道路、广场以前，将大树栽好，以免移植过程中损伤路面。在许多情况下，不可能完全按照上述程序施工，但必须注意，使前、后工程项目，不致互相影响。

3. 安排劳动计划

根据工程任务量和劳动定额，计算出每道工序所需用的劳力和总劳力。根据劳力计划，确定劳力的来源和使用时间，以及具体的劳动组织形式。

4. 安排材料、工具供应计划根据工程进度的需要

根据需要提出苗木、工具、材料的供应计划，包括用量、规格、型号、使用进度等。

5. 机械运输计划

根据工程需要提出所需用的机械、车辆、要说明所需机械、车辆的型号、日用台、班数及具体日期。

6. 制定技术措施和现场情况，技术措施和质量，安全要求等

制定技术措施和要求按照工程任务的具体要求和现场情况，制定具体的技术措施和质量，安全要求等。

7. 绘制平面图

对于比较复杂的工程，需要绘制平面图，必要时还应在编制施工组织设计的同时，附绘施工组织设计现场面置图，图上需标明测量基点、临时工棚、苗木假植点、水源及交通路线等。

8. 制定施工预算

依据设计预算，结合工程实际质量要求和当时市场价格制定施工预算。方案制定后经广泛征求意见，反复修改，报批后执行。

四、施工现场的准备

清理障碍物是开工前必要的准备工作，其中拆迁是清理施工现场的第一步。具体主要是对施工现场内，有碍施工的市政设施、房屋等进行拆除和迁移。对这些拆迁项目，事先都应调查清楚，作出恰当的处理，然后即可按照设计图纸进行地形整理。一般城市街道绿化的地形要比公园的简单些，主要是与四周的道路，广场的标高合理衔接，使行道树带内排水畅通。如果是采用机械整理地形，还必须搞清是否有地下管线，以免机械施工时损伤管线而造成事故。

任务三　植树工程的施工工序

一、施工现场定点、放线

根据设计图纸在现场通过测量定出苗木栽植位置和株行距。根据树木栽植方式不同，定点放线

的方法也不同。

1. 自然式配置乔、灌木的放线

（1）方格网放线法。根据植物配置的疏密度按一定比例在设计图上打好方格网，并将其测放到施工现场。再根据树木在图纸方格网中的位置测设到地面上，进行定位。

（2）小平板放线法。范围较大，测量基点准确的绿地，可以用平板仪定点。即依据基点，将单株位置及片株的范围线，按设计，依次定出，并钉木桩标明；桩上应写清树种、株数。注意定点前先应清除障碍。

（3）目测法。对于设计图上无固定点的绿化种植，如灌木丛、树群等可用上述两种方法画出树丛、树群栽植范围，其中每株树木的栽植位置和排列可根据设计要求在所定范围内用目测法进行定点。定点的同时应注意植株的生态要求以及自然美观。

2. 规则式种植的放线

对于成片整齐式的种植，可用仪器和皮尺定点放线。先用仪器根据地面上某一固定设施的平面位置定出行位（最好利用位于某行两端的植株的位置进行确定），再用皮尺依据株距定出株位。

对于行道树，通常是以道牙或道路中心线为依据，用皮尺、测绳等，按照设计的株距，每隔10株钉一木桩作为定位和栽植的依据。定点时如遇到电杆、井口、管道、变压器等障碍物应躲开，不应拘泥于设计尺寸，而应满足与相应设施的最小水平及垂直净距的有关规定。

二、起苗、运苗与假植

1. 起苗

起苗前1～3天对圃地适当浇水使泥土松软，有利于挖掘，对裸根起苗也便于多带宿土。

（1）裸根起苗。裸根起苗适用于处于休眠状态的落叶乔木、灌木。此法简便、省力，但起苗时应该尽量保护根系，多留宿土。对于不能及时运走的苗木，为避免风吹日晒，应埋土假植，土要湿润。

（2）带土球起苗。多用于常绿树，以干为圆心，以干的周长为半径画圆，确定土球的大小。将苗木的根部连土掘削成球状，用蒲包、草绳或其他软材料包装起出。土球要削光滑，包装要严，底部封严不漏土。此法土球内须根完好，水分不易散失，对恢复生长有利，但费工费料。

2. 运苗

"随起、随运、随栽"是提高苗木成活率的有力措施。条件允许时，要尽量做到傍晚起苗，夜间运输，早晨栽植。运输时，车厢内应先垫上草袋等物，以防车板磨损苗木。乔木苗装车应根系向前，树梢向后，不能压得太紧。灌木可直接立装车。

带土球苗装运时，苗高不足2m者可立放；苗高2m以上的应使土球在前，稍向后，呈斜放或平放，并用木架将树冠架稳，土球直径小于20cm的，可装2～3层，并应装紧，防车晃动；土球直径大于20cm的，只需放1层。

苗木运输途中，经常检查苦布是否掀起。短途运苗，中途不要休息。长途行车，必要时应洒水淋湿树根，休息时应选择阴凉处停车，防止风吹日晒。

3. 假植

苗木运到施工现场后未能及时栽种或未栽完的，应视离栽种时间长短采取"假植"措施。

裸根苗木，临时可用苦布或草袋盖严，或在栽植处附近，选择合适地点，先挖一个深30～50cm，宽约1.5～2m米的横沟，长度视需要而定的假植沟。然后稍斜立一排苗木，紧靠苗根再挖一同样的横沟，并用挖出来的土将第一排树根埋严，挖完后再立一排苗，依次埋根，直至全部苗木假植完。如假植时间较长，则应适量浇水，保持土壤湿润。

带土球苗木1～2天能栽完的不必假植；1～2天内栽不完的，应集中放好，4周培土，树冠用绳拢好。如囤放时间较长，土球间隙也应加一些培土。假植期间应对常绿树进行叶面喷水。

三、挖种植穴

在栽苗之前应以所定的灰点为中心沿四周向下挖坑，坑之形状和大小依土球形状、规格以及根系情况而定。带土球的应比土球大 16～20cm，栽裸根苗木的坑应保证根系充分舒展。坑的深度一般比土球高度深 10～20cm。坑的形状一般为圆形，但上下口必须一致。

挖穴时如发现土质差或瓦砾多，应加大穴径，清除瓦砾垃圾，并换填新土。

四、栽植

1. 栽植前的修剪

栽植前为了减少蒸腾，保持树势平衡，保证树木成活，栽植前应进行适当的修剪。

修剪量依树种不同而已。常绿针叶树只剪去病枯枝、受伤枝即可；对较大的落叶乔木，尤其是生长势较强容易抽出新枝的杨树、柳树等可进行强修剪，可减去树冠的一半以上；对于花灌木及生长较缓慢的树木可进行疏枝，短截去全部叶或部分叶，以除病枯枝、过密枝，对于过长的枝可减去 1/3～1/2。

修剪时行道树一般在 2.5m 高处截干，减去侧枝。灌木可保留 3～5 个分枝，并注意保持自然树形。

栽植前也应对根系进行适当修剪，主要将病虫根、断根、劈裂根和过长根剪去。剪口应平而光滑，最好能及时涂抹防腐剂。

2. 栽植

（1）裸根苗的栽植。一人将树苗放入坑中扶直，另一人用坑边好的表土填入，至一半时，将苗木轻轻提起，使根茎部位与地表相平，使根自然的向下呈舒展状态，然后用脚踏实土壤，或用木棒夯实，继续填土，直到与穴（坑）边稍高一些，再有力踏实或夯实一次。最后用土在坑的外缘做好灌水堰。

（2）带土球苗的栽植。栽植土球苗，须先量好坑的深度与土球高度是否一致，如有差别应及时挖深或填土，绝不可盲目入坑，造成来回搬动土球。土球入坑后应先在土球底部四周垫少量土，将土球固定，注意使树干直立。然后将包装材料剪开，并尽量取出（易腐烂之包装物可以不取）。随即填入好的表土至坑的一半，用木棍于土地四周夯实，再继续用土填满穴（坑）并夯实，注意夯实时不要砸碎土球，最后开堰。

（3）栽苗的注意事项和要求。

1）平面位置和高程必须符合设计规定。

2）树身上、下应垂直。如果树干有弯曲，其弯向应朝当地风方向。行列式栽植必须保持横平竖直，左右相差最多不超过树干 1/2。

3）栽植深度，裸根乔木苗，应较原根茎土痕深 5～10cm；灌木应与原土痕齐；带土球苗木比土球顶部深 2～3cm。

4）行列式植树，应事先栽好"标杆树"。方法是：每隔 20 株左右。用皮尺量好位置，先栽好一株。然后以这些标杆树为瞄准依据，全面开展定植工作。

5）灌水堰筑完后，将捆拢树冠的草绳解开取下，使枝条舒展。

3. 栽后养护管理

（1）立支柱。对大规格苗木为防止灌水后土塌树歪，尤其在多风地区，会因摇动树根影响成活，故应立支柱。常用通直的木棍、竹竿做支柱，长度视苗高而异，以能支撑树的 1/3～1/2 处即可。支柱应于种植时埋入。也可栽后打入（入土 20～30cm），应注意不要打在根上。立支柱的方式大致有单支式、双支式、三支式三种。

（2）灌水。水是保证树木成活的关键，应立即灌水，栽后干旱季节必须经一定间隔连灌三次水，这对冬春比较干旱地区的春植树木，尤为重要。

1）开堰。苗木栽好后，先用土在原树坑的外缘培起高约 1.5cm 左右圆形地堰，并用铁锹等将土拍打牢固，以防漏水。栽植密度较大的树丛，可开成片之堰。

2）灌水。苗木栽好后，无雨天气在 24h 之内，必须灌上第一遍水。水要浇透，使土壤充分吸收水分，有利土壤与根系紧密结合，这样才有利成活。北方干旱地区雨季，苗木栽植后 10 天内，必须连灌三遍水。苗木栽植后，每株每次灌水水量因地区、季节、天气状况而不同。

（3）扶直、中耕、封堰。

1）扶直。浇第一遍水后的次日，应检查树苗是否有倒、歪现象，发现后应及时扶直，并用细土将堰内缝隙填严，将苗木固定好。

2）中耕。水分渗透后，用小锄或铁耙等工具，将土堰内的土表锄松称"中耕"。中耕可以切断土壤的毛细管，减少水分蒸发，有利保墒。植树后浇三水之间，都应中耕一次。

3）封堰。浇第三遍水并待水分渗入后，用细土将灌水堰内填平，使封堰土堆稍高地面。土中如果含有砖石杂质等物，应挑拣出来，以免影响下次开堰。华北、西北等地秋季植树，应在树干基部堆成 30cm 高的土堆，以保持土壤水分，并能保护树根，防止风吹摇动，影响成活。

项目四 草坪的施工与管理应用

任务一 整 地

一、地清理

清理是根除和减少影响草坪建植和以后草坪管理的障碍因素。在有乔灌树木的场地上，要全部或者有选择地把树和灌丛移走。也要把影响下一步草坪建植的岩石、碎砖瓦块以及所有对草坪生长不利的因素清除掉，还要控制草坪建植中或建植后可能与草坪竞争的杂草。

1. 木本植物

木本植物包括树木与灌丛、树桩及埋藏的树根。生长着的树木可以根据其美学价值和实用价值来决定是否移走。乔木和灌木可增加草坪的美学价值，但只能起点缀的作用，数量太多，树木的遮荫及其对养分、水分的竞争对草坪草生长与管理都不利。同时，在绿地规划中，乔木太多会使空间变小，有压抑感。这在高楼林立的城市绿地建设中应特别注意。

残留的树桩要挖掉。一方面裸露的树桩在修剪草坪时可严重损坏剪草机的刀片或曲轴，另一方面，残留树桩会发生腐烂塌陷，对地形造成影响，有时在草坪上引发仙环（蘑菇圈）病产生。

2. 石块

清除裸露岩石是必须做的工作，在 35cm 以内表层土壤中，不应当有大的石块。50cm 以内如果存在大的岩石或巨石时，当灌水或降雨后，初期由于石块影响水分渗透而使土壤过湿，而后期，随着上层土壤水分的蒸发作用，水分减少，下层土壤的水分不能充分向上供应，这些地方土壤会变得干硬。

在表层 10cm 土壤中，小石块或瓦砾可影响以后的草坪耕作管理（如打孔通气等），有时会严重破坏管理机械。另外，在草坪根系生长受阻的地方，杂草容易侵入。通常在草坪草种植前，要用耙犁清除大部分石块。石块数量不多时，播种后可用手捡出，若石块太多，种植前应用网筛筛出。

3. 植前除草

坪床上的许多多年生杂草和莎草科杂草对新建植的草坪危害严重，即使在耕作后用耙犁也难以清除这些杂草。残留在土壤中这类杂草的根、根茎、茎、块茎等仍会再次蔓延。控制杂草最有效的方法是使用熏蒸剂或当杂草长到 7～8cm 高时施用非选择、内吸型除草剂（如草甘膦）。为了使除草剂吸收和向地下器官运输，使用除草剂 3～7 天后再开始耕作。除草剂施用后休闲一段时间，有利于控制杂草数量。通过耕作措施让植物地下器官暴露在表层，使这些器官干燥脱水，也是消灭杂草的好办法。在杂草根茎量多时，待杂草重新出现后，需要再次使用除草剂。休闲最好是在夏季进行，否则某些多年生杂草仍会侵入新建草坪，但通常只在局部出现，采用局部处理即可防止大范围蔓延。

熏蒸是应用强蒸发型化学药剂来杀死土壤中的杂草种子、杂草的根茎等繁殖器官、病菌、线虫和其他潜在有害生物的一种方法。有时表层覆土用的土壤也用熏蒸的办法防止杂草传播。熏蒸是一项费时、费力、费钱的方法，但如遇一年生早熟禾种子和多年生杂草或莎草科杂草根茎较多时，可能也是最好的办法。为使熏蒸剂的气体在土壤中充分扩散，在熏蒸前要深翻土壤。由于气体在溶液中扩散慢，而干土吸附大量熏蒸剂气体，从而限制了气体在土壤中的移动，降低药效。因此，熏蒸时要求土壤潮润，但不要太湿。土壤温度应在 15℃ 以上，否则熏蒸效果会大大降低。

用于草坪土壤的熏蒸剂主要是溴甲烷、三氯硝基甲烷等。溴甲烷是一种高毒、无味的气体。用聚乙烯膜盖在处理场地上，然后进行熏蒸。通常它还与少量的三氯硝基甲烷（催泪气）混用。溴甲烷的用法有 2 种：大面积使用时，用带有自动铺布仪器的地面熏蒸设备；小面积时进行手工操作。手工操作包括：相距 10m 用一个支撑材料把塑料布撑起大约 30cm 的高度，然后用土壤或板材封住塑料布的边缘，最后用聚乙烯管把气体通到覆盖区，24～28h 后移去塑料布，使土壤通风 48h 以上，待毒气全部排除以后才能种植草坪。

二、整地形

整地形是按规划设计的地形对坪床进行平整的过程。因为整地有时要移走大量的土壤，因此建议在进行营造地形之前最好把表土堆放在一边。在开始进行各项施工之前，要仔细地测定表土层的厚度，然后再把表土移到事先设计好的储存场地。在新住宅和其他建筑物建设场地周围，建设动土量很大，也应按上述方法去做，如果不这样做，表层土壤就会被建筑工程挖出的生土掩埋。整地工作可分为粗整和细整 2 种情况。

1. 粗整

粗整是指表土移出后按设计营造地形的整地工作，包括把高处削低、凹处填平。为了确保整出的地面平精，使整个地块达到所需的高度，按设计要求，每相隔一定距离设置木桩标记。填充土壤的地方松软，会折实下降，填土的高度要高出所设计的高度。用细质地土壤充填时，大约要高出 15％，用粗质地土壤时可低些。在填土量大的地方，每填 30cm 就要镇压，以加速折实。

适宜的地表排水坡度大约是 2％，即直线距离每米降低 2cm。在庭院草坪设计中，为了防止水渗入地下室，坡度的方向总是要背向房屋。为了使地表水顺利排出场地中心，体育场草坪应设计成中间高、四周低的地形。高尔夫球场的果领、发球区以及球道也应多个方向向障碍区倾斜。

草坪中地形设计较为流行，它使得景观更富有变化，增加美感。为了避免在草坪建植过程中和草坪建植后管理时遇到麻烦，应尽量避免陡坡设计。潜在的土壤侵蚀和种子、肥料的损失与坡度相关。在陡坡上建植的草坪，特别是向阳和半向阳坡，在夏季比平地上的草坪更容易受高温和干旱的影响。同时，坡陡修剪也困难，并容易出现"揭盖"现象。坡上流下来的雨水和灌溉水也易把施用的肥料和农药冲走，坡度越陡冲失就越严重。在较为干旱的北方，地形有变化的草坪应配置喷灌系统。否则，灌水质量难以保证，草坪质量也随之下降。鉴于上述问题，在不能避免出现陡坡时，建议修筑阻墙来限制草坪的坡度，或栽植其他地被植物。

表土重新填上后，地基面必须符合最终设计地形。因此，一定要有地形高度和需土量的木桩标记。一般要求地形之上至少需要有 15cm 厚的覆土，因为还要考虑与土壤质地有关的土壤折实问题。在亚表层土壤的质地和结构与表土相差很大的地方，建议把 5.0cm 的表土与亚表层土壤混合，这样可起到表土向亚表层土壤逐渐过渡的效果，改善亚表层土壤板结状况，减少表土与底土界面之间突然过渡所引起的许多问题。

2. 细整

细整是为了达到精细播种而进一步整平种床，同时也可把底肥均匀地施入表层土壤中。在种植面积小、大型设备工作不方便的场地上，常用铁耙人工整地。为了提高效率，也可用人工拖耙耙平。如果种植面积大，则应用专用机械来完成。

在细整之前，要留一段时间让土壤充分折实，以免机械破坏土壤表面的平整。草坪建植表面过于粗糙、凹凸不平，会给将来的草坪管护带来麻烦。大量灌水和大雨加速土壤折实。填压也可以帮助获得较紧实的土壤表面。由于土壤折实的情况不同，在某些地方也会出现高低不平。为了使地面平整、平滑一致，在开始种植前必需进一步细整。与耕作一样，要在适宜的土壤水分范围内进行，以保证良好的效果。

三、土壤改良

土壤改良是把改良物质加入土壤中，从而改善土壤理化性质的过程。水分不足、养分贫乏、通气不良等都可以通过土壤改良得到改善。但是，改良物质选择不当或使用不当都会导致土壤改良效果不好。例如，有人设想用沙改善黏质土壤的通气状况，把少量的沙加入细质土中，反而得到了相反的结果，就像混凝土中加砾石一样。根据研究，用少量的细土与沙混合比用少量的沙与细土混合效果好得多。当沙加入细质土时，单个沙粒对改良土壤通气状况的作用并不明显，因为沙粒只是占据相邻粉沙粒或黏粒之间的孔隙。只有当沙粒之间直接接触时通气孔隙才会增加，显然这需要大量的沙。要改良细质土的通气性，只有当沙的加入量比需要改良的黏质土的量还要多时才能达到目的。因此，除非已有试验证明用一定比例的沙土混合时能起到好作用，否则应避免用沙作为黏质土壤的改良物。

大量的矿质改良剂，例如珍珠岩和蛭石被广泛应用于盆栽植物基质中。但是，一般认为对草坪土壤不太适宜，因为它们承受不了人踩、车过所产生的压力；珍珠岩易碎，而蛭石易扁。有时可使用当地其他有机物质作为土壤改良剂，但必须证明它们具有良好的效果时才能选择使用。

最广泛使用的改良剂是泥炭，因为泥炭轻，施用方便。但施用量大时，投资较高。覆盖 5.0cm 厚需要泥炭 $3m^3/100m^2$。泥炭施到细质土中能减少土壤黏性，促进土壤团聚体的形成，同时改善了土壤通气状况；在沙质土中，泥炭能提高土壤的持水性和改善土壤养分状况，同时可改善草坪的回弹力。

其他有机改良物也有很好的效果。但是，在选择施用之前要鉴定其质量，因为某些腐解有机物中含有相当数量的分散性黏粒或粉沙，能够阻塞土壤孔隙，降低土壤的通气性。其他具有高碳氮比（C/N）的有机物，倒如土壤中旋入稻壳或未腐解锯末，分解时会吸收土壤中的氮素，从而对草坪的生长产生不利影响。在选择有机改良剂进行土壤改良之前，最好咨询当地有关科研机构。

在建设高尔夫球场和某些体育场坪草时，对土壤有特殊的要求。配制的土壤要承受高强度的践踏和管理活动。多数情况下是移走当地土壤，用专门设计的特殊土壤混合物来取代，而不是进行土壤改良。

四、肥和施石灰

在土壤养分贫乏和 pH 值不适时，在种植前有必要施用底肥和石灰。底肥主要包括磷肥和钾肥，但有时也包括其他中量和微量元素。由于在上述各项准备工作中基本上不把肥料和石灰施用到草坪根际范围内，因此要用耙、旋耕犁和其他方法把肥料和改良剂施入土壤中。如有可能，应根据土壤测定结果来确定施肥量。

在细整地时一般还要施一些氮肥，也称为"启动肥"，以促进草坪幼苗的发育。苗期浇水频繁，速效氮肥容易流失。为了避免氮肥在未被充分吸收之前出现流失，一般不把它翻到深层土壤中。施用速效氮肥时，一般种植前施氮量为 $0.5\sim0.75kg/100m^2$，或减半施用，出苗 2 周后，需要时再追施 $0.25kg/100m^2$。施用氮肥要十分小心，用量过大会把草坪叶片烧坏，导致幼苗死亡。施用时要等到叶片干后进行，施后应立即喷水。如果施的是迟效性氮肥，施肥量一般是速效氮肥用量的 $2\sim3$ 倍，也没有必要几周后二次追施。

任务二　种　　植

草坪种植的主要方法是种子建植和营养体（无性）建植。选择使用哪种建植方法依费用、时间要求、现有草坪建植材料及其草坪草的生长特性而定。种子建植费用最低，但速度较慢。无性建植材料包括草皮、草皮条、草块、枝条和匍匐茎。其中直铺草皮速度最快，但费用最高。对于某些草种，例如匍匐翦股颖，用上述任何方法建坪都可。而另外某些草种由于得不到纯正或具有活力的种子，则不能通过播种种子的方法建坪。某些草坪草，由于草块和匍匐茎缺乏足够的扩展能力，则不能使用无性建植方法。

一、种子建植

大部分冷季型草能用种子建植法建坪。暖季型草坪草中，假俭草、地毯草、野牛草和普通狗牙根均可用种子建植法来建植，也可用无性建植法来建植。马尼拉结缕草、杂交狗牙根则一般常用无性繁殖的方法建坪。

1. 播种时间

冷季型草适宜的播种时间是初春和晚夏，而暖季型草最好是在春末和早夏之间播种。这主要考虑播种时的温度和播后 2～3 个月内的温度状况。在晚夏，土壤温度适中，非常有利于种子发芽。此时，冷季型草发芽很快，如果温度、土壤肥力和光照不受限制，出苗后幼苗能旺盛生长。同样，此时也有利于杂草种子发芽，但秋季冷凉温度和霜冻会限制恶性杂草的生长和生存。如在早夏播种，冷季型草幼苗因受热和干旱而不易存活。同时，夏季一年生杂草也会与冷季型草发生激烈竞争。反之，如果播种延误至晚秋，温度会不利于种子的发芽和生长。幼苗越冬时出现的发育不良、缺苗、霜冻和随后的干燥脱水会使幼苗死亡。最理想的情况是：在冬季到来之前，新播种的草坪草已成坪，草坪植物的根和匍匐茎纵横交错，这样才具有抵抗霜冻和土壤侵蚀的能力。植株苗期发育不良，经受不起踏踩而死亡。

如果在早春和仲春播种冷季型草，仲夏之前草坪就可形成良好覆盖。但是，由于土壤温度低，草坪草早期通常也要比晚夏播种生长得慢。如不采取适当措施控制一年生杂草和阔叶杂草，同样也会引起特别严重的问题。另外，冷季型草坪草幼苗通过夏季胁迫期时，比健壮的成苗更易染病。在有树遮荫的地方建植草坪时，由于光线不足，会使草坪稀疏或导致建坪失败。在此条件下，春季播种建植比秋季要好。春季可以在落叶树叶子较小、光照较好时进行播种建植。当然在有树遮荫的地方种植草坪，所选择的草坪草品种必须适于弱光照条件，否则生长将受到影响。

暖季型草适宜的生长温度要比冷季型草高。因此，当春秋天气对冷季型草生长有利时，此时的暖季型草生长缓慢。当晚春或夏季气温增高时，有利于暖季型草的种植。为了快速成坪，暖季型草坪草播种后须有很长一段时间的温暖天气，以保证有足够的时间成坪。因此，暖季型草坪草在晚夏播种，根系发育不完善，植株不成熟，冬季常发生冻害。在建植暖季型草坪时，可能会出现夏季一年生杂草，但由于暖季型草在夏季竞争力很强，不会引起大的问题。如有必要的话，可使用选择性除草剂来控制杂草。建植暖季型草坪最担心的一个问题是在冷凉的秋天会出现冬季一年生杂草，特别是一年生早熟禾。因此，在夏季结束之前要形成致密的草坪，这样才可抵御这些杂草的入侵。

对于到晚秋以后才能完成整地时，有时可用地膜覆盖的方法播种建植冷季型草坪。地膜可吸收太阳热能，提高地温，保持土壤水分。山东农业大学在泰安的试验结果表明，11 月底仍可应用地膜覆盖播种建植草坪型高羊茅草坪。

2. 播种量

播种所遵循的一般原则是要保证足够的种子发芽，每平方米出苗应在 1 万～2 万株。根据这项原则，如果草地早熟禾种子的活力为 72%（纯度 90%，发芽率 80%）、每千克种子 4×10^6 粒时，播种量应为 $4 \sim 7 \mathrm{g/m^2}$。这个计算是假定所有的纯活种子都能出苗。但是，由于种子的质量和播后环境条件的影响，幼苗的致死率可达 50% 以上，因此，要播 $8 \sim 14 \mathrm{g/m^2}$ 以上才能达到要求的出苗数。

影响播种量的其他因素还有幼苗的活力、所播草坪草品种的生长习性、要求的建坪速度、种子价格、杂草竞争能力、潜在病害以及建坪后的栽培管理强度。每个草坪草品种的生长特性各不相同。匍匐茎型和根茎型草坪草一旦发育良好，其蔓伸能力将强于母体。因此，相对低的播种量也能够达到所要求的草坪密度，速度也要比种植丛生型（非匍匐型）草坪草形成草坪的速度快得多。由于草地早熟禾具有较强的根茎生长能力，在草地早熟禾草皮生产中，播种量常低于推荐的正常播种量，因为目标是尽可能获得根茎和根系发达的草皮，此时的播种虽可减少为 $5g/m^2$。

草坪的栽培管理强度对播种量影响也很大。一般情况下，高羊茅草坪的播种量至少 $25g/m^2$。但是对于沿公路两侧的水土保持草坪，由于修剪高度较高，管理粗放，播同一品种，播种量仅需 $10g/m^2$ 或更少。在高尔夫球场上，在球道中播种相同的草坪草，由于果领上的草坪超低矮修剪，要求枝条密度大，播种量要比球道高得多。

3. 播种深度

草坪草种子一般播在坪床表面上，然后轻轻地用耙子耙，使种于混合于土壤中。播种深度主要取决于种子的大小。种子小，应播得浅一些，种子大应播得深一些。像匍匐剪股颖，种子特别小，应当播得非常接近地表，多数情况下，是播在地表，而后用少量细沙覆盖。高羊茅种子比较大，播到 $0.5\sim1.0cm$ 的深度仍然正常出苗。

4. 播种方法

草坪草播种要求是把大量的种子均匀地撒于种床上，并把它们混入浅层表土中。播得深或者没把它们混入土壤中都会导致出苗减少。如播得过深，在幼苗进行光合作用和从土壤中吸收营养元素之前，胚胎内储存的营养消耗殆尽，不能满足幼苗的营养需求而导致幼苗死亡。播得过浅，没有充分混合时，种子会被地表径流冲走，或发芽后干枯。

表土疏松，播种后易于把种子混入土壤中，发芽出苗均匀一致。播种后，应对坪床滚压，以便使种子与土粒紧密接触。如不滚压，应覆盖地面覆盖物，以减少水分损失及防止发生土壤和种子侵蚀。

播种的关键技术是把种于均匀地撒于坪床上，只要能达到均匀播种，用任何播种方法都可。很多草坪是用手工播种的方法建成的。手工播种要求播种者技术熟练，并适宜小面积的播种。手工播种时，先把需要的种子分成两份。把第一份种子沿着一个方向来回尽可能地均匀播种。而后，再播剩下的另一份，播种时方向要与第一次行进的方向交叉，来回均匀播种。

大面积播种时应用机械完成，这样质量才得以保证，效率才得以提高。用于播种的机械设备多种多样，下落式和旋转式播种机是常见的两种较小面积的播种机。旋转式播种机效率高，但播种的均匀度稍差，易受风的影响。下落式播种机播种均匀度高，但速度慢。

大面积播种最好使用大型条播机。不但效率高、播种质量高，还能实现播种、滚压一次完成。

喷播是一种把草坪草种子加入水流中进行喷射播种的方法。喷播机上安装有大功率、大出水量单嘴喷射系统，把预先混合均匀的种子、黏结剂、覆盖材料、肥料、保湿剂、染色剂和水的浆状物，通过高压喷到土壤表面。施肥、覆盖与播种一次操作完成，特别适宜陡坡场地如高速公路、堤坝等大面积草坪的建植。该方法中，混合材料选择及其配比是保证播种质量效果的关键。喷播使种子留在表面，不能与土壤混合和进行滚压，通常需要在上面覆盖遮荫饱水材料（秸秆或无纺布）才能获得满意的效果。当气候干旱，土壤水分蒸发太快时，应及时喷水。这种播种方式的缺点是，草坪草出苗后还需要一定时间根系才能透过喷播层扎进土壤。在根系能够从土壤中吸水之前，需要仔细观察，防止喷播层水分不足而造成幼苗死亡。

铺设草坪植生带是另一种利用种子建坪的方法。草坪植生带指把草坪草种子均匀固定在两层无纺布或纸布之间形成的草坪建植材料。有时为了适应不同建植环境条件，还加入不同的添加材料，例如保水的纤维材料、保水剂等。要求生产植生带的材料为天然易降解有机材料，如棉纤维、木质纤维、纸等。植生带具有无须专门播种机械、铺植方便、适宜不同坡度地形、种子固定均匀、防止种子冲失、减少水分蒸发等优点。小粒草坪草种子（例如早熟禾和剪股颖种子）出苗有一定困难；运输过程中可能引起种子脱离和移动，造成出苗不匀；再者种子播量固定，难以适应不同场合。同喷播一样，植生带增加了草坪建植成本。

二、营养体建植

1. 营养体建坪材料

利用草坪草的营养（无性）繁殖体建植草坪是常用的建坪方法。营养建坪材料必须具备能重新再生、形成草坪的能力，包括草皮、单株草坪草和草坪草的一部分（不包括种子）。对那些不能生产有活力种子或者用种子建成的草坪不能保持原草坪草基因性状的草坪草，常通过无性繁殖材料来建坪。最普通的建坪营养体包括草块、枝条和匍匐茎，能用这几种繁殖体建坪的草坪草种有匍匐翦股颖、钝叶草、杂交狗牙根和结缕草等。

（1）草皮。质量良好的草皮应均匀一致，无病虫、杂草，根系发达，在起草皮、运输和铺植操作过程中不会散落，并能在铺植后1~2周内扎根。起草皮时，应该是越薄越好，根和必需的地下器官所带土壤1.5~2.5cm为宜。草皮中无或少量枯草层。可以把草皮上的土壤洗掉以减轻重量，促进扎根。减少草皮土壤与移植地土壤质地差异较大而引起土壤层次形成的问题。

典型的草皮块长度为60~180cm，宽度为30~45cm。通常是以平铺、折叠或成卷运送草皮。为了避免草皮（特别是冷季型草皮）受热或脱水而造成损伤，起皮后应尽快铺植，一般要求在24~48h内铺植好。草皮堆积在一起，由于植物呼吸产出的热量不能排出，使温度升高，能导致草皮损伤或死亡。在草皮堆放期间，气温高、叶片较长、植株体内含氮量高、病害、通风不良等都可加重草皮发热产生的危害。为了尽可能减少草皮发热，用人工方法进行真空冷却效果十分明显，但费用会大大提高。草皮长期暴露在外会干燥脱水。高温、干燥、大风都可加重草皮脱水。堆放的草皮暴露的外部易脱水损伤，而在堆内未暴露的草皮易受热损伤，它们都能大大地影响草皮的外观、生长和生存。

（2）草块。草块是从草坪或从草皮上分割下的小块草坪。草块上带有一定量的土壤。草块的发热和脱水问题与草皮一样，特别是小型的草块在储藏和运输过程中应予以注意。收获草块时草坪草应生长健壮、无杂草。与所有的无性繁殖材料一样，用于草块建坪的草坪草应该是适宜无性繁殖的栽培品种，要求草块横向生长迅速，通常是那些匍匐生长能力强的草坪才能用草块来建坪。但是，近年来，许多人用草块法进行某些强根茎型的草地早熟禾栽培品种建坪。值得注意的是，高羊茅和黑麦草类草坪草则不能用此法进行繁殖建坪。

（3）枝条和匍匐茎。枝条和匍匐茎是单株植物或者是含有几个节的植株的一部分，节上可以长出新的植株。通常其上带有少量的根和叶片。用这些材料建坪的草坪草主要有匍匐翦股颖和绒毛翦股颖、杂交狗牙根、结缕草和钝叶草等。

通常，为了防止草坪草生产的种子对草皮产生污染，在草坪抽穗期间要以正常高度进行修剪。而后的几个月内不再修剪，以促进匍匐茎的发育。起草皮时带的土越少越好，然后把草皮打碎或切碎得到枝条和匍匐茎。

得到枝条或匍匐茎后应尽可能早栽植，以减少受热和脱水所造成的损伤。如果必须临时储存，应把它们保存在冷、湿环境条件下。

2. 营养体建坪方法

用于建植草坪的营养体繁殖方法包括铺草皮、栽草块、栽枝条和匍匐茎。除铺草皮之外，以上方法仅限于在强匍匐茎和强根茎生长习性的草坪草繁殖建坪中使用。营养体建植与播种相比，其主要优点是见效快。对于某些草坪草来讲，由于不能生产出活性种子或者不能通过种子生产出所需时基因型，营养体建坪是很好的建植草坪的方法。无论是种子建植还是无性建植，草坪草的健壮生长都要求良好的土壤通气条件、水分和矿质营养。因而，无论采用哪种建植方法都应细心准备坪床。

（1）铺草皮。虽然铺草皮是最昂贵的草坪建植方法，但它能在一年中任何时间内都能生成"瞬时草坪"。新铺就的草坪不能承受踏踩或娱乐活动，需要几周或几个月的时间重新扎根生长。

铺上草皮后，看起来同已建成的草坪一样。在较短的时间内要求看到草坪的场合，铺草皮是最理想的方法。铺草皮的坪床要求同播种建植一样，要认真准备好，否则将会给以后草坪管理带来麻烦。

铺草皮时，要求坪床潮而不湿。如果过于干燥，特别是在高温下，即使铺后立即灌水，草坪草根系也会受到伤害。草皮应尽可能薄，以利于快速扎根。搬运草皮时要小心，不能把草皮撕裂或过分拉长。

用人工或用机械铺草皮都是可行的方法。铺设时应把所铺的草皮块调整好，使相邻草皮块首尾相接，尽量减少由于收缩而出现裂缝。要把各个草皮块与相邻的紧密相接，并轻轻夯实，以便与土壤均匀接触。当把草皮块铺在斜坡上时，要用木桩固定，等到草坪草充分生根，并能够固定草皮时再移走木桩。

在草皮块之间和各暴露面之间的裂缝用过筛的土壤填紧，这样可减少新铺草皮的脱水问题。添缝隙的土壤应不含杂草种子。这样可把杂草减少到最低限度。

（2）直栽法。直栽法是种植草坪块的方法。由通气打孔机打出草坪束和用打孔杯取出的草坪块，大小相差很大。最常用的直栽法是栽植正方形或圆形的草坪块，草坪块的大小约为 5cm×5cm。栽植行间距为 30～40cm，栽植时应注意使草坪块上部与土壤表面齐平。常用此方法建植草坪的草坪草有结缕草，但也可用其他多匍匐茎或强根茎草坪草。直栽法除了用在裸土建植草坪外，还可用于已经存在新品种的草坪中。例如，用直栽法能把草地早熟禾转变成狗牙根或结缕草草坪。通常，这种更换过程相当缓慢，但可通过调整管理措施，加速引入草坪草生长的方法来加速更换。

第二种直栽法是把草皮切成小的草坪草束，按一定的间隔尺寸栽植。这一过程一般可以用人工完成，也可以用机械。机械直栽法是采用带有正方形刀片的旋筒把草皮切成草坪草束，通过机器进行栽植，这是一种高效的种植方法，特别适用于不能用种子建植的大面积草坪中。

人工切成的直径为 10～20cm 的大块草皮可用来修复破损果领、发球区、体育场草坪。

最后一种直栽法是采用在果领通气打孔过程中得到的多匍匐茎的草束（如狗牙根和匍匐翦股颖）来建植草坪。把这些草坪束撒在坪床上，经过滚压使草坪束与土壤紧密接触，使坪面平整。由于草坪束上的草坪草易于脱水，因而要经常保持坪床湿润，直到草坪草长出足够的根系为止。

（3）插枝条。插枝条不像直栽草块和铺草皮那样，草坪草枝条上不带土，因此它们在干、热条件下易于脱水。插枝条法主要用来建植有匍匐茎的暖季型草坪草，但也能用于匍匐翦股颖草坪的建植。通常，把枝条种在条沟中，相距 15～30cm，深 5～7cm。每根枝条要有 2～4 个节，栽植过程中，要在条沟填土后使一部分枝条露出土壤表层。插入枝条后要立刻滚压和灌溉，以加速草坪草的恢复和生长。也能用上述直栽法中使用的机械来栽植枝条，它能够把枝条（而非草坪块）成束地送入机器的滑槽内，并且自动地种植在条沟中。有时也可直接把枝条放在土壤表面，然后用小扁棍把枝条插入土壤中。

（4）匍茎法。匍茎法是指把无性繁殖材料（草坪草匍匐茎）均匀地撒在土壤表面，然后再覆土和轻轻滚压的建坪方法。一般在撒匍茎之前喷水，使坪床土壤潮而不湿。用人工或机械把打碎的匍草茎均匀地撒到平床上，而后覆土，使草坪草匍匐茎部分覆盖，或者用圆盘犁轻轻耙过，使匍茎部分插入土壤中。轻轻滚压后立即喷水。保持湿润，直至匍茎扎根。

3. 覆盖

覆盖是为了减少土壤和种子冲蚀，保持土壤水分，为种子发芽和幼苗生长提供一个更有利的微环境条件，而把外来物覆盖在坪床上的一种措施。在灌溉条件良好，如有喷灌设施时，可以不进行覆盖，但在斜坡地上或依靠天然降水的场台必须铺覆盖物。

一种好的覆盖材料具有以下几种功能。

（1）土壤和种子免受风和地表径流的侵蚀。

（2）调节土壤表层温度变化，保护已发芽的种子和幼苗不受温度急剧变化的伤害。

（3）减少土壤表层水分的蒸发，并提供土壤内或土壤表层较湿润的微环境。

（4）缓冲来自降水和灌溉下降水滴的能量，以减少土壤表层结壳，从而使之具有较高渗透率。

（5）夏季可起到遮荫作用，使表层土壤保持凉爽，在冬季覆盖可起保温和减少冻、融的影响。

并非所有的覆盖材料都具有上述各项功能，只是某些比另一些效果好而已。具体选择覆盖材料时，要因地点的特定要求、费用和能否就地取材而定。

（1）覆盖材料。某些覆盖材料是经过特殊制造的，也有的是工农业的副产品。应用最为广泛的一种覆盖材料是作物秸秆，如小麦、水稻秸秆等。每公顷使用量一般在 $3750 \sim 4950 kg$。如有可能的话，应使用不含杂草的秸秆以减少杂草的危害。只要覆盖率不是太大（覆盖率不超过50%），出苗后不必把秸秆移掉。

松散的木质材料包括本质纤维素、木质碎片、刨花、锯末、碎树皮等也可用做覆盖材料。由于锯末分解能自土壤中吸收氮素，与草坪草竞争养分，最好不要使用它。如果木质碎片和碎树皮颗粒很小的话，施用后有利于减少土壤侵蚀，但它们为种子发芽和幼苗生长提供有利的微环境方面不如秸秆或干草。木质纤维泥浆的作用与木质碎片和碎树皮相似，但木质纤维泥浆的另外一个优点是它能够加入草坪种子，用于喷播。当把木质纤维放置在土壤表层并湿润时，本质纤维会膨胀，具有类似于秸秆的覆盖效果。可把细刨花制成松散物或垫状物，作为覆盖材料施用。细刨花与秸秆相比，还具有不含杂草种子的优点。

其他大田作物秸秆经过腐解后也可用做覆盖材料。例如豌豆荚、碎玉米芯、甘蔗渣、甜菜渣、花生壳和烟草茎等。它们在减少潜在侵蚀方面效果很好，但在提高种子发芽和促进幼苗生长方面远远不如小麦秸秆。

常有人用草帘作为覆盖材料用在建植草坪上，覆盖快速方便，可连续使用两三次，但比秸秆价格高，透光率一般较低并不稳定。此外，还应密切监测草坪草的出苗情况，如揭开草帘的时间晚了，柔弱的幼苗会被强的太阳光灼伤或被干热风损伤。

人工合成的覆盖材料包括玻璃纤维丝、透明聚酯膜和弹性多聚乳胶。玻璃纤维是用压缩空气枪来铺的，铺上后坚固耐用，由于能影响以后的修剪工作，使用效果时常不能令人满意。在天气冷凉时，为了促进种子发芽，有时可使用透明聚酯膜，但在坪床上使用时，可产生温室效应。虽然土壤表层的温度提高了，但同时相对湿度也提高了，相对湿度可达到饱和，如果覆盖的时间太长，可使幼苗生病死亡。冬季播种可选择这类覆盖材料。弹性多聚乳胶是可喷洒的物质，它能够稳固坪床，使之不受侵蚀，但没有促进种子发芽和幼苗生长的效果。

无纺布包括人工合成纤维或棉纤维，也是比较好的覆盖材料。此类材料集透光、透气、保湿于一身，克服了其他覆盖材料的许多缺陷，并能重复使用。

在诸如陡坡和排水沟这些关键的地方可通过放置麻布网来稳固坪床。由麻制成的麻袋片效果也非常好。但为了避免使幼苗过分遮荫，在种子发芽后要把它们去掉。

（2）使用方法。在小型场地上，可用人工来铺秸秆和干草。在多风地区，用绳网来稳固覆盖物。在大型场地上，通常要用专门机械来完成铺覆盖材料的工作，这种机械可把覆盖材料剪碎并吹到坪床上。为了坪床上覆盖材料的稳固，在覆盖之后，还要把一种乳化沥青喷到覆盖材料上。对于松散的木质覆盖材料和有机残留物也可采用上述同样的方法来进行固定。

木质纤维素和弹性多聚乳胶是通过水撒铺到坪床上的。木质纤维素在喷播中与水形成糊状物并经常与种子和肥料混合后同时使用。此种覆盖材料一般使用量是3万～4.5万 kg/hm^2。把弹性多聚乳胶与水稀释成9∶1用喷枪来喷播，以便均匀地铺在种床上。适宜的施用量可通过施用后场地的颜色来决定。由于弹性多聚乳胶能密封土壤表面，妨碍出苗，因此要避免过量使用。如果覆盖物影响幼苗生长时，必要时待种子发芽后把它揭掉。由于某些覆盖材料是聚乙烯类，滞留时间太长可导致草坪草幼苗热损伤或疾病。当幼苗长到大约 $2.5 cm$ 高时，要把过量的秸秆和干草用耙子轻轻除掉，但在有 50％的土壤裸露的地方可留下这些覆盖材料让其自然分解。

任务三　草坪栽植后的管理

一、灌溉

灌溉是保证适时适量地满足草坪生长发育所需水分的主要手段之一，可弥补大气降水在数量不足和空间上不均的有效措施。对刚刚播种或栽植的草坪，灌溉更是一项重要的措施。无论降水是否充足，它都有利于种子和无性繁殖材料的扎根和发芽。水分供应不足是造成草坪建植失败的主要原因。随着新建草坪草的逐渐生长，灌溉次数应逐渐减少，强度应该逐渐加强。

1. 灌溉的目的

（1）灌溉是保证草坪植物正常生长的物质基础。

（2）灌溉可保证草坪植物鲜绿，延长绿期。

（3）灌溉可以调节小气候，改变温度。

（4）灌溉可以增强草坪竞争力，延长利用年限。

（5）适时灌溉可以预防病虫、鼠害。

2. 草坪需水量的确定

影响草坪需水量的因素很多，主要因素如草种或品种、土壤类型及环境条件等，这些因素通常以复杂的方式相互影响。一般养护条件下，草坪通常每周需水 25～40cm，可通过降雨、灌溉或两者共同来满足，不同气候条件下所需灌溉的用水量有差异，一般规律，在较干旱的生长季节，每周灌溉量应是 25～38cm，以保证草坪葱绿，富有活力，在炎热干旱的地区，每周可灌水 51cm 或更多。由于草坪根系主要分布在 100～150cm 以上的土层中，所以每次灌溉后应以土层湿润到 100～150cm 为标准。

灌溉时间的确定。在生长季节，根据不同时期降水量适时灌水是极为重要的，一般分为 3 个时期：第一时期为返青到雨季前，这一阶段气温逐渐上升，蒸腾量大，需水量大，是一年中最关键的灌水时间。根据土壤保水性能的强弱及雨季来临的时期可灌水 2～4 次；第二时期为雨季基本停止灌水，这一时期空气湿度较大，草的蒸腾量下降，而土壤含水量已提高到足以满足草坪生长需要的水平；第三时期为雨季后至枯黄前，这一时期降水量少。蒸发量较大，而草坪仍处于生命活动较旺盛阶段，这一时期需水量显著提高，如不能及时灌水，不仅影响草坪生长，还会引起提前枯黄进入休眠。这一阶段，可灌水 4～5 次。此外，在返青时灌返青水，在北方封冻前灌封冻水也是必要的。判断草坪是否需要灌溉的方法有以下几种。

（1）植株观察法。萎蔫的草变成蓝绿色或灰绿色时，说明草坪已严重缺水。

（2）土壤含水量检测法。用一把小刀或土钻检查土壤，如草坪根系分布的下限 100～150cm 处的土壤是干燥的，就应该浇水。干旱的土壤呈浅白色，否则呈暗黑色。

（3）仪器测定法。使用张力计来测定土壤含水量。张力计的底部是一个多孔的陶瓷杯，连接一段金属管，另一端是一个能指示持水张力的量器，张力计装满水后插入土壤，当土壤干燥时，水从多孔杯吸出，量器指示较高的水分张力。

（4）蒸发皿法。在阳光充足的地区，蒸发皿来粗略判断土壤蒸发散失的水量。除大风区外，蒸发皿的失水量大体等于草坪因蒸发失去的耗水量。因此，在生产中常用蒸发系数来表示草坪草的需水量。典型草坪草的需水范围为蒸发皿蒸发量的 50％～80％。在主要生长季节，暖季性草坪草蒸发系数为 55％～65％，冷季性草坪草蒸发系数 65％～80％。在一天中最适合浇水的时间应该是无风、湿度高和温度较低的时候，一般应该夜间或早晨，主要可以减少水分蒸发损失，而中午灌溉，水分可在到达地面前蒸发掉 50％，但草坪冠层湿度过大常导致病虫害的发生，夜间灌溉会使草坪在几个小时甚至更长的时间内潮湿，在这种条件下，草坪植物体表的蜡质层等保护层变薄，病原菌和微生物乘虚而入，向植物组织扩散，所以清晨是草坪灌溉的最佳时间。

3. 灌溉次数

一般确定草坪需水量后，每周灌溉 1～2 次，如土壤保水能力好，可在根系储存很多水，每周灌溉一次就可以，保水能力较差的沙土应浇水 2 次，每 3～4 天浇每周需水量的一半。如一次用水量超过 25cm，大量的水可渗到根区下面，造成浪费。

（1）地面漫灌。地面漫灌是最简单的方法，优点是简单易行，缺点是耗水量大，水量不够均匀，坡度大的草坪不能使用，采用这种方法的草坪表面应相当平整，且具有一定的坡度，理想的坡度是 0.5%～1.5%。这样的坡度用水量最经济，但大面积草坪要达到以上要求，较困难，因此有一定的局限性。

（2）草坪喷灌。喷灌是使用喷灌设备令水像雨水一样淋到草坪上。其优点是能在地形起伏变化大的地方或斜坡使用，灌水量易控制，用水经济，便于自动化作业。缺点是建造成本高。此法是目前采用最多的草坪灌水方法。

1）喷灌强度指单位时间喷洒在草坪上的水深或喷洒在单位面积上的水量。新建植的草坪使用喷灌强度较小的喷灌系统。

2）喷灌均匀度影响草坪的生长质量，喷头射程能够达到的地方，草长的整齐美观，而经常浇不到的地方呈现出黄褐色，影响草坪的整体外观。与喷头距离不同的草坪长势有所差别，这是因为即使水量分布图良好的喷头，水量分布规律也是近处多远处少。依照这一规律进行喷点的合理布置设计，通过有效的组合重叠可保证较高的均匀度，防止喷水不均或漏喷。

3）喷灌系统的组成：一个完整的喷灌系统由水源、水泵、动力、管道系统、阀门、喷头和自动化系统中的控制中心构成。

4）喷灌系统类型：固定式喷灌系统；移动式喷灌系统；半固定式喷灌系统。

二、施肥

施肥是草坪管理的一项重要措施，合理施肥可为草坪植物提供所需营养，氮肥能刺激草坪植物的茎叶生长，增加绿色；磷肥可促进草坪植物根系生长和细胞分裂，提高抗病性；钾肥可增加草坪的抗性，协调氮磷作用。

1. 施肥的目的

（1）增加土壤肥沃性，为草坪植物的良好生长提供充足的养料。

（2）改善土壤理化性质，促进土壤团粒结构的形成，为草坪植物的生长提供良好的生活环境。

（3）调节土壤酸碱性，为草坪植物与土壤有益微生物的旺盛活动创造有益条件。

（4）增加草坪植物的密度、绿度和活力。延长绿期，增强园林绿化效果。

（5）提高草坪植物的抗逆性，正确的施肥使草坪不易受病、虫、杂草的危害。

2. 施肥的方式

（1）人工撒施。适用于小面积的草坪，要求技术熟练的工人操作，为保证肥料的分布尽量均匀，可将肥料分成两份，一份南北向撒，另一份东西向撒，肥料量少时还可拌沙撒施。施肥必须均匀，撒施后及时灌水。

（2）机械施肥。适用于面积较大的草坪，根据肥料存在形式可分为土施与喷施。土施的结果是草坪草根系吸收营养，传导给植株体，土施使用的机械叫撒播机，效率高，但施肥前应调整好机械的施肥标准，而且要求肥料的颗粒基本均匀一致，以达到肥料的基本均匀分布；喷施的结果是草坪草叶片吸收养分，传导给植株体，喷施用喷雾器，可与安全农药一起施用，喷施也叫叶面追肥，施肥量较土施要少，以免对叶片造成灼伤。

（3）灌溉施肥。适用于灌水系统比较均匀的草坪，将肥料溶于水中，与灌水同时进行，省时省力。而且土壤吸收快，应注意灌水的均匀性。

3. 施肥时期和施肥量

冷季型草坪返青前，可施腐熟粉碎的有机肥，施肥量为 $50\sim150g/m^2$，或施 $10g/m^2$ 尿素或 $10g/m^2$ 磷酸二铵等；生长期应视草情，适当增施磷、钾肥；晚秋，可施氮、磷、钾复合肥或纯氮肥 $2\sim3$ 次，每次 $10\sim15g/m^2$。暖季型草，如野牛草等可于 5 月和 8 月各施 $10g/m^2$ 尿素。叶面喷施的浓度必须控制在 $0.1\%\sim0.3\%$ 之内，以免烧伤草坪草叶片。

4. 施肥种类

（1）基肥。在坪床准备时结合土壤耕作所施入的肥料。一般以有机肥料为主，在土壤水分充足，有机质含量较高的土壤，则在有机肥中增施一些速效性的化肥。

（2）种肥。在草坪植物播种同时，将肥料拌入种子或作为种衣包在种子表面与种子同时埋入土壤中，或施在种子或种苗旁的肥料。

（3）追肥。在草坪生长期间，喷洒在草坪植物表面或施入根旁的肥料。追肥以化学肥料为主。追肥时要看苗追肥，即当草坪植物表现出缺肥症状时采用相应的肥料及时追肥；看土追肥，即当土壤贫瘠，草坪植物生长缓慢或停止时及时追肥；看肥追肥，即肥料用量一定要按标准剂量施用；看水追肥，即追肥必须与灌溉相结合。

三、修剪

修剪指去掉草坪地上一部分生长的枝叶。修剪的目的在于保持草坪整齐、美观及充分发挥草坪的坪用功能，适度修剪可促进草坪匍匐茎和枝条密度的提高，利于日光进入草坪基层，抑制杂草，使草坪健康生长。

1. 修剪原则

每次修剪量一般不能超过茎叶组织纵向总高度的 1/3，不能伤害根颈，否则会因地上茎叶生长与地下根系生长不平衡而影响草坪草的正常生长。新建草坪由于草坪草比较娇嫩，根系较浅，加上土壤潮湿疏松，修剪时应高于维持高度的 1/3，最好在草坪高于修剪高度后修剪，并逐渐降低修剪高度，直到达到要求高度。

2. 修剪高度

修剪的高度见表 2-10。

表 2-10　　　　　　　　　　　　　　　　修　剪　高　度

冷 季 型 草 地	修剪留茬高度（cm）	暖 季 型 草 地	修剪留茬高度（cm）
草地早熟禾	2.5～5.0	结缕草	1.3～5.0
多年生黑麦草	3.8～5.0	狗牙根	1.3～3.8
高羊茅	3.8～7.6		
细羊茅	3.8～6.4		
剪股颖	1.3～2.5		

3. 修剪时间和频率

春秋两季温度和降雨等条件最适合冷季型草坪草生长，每周可剪 2 次，夏季气候条件不利，每 2 周剪 1 次就可满足要求。暖季型草坪草夏季生长最旺盛，修剪频率也最高。一年中的其他气温较低的时间，剪草频率较低。生长迅速的草种修剪次数较多，生长缓慢的草种修剪次数相对较少。

四、除杂草

1. 修理与养护防除方法

修理与养护防除方法有：①深耕；②耙地浇水；③火焰除草；④镇压；⑤人工除草；⑥适时修

剪；⑦精选种子；⑧处理有机肥料。

2. 化学防除

化学防除是应用除草剂除灭杂草。化学防除方法有：①药量足，防损耗；②选晴天，适时喷；③防雨淋，缓浇水；④先剪草，促吸收。

3. 土壤处理

土壤处理主要靠幼芽吸收的除草剂以及触杀性的除草剂，如氟乐灵、杀草丹等，应尽量提早施用，可在草坪草播种前 2～3 天甚至 5～7 天施用，以防杂草幼芽期错过而降低效果。

五、病害的防治

植物病害是植物活体在生长或储藏过程中由于所处环境条件的恶劣或受到有害生物的侵扰，致使植物活体受到损害，包括正常的新陈代谢受到干扰，生长发育受到影响，遗传功能发生改变，以及植物产品的品质降低和数量减少等。

植物病害包括侵染性病害和非侵染性病害。侵染性病害由生物因子造成。主要包括真菌、细菌、病毒、类菌质体、线虫等。这些病原物尽管差异很大，但作为草坪草的病原物。有共同的特征。绝大多数对草坪草具有寄生能力和致病能力，有很强的繁殖能力，可以从已感病的植株上通过各种途径，主动地或借助于外力传播到健康植株上。非侵染性病害的发生决定于草坪和环境两方面的因素。

侵染性病害防治措施如下。

1. 消灭病原菌的初侵染来源

消灭病原菌的初侵染来源方法有：①土壤消毒；②种苗处理。

2. 农业防治

农业防治方法有：①选用抗病品种；②合理修剪；③调节播种期；④及时除草；⑤深耕细耙；⑥消灭害虫；⑦及时处理被害株；⑧病害发生地的处理；⑨加强水肥的管理。

3. 生物防治

利用有益微生物或其代谢产物防治植物病害。

4. 物理防治

（1）利用热力处理。主要用于无性繁殖草坪草的热力消毒，对于草坪种子可用温汤浸种法，杀死种子感染的病原菌。

（2）清选种子。

5. 药剂防治

在草坪病害高发季节来临前，应喷施保护性杀菌剂，如护坪丹、多菌灵等，每 10～15 天一次；在高温高湿草坪病害高发季节，注意观察，一旦发病，立即选择对症的治疗性杀菌剂进行防治。同时注意轮换用药防止产生抗药性，使用时应按照使用说明进行，防止产生药害。

六、虫害的防治

植物虫害是由植物性致病因素以外的昆虫致害因素所引起的危害，包括环节动物的线虫、节肢动物的昆虫。防止措施如下。

1. 种子健康检验

（1）搞好植物检疫。

（2）使用抗虫性强的品种。

（3）搞好选种和种子处理。

2. 整地及栽培管理措施

（1）整地。

（2）施肥。

（3）灌水。

3.春季防治害虫技术

（1）诱杀防治。

（2）农业防治。

4.夏季防治害虫技术

（1）人工捕捉。

（2）化学防治。

5.秋季防治害虫技术

（1）清洁田园。

（2）适时灌水。

项目五　花卉与花坛的施工与管理应用

任务一　花卉栽植形式

花卉是园林中用作重点装饰和色彩构图的置景植物，常作强调出入口的装饰，广场的构图中心，公共建筑物附近的陪衬和道路两旁及拐角、树林边的点缀。花卉以其鲜艳的色彩，在烘托气氛、丰富景观方面有独特的观赏效果，也常配合重大节日布景使用。花卉是一种费钱、费工的种植材料，因其寿命较短、观赏期有限、养护管理要求精细，所以在植物景观配置时应从实际出发，根据人力、物力的条件而适当使用，并且应多选用工少、寿命长，管理粗放的花卉种类。

一、花坛

花坛是按照设计意图在一定形体范围内栽植观赏植物，以表现群体美的设施。

1. 花坛的类型

(1) 按坛面花纹图案分类：可分为花丛花坛、模纹花坛、造型花坛、造景花坛。

1) 花丛花坛：主要由观花草本花卉组成，表现花盛开时群体的色彩美。这种花坛在布置时不要求花卉种类繁多，而要求图案简洁鲜明，对比度强。常用植物材料有一串红、早小菊、鸡冠花、三色堇、美女樱、万寿菊等。

2) 模纹花坛：主要由低矮的观叶植物和观花植物组成，表现植物群体组成的复杂的图案美。主要包括毛毡花坛、浮雕花坛和时钟花坛等。毛毡花坛是由各种植物组成一定的装饰图案，花坛的表面被修剪的十分平整，整个花坛好像是一块华丽的地毯。浮雕花坛的表面是根据图案的要求，将植物修剪成凸出和凹陷的式样，整体具有浮雕的效果。时钟花坛即图案是时钟纹样，上面装有可转动的时针。模纹花坛常用的植物材料有五色草、彩叶草、香雪球、四季海棠等。

3) 造型花坛：以动物（孔雀、龙、凤、熊猫等）、人物（孙悟空、唐僧等）或实物（花篮、花瓶）等形象作为花坛的构图中心，通过骨架和各种植物材料组装成的花坛。

4) 造景花坛：以自然景观作为花坛的构图中心，通过骨架和植物材料和其他设备组装成山、水、亭、桥等小型山水园或农家小院等景观的花坛。

(2) 按空间位置分类：可分为平面花坛、斜面花坛、立体花坛。

1) 平面花坛：花坛表面与地面平行，主要观赏花坛的平面效果，其中包括沉床花坛和稍高出地面的花坛。花丛花坛多为平面花坛。

2) 斜面花坛：花坛设置在斜坡或阶地上，也可搭成架子摆放各种花卉，形成一个以斜面为主要的观赏面。一般模纹花坛、文字花坛、肖像花坛多用斜面花坛。

3) 立体花坛：花坛向空间展伸，可以四面观赏，常见的造型花坛、造景花坛是立体花坛。

(3) 按花坛的组合分类：有单个花坛、带状花坛、花坛群等。另外，按种植形式分类可分为永久花坛、临时花坛。

2. 花坛的应用

花坛主要表现花卉群体的色彩美，以及由花卉群体所构成的图案美。花坛是园林绿化的重要组成部分，能美化和装饰环境，尤其能增加节日的欢乐气氛，同时还有标志宣传和组织交通等作用。

独立的花丛花坛可作主景应用，设立于广场中心、建筑物正前方、公园入口处、公共绿地中等。

带状的花丛花坛通常作为配景，布置于主景花坛周围、通道两侧、建筑基础、墙基、岸边或草坪上，有时也作为连续风景中的独立构图。

模纹花坛主要表现和欣赏由观叶或花叶兼美的植物所组成的精制复杂的图案纹样，有长期的稳定性，可供较长时间的观赏。模纹花坛一般以斜面应用居多，内部图案可选用文字标语、国旗、国徽、会徽、名人肖像及其他装饰图案等。模纹花坛可作为主景应用布置于广场、街道、建筑物前、会场、公园、住宅小区的入口处等。

造型花坛的造型根据设计者的意图可以是花篮、花瓶、建筑、各种动物造型等，因此一般作为花坛的中心，或造景花坛的主要景观，也有的独立应用于街头绿地或公园中心。

造景花坛最早应用于天安门广场的国庆花坛布置，主要为了突出节日气氛，展现祖国的建设成就和大好河山，目前也被应用于园林中临时造景。

3. 花坛设计

花坛在环境中可作为主景，也可作为配景。形式与色彩的多样性决定了它在设计上也有广泛的选择性。花坛的设计首先应在风格、体量、形状诸方面与周围环境相协调，其次才是花坛自身的特色。花坛的体量，大小也应与花坛设置的广场、出入口及周围的建筑的高度成比例，一般不应超过广场面积的 1/3，不小于 1/5。花坛的外部轮廓也应与建筑边线、相邻的路边和广场的形状协调一致。色彩应与所在环境有所区别，既起到醒目和装饰作用，又与环境协调，融于环境之中，形成整体美。

（1）花丛花坛的设计。

1）植物选择。设计花丛花坛应选用观花草木。要求其花期一致，花朵繁茂，盛开时花朵能掩盖枝叶，达到见花不见叶的程度。为了维持花卉盛开时的华丽效果，必须经常更换花卉植物，所以通常应用球根花卉及一、二年生草花。

2）色彩设计。花丛花坛要求色彩艳丽，突出群体的色彩美，因此色彩上要精心选择，巧妙搭配，一个花坛的色彩不宜太多，要主次分明。

3）图案设计。花坛大小要适度，花坛直径最大不超过 15～20m。花坛的外形轮廓较丰富，而内部图案纹样力求简洁。

（2）模纹花坛的设计。

1）植物选择。各种不同色彩的五色草是最理想的植物材料。该植物不仅色彩整齐，更重要的是其叶子细小、株型紧密，可以作出 2～3cm 的线条来，所以用它最能组成细致精美的装饰图案。也可选用其他一些适合于表现花坛平面图案的变化，可以显示出较细致花纹的植物。如植株低矮、株形紧密、观赏期一致、花叶细小的香雪球、雏菊、白叶菊、四季海棠、孔雀草、三色堇、半支莲等。因为模纹花坛的设计和施工都要花很大的劳动，所需的费用很大，所以选用的花卉必须观赏期很长才经济合算。

2）色彩设计。应根据图案纹样决定色彩，尽量保持纹样清晰精美。

3）图案设计。花坛大小要适度，花坛直径最大一般不超过 8～10m。模纹花坛表现植物所构成的精美复杂的图案美，因此花坛的外形轮廓比较简单，而内部的图案纹样要复杂华丽。

（3）造型花坛的设计。各种主题的立体造型式花坛，其植物的选择基本与模纹花坛对植物的选择相同。各种造型，主要用五色草附着在预先设计好的模型上，也可选用易于捆扎、弯曲、修剪、整形的植物，如菊、侧柏、三角花等。

二、花境

花境源自欧洲园林，是园林中从规则式构图到自然式构图的一种过渡和半自然式的带状种植形式。它既表现了植物个体的自然美，又展示了植物自然组合的群落美。它一次种植后可多年使用，四季有景。花境不仅增加了园林景观，还有分割空间和组织游览路线的作用。

1. 花境的类型

（1）从设计形式上分，花境主要有以下几类。

1）单面观赏花境。这是传统的花境形式，多临近道路设置。花境常以建筑物、矮墙、树丛、绿篱等为背景，前面为低矮的边缘植物，整体上前低后高，供一面观赏。

2）双面观赏花境。这种花境没有背景，多设置在草坪上或树丛间及道路中央，植物种植是中间高两侧低，供双面观赏。

3）对应式花境。在园路的两侧，草坪中央或建筑物周围设置相对应的两个花境，这两个花境呈左右二列式。在设计上统一考虑，作为一组景观，多采用拟对称的手法，以求有节奏和变化。

（2）从植物选择上分，花境可分为以下几类。

1）宿根花卉花境。花境全部由可露地越冬的宿根花卉组成。如芍药、萱草、鸢尾、玉簪、蜀葵、荷包牡丹、耧斗菜等。

2）球根花卉花境。花境内栽植的花卉为球根花卉。如百合、郁金香，大丽花、水仙、石蒜、美人蕉、唐菖蒲等。

3）灌木花境。花境内所应用的观赏植物全部为灌木，以观花、观叶或观果及体量轻小的灌木为主。如迎春、连翘、月季、紫叶小檗、榆叶梅、紫薇、多花枸子、木槿、金银木、红叶槭、杜鹃、石楠等。

4）混合式花境。花境种植材料以耐寒的宿根花卉为主，配置少量的花灌木、球根花卉或一、二年生花卉。这种花境季相分明，色彩丰富，多见应用。

5）专类花卉花境。由同一属不同种类或同一种不同品种植物为主要种植材料的花境。做专类花境用的植物材料要求花期、株形、花色等有较丰富的变化，从而体现花境的特点，如鸢尾类花境、菊花花境、百合花境等。

2. 花境的应用

花境是模拟自然界中林地边缘地带多种野生花卉交错生长的状态，运用艺术手法设计的一种花卉应用形式。花境可设置在公园、风景区、街心绿地、家庭花园、林荫路旁。它是一种带状布置形式，适合周边设置，能创造出较大的空间或充分利用园林绿地中的带状地段，创造出优美的最观效果。花境是一种自然式的种植形式，所以极适合用在园林中建筑、道路、绿篱等人工构筑物与自然环境之间，起到由人工到自然的过度作用。花境可以软化建筑的硬线条，同时它丰富的色彩和季相变化可以活化单调的绿篱、绿墙及大面积草坪景观，起到很好的美化装饰效果。

3. 花境设计

花境在设计形式上是沿着长轴方向演进的带状连续构图，带状两边是平行或近于平行的直线或曲线。其基本构图单位是一组花丛，每组花丛通常由5～10种花卉组成，一种花卉集中栽植，平面上看是多种花卉的块状混植；立面上看高低错落，状如林缘野生花卉交错生长的自然景观。植物材料以耐寒的可在当地越冬的宿根花卉为主，间有一些灌木、耐寒的球根花卉，或少量的一、二年生草本花卉。

花境设计包括种植床设计、背景设计、边缘设计及种植设计。

（1）种植床设计。花境的种植床是带状的。一般来说单面观赏花境的前边缘线为直线或曲线，后边缘线多采用直线。双面观赏花境的边缘线基本平行，可以是直线，也可以是曲线，对应式花境要求长轴沿南北方向延伸，这样对应的两个花境光照均匀，生长势相近，达到均衡的观赏效果。为了方便管理和增加花境的节奏和韵律感，可以把过长的植床分为几段，每段长度不超过20m，段与段之间可留1～3m的间歇地段，设置雕塑或座椅及其他园林小品。花境的短轴长度一般为：单面观宿根花境2～3m，单面观混合花境4～5m，双面观花境4～6m。较宽的单面观花境的种植床与背景之间可留出70～80cm的小路，便于管理，利于通风，同时可使花境植物不受背景植物的干扰。

种植床依环境土壤条件及装饰要求可设计成平床或高床，有 2%～4% 的坡度。

（2）背景设计。单面观赏花境需要背景。背景是花境的组成部分之一，按设计需要，可与花境有一定距离也可不留距离。花境的背景依设置场所的不同而不同，理想的背景是绿色的树墙或高篱。建筑物的墙基及各种栅栏也可作背景，以绿色或白色为宜。如果背景的颜色或质地不理想，也可在背景前景种高大的绿色观叶植物或攀援植物，形成绿色屏障，再设置花境。

（3）边缘设计。花境的边缘不仅确定了花境的种植范围，也便于前面的草坪修剪和园路清扫工作。高床边缘可用自然的石头、砖块、碎瓦、木条等垒砌而成。平床多用低矮植物镶边，以 15～20cm 高为宜。若花境前面为园路，边缘用草坪带镶边，宽度至少 30cm 以上。若要求花境边缘整齐、分明，则可在花境边缘与环境分界处挖沟，填充金属或塑料条板，阻隔根系，防止边缘植物侵蔓路面或草坪。

（4）种植设计。种植设计是花境设计的关键。全面了解植物的生态习性并正确选择适宜的植物材料是种植设计成功的根本保证。选择植物应注意以下几个方面：以在当地露地越冬、不需要特殊管理的宿根花卉为主。兼顾一些小灌木及球根一二年生花卉；花卉有较长的花期，且花期能分散于各个季节，花序有差异，花色丰富多彩；有较高的观赏价值。如花、叶兼美、观叶植物、芳香植物等。

每种植物都有其独特的外形、质地和颜色，在这几个因素中，前两种更为重要。因为如果不充分考虑这些因素，任何种植设计都将成为一种没有特色的混杂体。

季相变化是花境的特征之一，利用花期、花色、叶色及各季节所具有的代表植物可创造季相景观。

利用植物的株形、株高、花序及质地等观赏特性可创造出花境高低错落、层次分明的立面景观。

色彩的应用有两种基本的方法：直接对比法（常会由于夸大表现而易取得比较活泼的景观效果），或者采用建立相关色调由浓到淡的系列变化布局的方法，并为取得鲜明的效果在其中偶尔采用对比的手法。最易掌握并比较可靠的方法是选择一个主色调，然后在这一主色调的基础上进行一系列的变化，并以中性色调的背景作衬托。在小型花境中，这种安排效果最佳，也可将此法应用于大型花境中，其景致新颖而巧妙。当需采用多种色调搭配时，最好倾向于选用黄色色调或蓝色色调为基调。虽然花色的变化几乎是无穷无尽的，但自然界中这两种花卉的颜色最为纯正。

要使花境设计取得满意的效果，参阅各种资料及图片，仔细研究大家喜爱的植物组合等都是十分重要的。同时更要充分了解在自然环境中优势植物及次要植物的分布比例和在野生状态下植物群落的盛衰关系，掌握优势植物的更替、聚合、混交的演变规律，不同土壤状况对优势植物分布的影响及植物根系在土壤不同层次中的分布和生长状况等方面的知识，这样在花境设计时才可得心应手。

三、花池

花池是在特定种植槽栽种花卉的园林形式。花池的主要特点在于其外形轮廓可以是自然式的，也可以是规则式的，内部花卉的配置以自然式为主。因此，与花坛的纯规则式布置不同，花池是自然式或由自然式向规则式过度的园林形式。

自然式花池外部种植槽的轮廓和内部植物配置都是自然式的。自然式花池常见于中国古典园林，其种植槽多由假山石围合，池中花卉多以传统木本名花为主体，衬以宿根花卉。如以花坛中做边缘装饰植物的麦冬、吉祥草以及玉簪、萱草、兰花等草花衬托松、竹、南天竹、腊梅等花木的姿态。

规则式花池外部种植槽的轮廓是规则式的，内部植物配置是自然式的。规则式花池常见于现代园林中，其形式灵活多变，有独立的，有与其他小品相结合的。如将花池与栏杆、踏步相结合，以便争取更多的绿化面积，创造舒适的环境；还有的把花池与主要的观赏景点结合起来，将花木山石构成一个大盆景，称盆景式花池。规则式花池中植物的选用更为灵活，除盆景式花池中的植物仍以上述规则式花池的布置外，其他多采用鲜艳的草花以加强装饰效果。

四、花台

花台是高出地面几十厘米的植床中栽植花木的园林形式。花台的特点主要是种植槽高出地面，装饰效果更为突出；其次花台的外形轮廓都是规则式的，而内部植物配置有规则式的，也有自然式的。因此，花台属于规则式或由规则式向自然式过渡的园林形式。

花台最初用于栽植名贵花木，如梅花、腊梅、牡丹、杜鹃、山茶、松、柏、南天竹等，非常注重植株的姿态和造型，常在花台中配置山石、小草等，属于自然式的植物配置形式。这种花台常见于中国古典园林或民族式建筑物的庭院内，通常把花台当盆模仿盆景的形式进行布置。

现代园林中的花台更像是小而高的花坛，在外形规则的种植槽中规则地种植一、二年生花卉，由于面积较小，每个花台中一般只栽种一种草花，同花丛式花坛一样，以盛花期鲜艳的花色取胜。又由于花台较高，故应选用植株较矮、株丛紧密或匍匐性的花卉，使它们的匍匐枝或叶片从台壁的外沿垂挂下来，如天门冬、书带草等，也可以用宿根或球根草花来布置。

这种花台一般布置于广场或庭院的中央，也可布置在建筑物的前面。与花坛相似，花台有单个的，也有组合型的，如有的将花台与休息座椅相结合，有的结合竖向构图，把花台做成与各种隔断、格架或墙面结合的高低错落的画面，使绿化与建筑装饰有机地结合在一起，在构图上形成富有趣味性的装饰小品。

任务二　花　坛　施　工

花坛形式多样、种类繁多，在不同的园林环境中，往往采用不同的花坛种类。主要有盛花花坛、模纹花坛、标题式花坛、立体式模型花坛 4 个基本类型。在同一个花坛群中，也可以有不同类型的若干个体花坛。

要把花坛及花坛群搬到地面上去，就必须要经过定点放线、砌筑边缘石、填土整地、图案放样、花卉栽种等几道工序。

一、定点放线

1. 花坛群的定位与定点

（1）根据设计图和地面坐标系统的对应关系，用测量仪器把花坛群的中心点，即中央主花坛的中心点的坐标测设到地面上。

（2）把纵横中轴线上的其他次中心点的坐标测设下来，将各中心点连线，即在地面上放出花坛群的纵轴线和横轴线。

（3）然后再依据纵横轴线，量出各处个体花坛的中心点，这样就可把所有花坛的位置在地面上确定下来。

（4）每一个花坛的中心点上，都要在地上钉一个小木桩作为中心桩。

2. 个体花坛的放线

对个体花坛，只要将其边线放大到地面上就可以了。正方形、长方形、三角形、圆形或扇形的花坛，只要量出边长和半径，都很容易放出其边线来。而椭圆形、正多边形花坛的放线就要复杂一点。

（1）正五边形花坛的放线。如图 2-20 所示，已知一个边长 AB。

1）分别以 A、B 为圆心，AB 为半径，作圆交于 C 及 D。

2）以 C 为圆心，CA 为半径，作弧与二圆分别交于 E、F，与 CD 交于 G，连接 EG、FG 并延长之，分别与二圆交于 K、L。

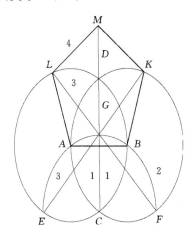 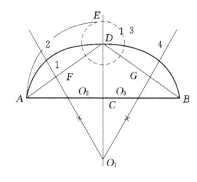

图 2-20　正五边形花坛的放线　　　图 2-21　正多边形花坛的放线

3）分别以 K、L 为圆心，AB 为半径，作弧交于 M。

4）分别连接 AL、BK、LM、KM，即为正五边形 $ABKML$。

（2）正多边形花坛的放线。如图 2-21 所示，已知一边为 AB。

1）延长 AB，使 $BD＝AB$，并分 AD 为几等分（本例为九等分）。

2）以 A、D 为圆心，AD 为半径，作弧得交点 E。

3）以 B 为圆心，BD 为半径，作弧与 EZ 的延长线交于 C。

4）过 A、B 及 C 点的圆即正几边形的外接圆。

（3）椭圆形花坛的放线。如图 2-22 所示，已知长短轴 AB、CD。

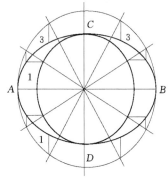 

图 2-22　椭圆形花坛的放线　　　图 2-23　三心拱曲线作椭圆

1）以 AB、CD 为直径作同心圆。

2）作若干直径，自直径与大圆的交点作垂线与小圆交点作水平线相交，即得椭圆形轨迹。

（4）以三心拱曲线作椭圆。如图 2-23 所示，已知拱底宽 AB 及拱高 CD。

1）连接 AD、BD，以 C 为圆心，AC 为半径作弧交 CD 的延长线于 E。

2）以 D 为圆心，DE 的中垂线可得 O_1、O_2 及 O_3。

3）以此三点为圆心作弧通过 A、B 及 D，即所求曲线。

（5）椭圆形花坛的简易放线。如图 2-24 所示。

1）在地面上钉两个木桩，取椭圆纵轴长度的 $1/2$ 作为两木桩的间距。

2）再取一根绳子，两端结在一起构成环状，绳子长度为木桩间距的 3 倍。

3）将环绳套在两个木桩上，绳上拴一根长铁钉用来在地面画线。

4）牵动绳子转圈画线，椭圆形就画成了。

5）画圆时注意：绳子一定要拉紧，先画一侧的弧线，再翻过去画另一侧的弧线。

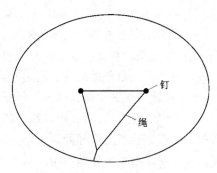

图 2-24　椭圆形花坛的放线

二、花坛边缘石砌筑、种植床整理要求

1. 花坛边缘石砌筑

花坛工程的主要工序就是砌筑边缘石。

（1）花坛边沿基础处理。

1）放线完成后，应沿着已有的花坛边线开挖边缘石基槽。

2）基槽的开挖宽度应比边缘石基础宽 10cm 左右，深度可在 12～20cm 之间。

3）槽底土面要整平、夯实。

4）有松软处要进行加固，不得留下不均匀沉降的隐患。

5）在砌基础之前，槽底还应做一个 3～5cm 厚的粗砂垫层，作基础施工找平用。

（2）花坛边缘石砌筑。

1）边缘石一般是以砖砌筑的矮墙，高 15～45cm，其基础和墙体可用 1∶2 水泥砂浆或 M2.5 混合砂浆砌 MU7.5 标准砖做成。

2）矮墙砌筑好之后，回填泥土将基础埋上，并夯实泥土。

3）再用水泥和粗砂配成 1∶2.5 的水泥砂浆，对边缘石的墙面抹面，抹平即可，不要抹光。

4）最后，按照设计，用磨制花岗石石片、釉面墙地砖等贴面装饰，或者用彩色水磨石、干粘石米等方法饰面。

（3）其他装饰构件的处理。

1）有些花坛边缘还可能设计有金属矮栏花饰，应在边缘石饰面之前安装好。

2）矮栏的柱脚要埋入边缘石，用水泥砂浆浇注固定。

3）待矮栏花饰安装好后，才进行边缘石的饰面工序。

2. 花坛种植床整理

（1）翻土、去杂、整理、换土。

1）在已完成的边缘石圈子内，进行翻土作业。

2）一边翻土，一边挑选、清除土中杂物。

3）若土质太差，应当将劣质土全清除掉，另换新土填入花坛中。

（2）施基肥。花坛栽种的植物都是需要大量消耗养料的，因此花坛内的土壤必须很肥沃。在花坛填土之前，最好先填进一层肥效较长的有机肥作为基肥，然后才填进栽培土。

（3）填土、整细。

1）一般的花坛，其中央部分填土应该比较高，边缘部分填土则应低一些。

2）单面观的花坛，前边填土应低些，后边填土则应高些。

3）花坛土面应做成坡度为 5%～10% 的坡面。

4）在花坛边缘地带，土面高度应填至边缘石顶面以下 2～3cm；以后经过自然沉降，土面即降到比边缘石顶面低 7～10cm 之处，这就是边缘土面的合适高度。

5）花坛内土面一般要填成弧形面或浅锥形面，单面观赏花坛的土面则要填成平坦土面或是向前倾斜的直坡面。

6）填土达到要求后，要把土面的土粒整细，耙平，以备栽种花卉植物。

（4）钉中心桩。花坛种植床整理好之后，应当在中央重新栽上中心桩，作为花坛图案放样的基准点。

3. 花坛图案放样、花木栽植技术

（1）花坛图案放样。花坛的图案、纹样，要按照设计图放大到花坛土面上。

1）等分花坛表面。放样时，若要等分花坛表面，可从花坛中心桩牵出几条细线，分别拉到花坛边缘各处，用量角器确定各线之间的角度，就能够将花坛表面等分成若干份。

2）直接放图案纹样。以这些等分线为基准，比较容易放出花坛面上对称、重复的图案纹样。

3）硬纸板放样。有些比较细小的曲线图样，可先在硬纸板上放样，然后将硬纸板剪成图样的模板，再依照模板把图样画到花坛土面上。

（2）花坛植物的种植类型。

1）花丛式花坛。花丛式花坛，是以体现草本花卉植物的华丽色彩为主题。种植花丛花坛，必须选择开花繁茂、花大色艳、枝叶较少、花期一致的草本花卉，以观花不现叶为最佳，充分体现色彩美。花丛花坛的图面体现，可以是平面的，也可以是半球面形的，或者是中间高四周低的锥状体。

2）模纹式花坛。模纹式花坛又称图案式花坛，以其华丽整齐、图案复杂的纹样为主题，给人以动态美感。模纹式花坛适宜种植色泽各异的耐修剪的观叶植物和花期长、花朵小而密的低矮观花植物，通过不同花卉花色、叶色等色彩的对比，组成精美的图纹装饰。模纹式花坛在选用植物时，应选植株高矮一致、花期一致、且花期长的植物。花坛的表面应修剪得非常平整，使其成为一个美丽细致的平面或平缓的曲面，还可修剪成龟背式、立体花篮式和花瓶式等。

3）标题式花坛。标题式花坛在形式上与模纹式花坛一样，只不过是表现的形式主题不同。模纹式花坛以装饰性为目的，没有明确的主题思想。而标题式花坛则是通过不同色彩植物组成一定的艺术形象，表达其思想性，如文字花坛、肖像花坛、象征图案花坛等。选用植物与模纹式花坛一样。标题式花坛，通常设置在坡地的斜面上。

4）草坪花坛。草坪花坛是以草地为底色，配置 1 年生或 2 年生花卉或宿根花卉、观叶植物等。草坪花坛，既可是花丛式，也可是模纹式。在园林布置中，草坪花坛既点缀了草地，又起着花坛的作用。

（3）花木的栽植技术。

1）起苗要求。

a. 从花圃挖起花苗之前，应先灌水浸湿圃地，起苗时根土才不易松散。

b. 同种花苗的大小、高矮应尽量保持一致，过于弱小或过于高大的都不要选用。

2）栽植季节时间。

a. 花卉栽植时间，在春、秋、冬三季基本没有限制，但夏季的栽种时间最好在 11：00 之前和 16：00 以后，要避开太阳曝晒。

b. 花苗运到后，应即时栽种，不要放了很久才栽。

3）栽植技术要求。

a. 栽植花苗时，一般的花坛都从中央开始栽，栽完中部图案纹样后，再向边缘部分扩展栽下去。

b. 在单面观赏花坛中栽植时，则要从后边栽起，逐步栽到前边。

c. 若是模纹花坛和标题式花坛，则应先栽模纹、图线、字形，后栽底面的植物。

d. 在栽植同一模纹的花卉时，若植株稍有高矮不齐，应以矮植株为准，对较高的植株则栽得深一些，以保持顶面整齐。

4）栽植株行距。花坛花苗的株行距应随植株太小而确定。

a. 植株小的，株行距可为 15cm×15cm。

b. 植株中等大小的，可为 20cm×20cm～40cm×40cm。

c. 对较大的植株，则可采用 50cm×50cm 的株行距。

d. 五色苋及草皮类植物是覆盖型的草类，可不考虑株行距，密集铺种即可。

e. 浇透水。花坛栽植完成后，要立即浇一次透水，使花苗根系与土壤密切接舍。

4. 花坛植物种植施工

（1）平面式花坛植物种植施工。

1）整地。花坛施工，整地是关键之一。翻整土地深度，一般为 35～45cm。整地时，要拣出石头、杂物、草根。若土壤过于贫瘠，则应换土，施足基肥。花坛地面应疏松平整，中心地面应高于四周地面，以避免积水。根据花坛的设计要求，要整出花坛所在位置的地表形状，如半球面形、平面形、锥体形、一面坡式、龟背式等。

2）放样。按设计要求整好地后，根据施工图纸上的花坛图案原点、曲线半径等，直接在上面定点放样。放样尺寸应准确，用灰线标明。对中、小型花坛，可用麻绳或铅丝接设计图摆好图案模纹，画上印痕撒灰线。对图纹复杂、连续和重复图案模纹的花坛，可按设计图用厚纸板剪好大样模纹，按模型连续标好灰线。

3）栽植。裸根苗起苗前，应先给苗圃地浇 1 次水，让土壤有一定的湿度，以免起苗时伤根。起苗时，应尽量保持根系完整，并根据花坛设计要求的植株高矮和花色品种进行掘取，随起随栽。栽植时，应按先中心后四周，先上后下的顺序栽植，尽量做到栽植高矮一致，无明显间隙。模纹式花坛，则应先栽图案模纹，然后填栽空隙。植株的栽植，过稀过密都达不到丰满茂盛的艺术效果。栽植过稀，植株缓苗后黄土裸露而无观赏效果。栽植过密，植株没有继续生长的空间，以至互相拥挤，通风透光条件差，出现脚叶枯黄甚至霉烂。栽植密度应根据栽植方式、植物种类、分蘖习性等差异，合理确定其株行距。一般春季用花，如金盏菊、红叶甜菜、三色堇、羽衣甘蓝、福禄考、瓜叶菊、大叶石竹、金鱼草、虞美人、小叶石竹、郁金香、风信子等，株高为 15～20cm，株行距为 10～15cm。夏、秋季用花，如凤仙、孔雀草、万寿菊、百日草、矮雪轮、矮牵牛、美人蕉、晚香玉、唐菖蒲、大丽花、一串红、菊花、西洋石竹、紫茉莉、月见草、鸡冠花、千日红等，株高为 30～40cm，株行距为 15～25cm。五色草的株行距一般为 2.5～5.0cm。

带土球苗，起苗时要注意土球完整，根系丰满。若土壤过于干燥，可先浇水，再掘取。若用盆花，应先将盆托出，也可连盆埋入土中，盆沿应埋入地面。一般花坛，有的也可将种子直接播入花坛苗床内。

苗木栽植好后，要浇足定根水，使花苗根系与土壤紧密结合，保证成活率。平时还应除草，剪除残花枯叶，保持花坛整洁美观。要及时杀灭病虫害，补栽缺株。对模纹式花坛，还应经常整形修剪，保持图案清晰、美观。

活动式花坛植物栽植与平面式花坛基本相同，不同的是活动式花坛的植物栽植，在一定造型的可移动的容器内可随时搬动，组成不同的花坛图案。

（2）立体花坛植物种植施工。立体花坛是在立体造型的骨架上，栽植组成的各种植物艺术造型。

1）制作骨架结构。在施工时，根据设计图纸和模型，按比例建立骨架。即按照图纸上标明的材料型号下料，焊接要严密不能有砂眼，结构要坚固，要绝对避免因用材不当而出现变形或倒塌的现象。骨架稳固后，若立体花坛比较高，为了便于施工，要用钢管或木板搭好脚手架，高度以人站上去便于施工操作为宜。

2）安装供水系统。如果需要安装自动喷灌系统，则根据设计图纸安装压力泵、管道、微喷头、滴管等供水器件，并调节水压的大小、管道的走向、喷头的分布、方向等，力求使灌水均匀，避免有灌溉不到的地方，造成生长不良或死亡。

3）装土（栽培基质）。按照设计图纸，安装供水系统后，用铁丝将遮阳网扎成内网和外网（两网之间的距离根据设计来定），然后开始装土。土的干湿度以捏住一搓能散为宜。垂直高度超过 1m 的种植层，应每隔 50～60cm 设置一条水平隔断，以防止浇水后内部栽培基质往下塌陷。

装土时从基部层层向上填充，边装边用木棒捣实，由外向里捣，使土紧贴内网。外部遮阳网必须从下往上分段用铁丝绑扎固定在钢筋上，边绑扎边装土，并用木槌在网外拍打，调整立体形状的轮廓。

4）放样。按照设计图案用线绳勾出轮廓，或者先用硬纸板、塑料纸等做出设计的纹样，再画到造型上。不管采用哪种方法，只要能在造型上做出比较清晰的图案纹样即可。

5）栽植物。种植植物材料宜先上后下，一般先栽植花纹的边缘线，轮廓勾出后再填植内部花苗。栽植时用木棒、竹签或剪刀头等带有尖头的工具插眼，将植物栽入，再用手按实。注意栽苗时要和表面成锐角，防止和形体表面成直角栽入。锐角栽入可使植物根系较深地栽在土中，浇水时不至于冲掉。栽植的植物株行距视花苗的大小而定，如白草的株行距应为 2～3cm，栽植密度为700～800 株/m²；小叶红、绿草、黑草的株行距为 3～4cm，栽植的密度为 350～400 株/m²；大叶红为 4～5cm，最窄的纹样栽白草不少于 3 行，绿草、小叶红、黑草不少于 2 行。在立体花坛中最好用大小一致的植物搭配，苗不宜过大，大了会影响图案效果。

栽苗最好在阴天或傍晚进行。露地育苗可提前两天将花圃地浇湿，以便起苗时少伤根。盆栽育苗一般先提前浇水，运到现场后再扣出脱盆栽植。矮棵的浅栽，高棵的深栽，以准确地表达图案纹样。在具体施工中注意不要踩压已栽植物，可用周转箱倒扣在栽种过的图案部分，供施工人员踩踏。夏季施工，可在立体花坛上空罩一张遮阳网，可以防止强光灼射，有利早期的养护生根。

6）栽后修剪。栽种后要修剪。修剪的目的一方面是促进植物分枝，另一方面修剪的轻重和方法也是体现图案花纹最重要的技巧。栽后第一次不宜重剪，第二次修剪可重些，在两种植物交界处，各向中心斜向修剪，使交界处成凹状，产生立体感。特别是人物和动物造型，需要要靠精雕细琢的修剪来实现。如在制作马、牛等动物造型时，很容易产生下列问题：将马的肚子制作得滚圆，就变成了一匹肥马，没有精神；开荒牛本来应该肌肉肋骨突出，脊梁高耸，但制作出来的作品却找不到那种奋发上进的感觉。

红绿草宜及时修剪，使低节位分蘖平展，尽快生长致密。晚修剪会造成高位分蘖，浪费植物的养分，延迟成型的时间。

7）收尾工作。植物栽植完工后，拆除脚手架。在立体花坛基部周围按照设计图纸布置好平面花坛，使主题更加突出，色彩更加鲜明，充分体现立体花坛的特色和作用。

5. 花坛的管理技术、养护管理作业

（1）花坛的管理技术。

1）浇水。花坛栽植完成后，要注意经常浇水保持土壤湿润，浇水宜在早晚时间。

2）中耕除草。花苗长到一定高度，出现了杂草时，要进行中耕除草，并剪除黄叶和残花。

3）病虫害防治。若发现有病虫滋生，要立即喷药杀除。

4）补栽。如花苗有缺棵，应及时补栽。

5）整形修剪。对模纹、图样、字形植物，要经常整形修剪，保持整齐的纹样，不使图案杂乱。修剪时，为了不踏坏花卉图案，可利用长条木板凳放入花坛，在长凳上进行操作。

6）施肥。对花坛上的多年生植物，每年要施肥 2～3 次；对一般的一两年生草花，可不再施肥；如确有必要，也可以进行根外追肥，方法是用水、尿素、磷酸二氢钾、硼酸按 15000：8：5：2 的比例配制成营养液，喷洒在花卉叶面上。

7）花卉更换。当大部分花卉都将枯谢时，可按照花坛设计中所作的花卉轮替计划，换种其他花卉。

（2）花坛养护管理作业。

1）工具配置。锄头、草剪、洞撬、洒水车等。

2）工作内容。

a. 松土除杂草。对于尚未郁闭花坛，生长季节每月松土 1 次，除杂草 2 次，松土深度 3～

5cm；非生长季节每月除杂草 1 次，每年 4～5 月和 8～9 月在松土的同时进行修边，修边宽度 30cm，线条要流畅。

b. 修剪。一般每年 2～3 月重剪 1 次，保留 30～50cm，以促进侧枝发芽；以后每个月根据花坛养护标准进行修剪造型，中间高、两边低；中间高度根据品种不同而异，一般 50～80cm，形成曲面并有较好的园林美化效果。

c. 施肥。2～3 月重剪后以撒施基肥为主，0.5～1kg/m²，以后根据生长情况用复合肥进行追肥，结合雨天洒施 0.1～0.15kg/m²，晴天施肥时应保证淋足水，施肥方法以撒施为主。

d. 补植。对因市政工程、交通事故、养护不当等造成的死苗要及时补植，一般应补回原来的种类，并力求规格与原来相近。

e. 淋水。补植后一个星期内每天淋水 1 次，施肥时加强淋水，一般情况下 2～3 天淋水 1 次。

3）检查项目。

a. 花坛完整情况有无缺株、残缺。

b. 生长情况长势旺盛，无病虫害发生。

c. 修剪造型要有一定的园林效果，有球形，圆柱形、蘑菇形、动物造型等，高 0.8～1.5m、径 0.8～1.5m。

d. 开花。开花植物开花准时、艳丽，花朵覆盖率 50% 以上。

4）注意事项。生长旺盛、枝繁叶茂，修剪精细美观，具有艺术感和创意。

模块三　园林工程与施工管理实训指导

通过用软件编制园林工程预算；与有关教学实训基地联合进行实际工程的施工组织设计；对优秀的设计工程案例以及景观优秀的小区进行实地参观考察、了解施工组织的重要性；达到熟练掌握园林工程的施工组织方法和掌握课内实验（学习课题）、课外实验（实际项目）、课外考察（实施项目），熟练掌握园林工程基本施工组织和管理；能够掌握园林植物的养护管理；能够熟悉园林工程的各个施工工序的目的。

一、实训的项目

（1）土方工程。
（2）园路工程。
（3）水景工程。
（4）假山工程。
（5）园林照明工程。
（6）园林植物种植工程。

二、实训时间安排

技能训练时间为两周，安排在理论教学后进行。

三、技能训练的要求

（1）实训全过程都要严格按中华人民共和国行业标准《城市居住区规划设计规范》（GB 50180—93）（2002 - 04 - 01）、《公园设计规范》（CJJ 48—92）（1993 - 01 - 01）、《城市道路绿化规划与设计规范》（CJJ 75—97）（1998 - 05 - 01）、《园林基本术语标准》（CJJ/T 91—2002）（2002 - 12 - 01）进行。
（2）有关的实训其他要求详见《实训任务书》。

四、各项实训项目的目的、实训方法与步骤、实训要求与成果整理

实训一　土　方　工　程

一、实训目的

通过土方工程施工现场，了解土方工程的施工内容和特点。
（1）掌握土方施工的准备工作。
（2）掌握土方挖、填、压、运四项内容的施工方法和技术要点。
（3）掌握地形塑造的施工流程。
（4）掌握土方施工的质量要求及控制措施。

二、实训方法

（1）依据教学实际安排，选其中一种实训形式进行实训。
（2）熟悉施工图纸（或勘测施工现场）→按要求应用土方量计算方法进行土方量计算→总结不

同方法计算土方工程量特点→完成实训报告。

三、土方工程实训基本内容

（1）实测地形，应用求体积公式法计算土方量。

（2）依照给定施工图纸，应用断面法计算土方量。

（3）依照给定施工图纸，应用方格网法计算某场地土方工程量。

（4）依照给定施工图纸，应用地形改造施工方法。

四、土方工程实训过程

（1）参观土方工程施工现场，观察土方施工前期准备工作内容，以及人工挖方、机械挖方、土方回填、夯实的施工流程。

（2）学生按每组5～6人分组调查土方的挖方、回填、夯实、运输施工流程和技术要点，并学习土方施工放样操作。

（3）参观施工现场地形改造施工流程，了解地形设计内容，掌握地形改造施工方法和技术要点。

（4）分组进行土方挖方和回填训练，各小组完成 $1m^3$ 土方开挖训练及 $1m^3$ 土方回填训练。

五、本实训记录格式

（1）表格。

土方工程实训记录表

工程名称＿＿＿＿＿＿＿＿＿　　　　　　　　　　　　　试验者＿＿＿＿＿＿＿＿＿

工程地点＿＿＿＿＿＿＿＿＿　　　　　　　　　　　　　工程时间＿＿＿＿＿＿＿＿＿

序号	内容	材料	备注
1	挖方		
2	回填		
3	夯实		
4	运输施工		

（2）效果（论文/图片）。

实训二　园　路　工　程

一、实训目的

（1）掌握园路工程的基本构造做法。

（2）了解常见园路的饰面材料及铺砖式样。

二、实训方法与适用范围

（1）参与整个园路的施工过程。

（2）对已建成的园路进行现场剖析。

（3）参观不同景区、景点的园路工程，收集园路的相关材料。

三、园路基本构造

（1）路基。

（2）垫层。

（3）基层。

（4）面层。

四、园路施工过程

（1）定桩放线。按设计路面中线，在地面上每隔20～50m放一中占桩，弯道曲线上应在曲上、曲中、曲尾各放一中心桩，写明标号，在以中心标为准，按路面宽度定下边桩，最后放出路面平曲线；按设计高用红线标记在中心桩上，作道路断面各层标高的标准。

（2）开挖路槽。按设计路面宽度每侧加放20cm开槽。其深度应等于路面的厚度，槽底应由2%～3%的横坡，并洒水保湿，用蛙式跳夯夯2～3遍，平整度允许误差不小于2cm。如土壤较重可换土30～40cm。下垫干土，上掺白灰7%～8%。翻拌碾压为度。地形变化较大的地段，需按设计要求修筑路堤或路堑。

（3）铺筑基层。按设计要求备好铺装材料，铺筑时应注意夯实厚度与虚铺厚度，由于土壤情况而不同。一般实厚15cm，虚厚为21～24cm。炉灰土虚厚（24cm）为实厚的160%。

（4）铺筑结合层。一般用混合砂浆（水泥25号）或白灰砂浆（1：3）铺厚度应大于5～10cm铺装面，已拌好的砂浆当日用完。也可用8～3cm粗沙均匀摊铺。

（5）安装道牙。道牙基础与路槽同时填挖碾压，以保证均匀密实度。结合层用1：3的灰砂浆2cm。道牙安装平稳牢固后用100号水泥砂浆勾缝，道牙背后应用白灰土夯实，灰土宽度50cm，厚度15cm，密实度90%以上。

（6）铺筑面层（根据不同面层材料决定不同做法）。

五、本实训记录格式

（1）表格。

园路工程实训记录表

工程名称_____　　　　　　　　　　　　　　　　　　　试 验 者_____

工程地点_____　　　　　　　　　　　　　　　　　　　工程时间_____

序　　　号	内　　　容	材　　　料	备　　　注
1	路基		
2	垫层		
3	基层		
4	道牙		
5	面层		

（2）效果（论文/图片）。

实训三　水　景　工　程

一、实训目的

通过参观施工现场溪流工程（喷泉工程、水池工程），了解水景工程的施工内容、工程施工的特点。

(1) 掌握水景工程（喷泉、水池、溪流）的工程结构。

(2) 掌握水景工程防水要求和防水做法。

(3) 掌握水景工程施工流程和技术要点。

二、实训方法

(1) 参观园林驳岸的施工过程，了解常见园林景观驳岸基本式样。

(2) 已建成的园林水景工程进行现场剖析。

(3) 参观不同景区、景点的水景工程，收集有关水景工程的相关材料。

三、水景工程基本内容

(1) 常见园林景观驳岸基本式样。

(2) 常见园林水景工程相关套设施。

(3) 常见园林水景工程的形式。

(4) 常见园林水景工程工序。

四、水景工程的实训过程

(1) 学生按每组5~6人分组，由指导教师和施工人员引导进入施工现场，参观喷泉工程、水池工程、溪流工程施工过程（具体内容以现场施工为准）。

(2) 各组对水景施工基础施工进行观察记录，了解喷泉工程（水池工程或溪流工程）竖向设计。

(3) 观察喷泉工程（水池工程或溪流工程）的工程结构，掌握喷泉施工设计的内容和要点。

(4) 观察混凝土池底或池壁的施工，掌握钢筋混凝土结构施工的特点和技术要点，掌握水景工程管线布置和施工方法。

(5) 观察水景工程的防水结构，了解常见防水做法，并掌握一般防水施工技术。

(6) 各小组对参观水景工程进行实地测量，记录。

五、本实训记录格式

(1) 表格。

水景工程实训记录表

工程名称_____   试 验 者_____

工程地点_____   工程时间_____

序号	内容	材料	备注
1	竖向设计		
2	工程结构		
3	管线布置和施工方法		
4	防水结构		

(2) 效果（论文/图片）。

实训四 假 山 工 程

一、实训目的

(1) 认真调研，搜集资料，认识常见假山材料。

（2）掌握常见假山材料的识别方法。

（3）掌握各类假山材料的特性及园林中的应用方式。

二、实训方法

（1）依据教学实际安排，选其中一种实训形式进行实训。

（2）分组调查假山工程成果（或调查石材市场）→按要求整理调查工程成果（材料）→分组讨论并完成实训报告。

三、假山实训基本内容

（1）了解园林假山石材。

（2）掌握假山的基本施工序。

四、假山施工过程

（1）准备石料。

（2）放线。

（3）挖槽。

（4）立基。

（5）拉底。

（6）中层。

（7）收顶。

（8）做脚。

五、本实训记录格式

（1）表格。

假山工程实训记录表

工程名称＿＿＿＿＿＿　　　　　　　　　　　　　试 验 者＿＿＿＿＿＿

工程地点＿＿＿＿＿＿　　　　　　　　　　　　　工程时间＿＿＿＿＿＿

序号	内容	材料	备注
1	准备石料		
2	放线		
3	挖槽		
4	立基		
5	拉底		
6	中层		
7	收顶		
8	做脚		

（2）效果（论文/图片）。

实训五　园林照明工程

一、实训目的

（1）认真调研，搜集资料，认识常见照明光源和灯具。

(2) 熟悉各种照明材料的应用方式。

(3) 能利用照明材料进行夜景设计。

二、实训方法与适用范围

(1) 依据教学实际安排，选其中一种或两种实训形式进行实训。

(2) 分组调查照明材料市场→按要求整理调查结果→分组讨论并完成实训报告。

(3) 调查校园局部环境→分析校园夜景需求→照明设计→方案讨论。

三、照明实训基本内容

(1) 照明光源。

(2) 光源选择。

(3) 园林灯具。

(4) 照明设计。

四、照明实训过程

(1) 参观调查照明材料市场，分组汇报调研成果。

(2) 调查校园环境，完成局部照明设计。

五、本实训记录格式

(1) 表格。

园林照明工程实训记录表

工程名称_____ 　　　　　　　　　　　　　　　　试 验 者_____

工程地点_____ 　　　　　　　　　　　　　　　　工程时间_____

序号	内容	材料	备注
1	光源选择		
2	照明设计		

(2) 效果（论文/图片）。

实训六　园林植物种植工程

一、实训目的

(1) 充分预习，搜集资料，熟悉乔灌木种植技术及提高苗木移植成活的技术。

(2) 仔细观摩种植流程，掌握乔灌木现场施工关键技术。

(3) 认真总结、讨论，分析乔灌木移植成活技术的理论基础。

二、实训方法与适用范围

(1) 依据教学实际安排，选其中一种或多种实训形式进行实训。

(2) 施工现场观摩→按要求整理调查报告→分组讨论并完成实训报告。

(3) 资料搜集整理→按要求整理种植成活技术措施→分组讨论汇报→总结并完成实训报告。

三、植物种植实训基本内容

(1) 种植前的准备。明确工程范围及任务量，了解工程的施工期限，掌握工程投资及设计概

（预）算，理解设计意图，调查施工地段的地上、地下情况，确认定点放线的依据，确认工程材料来源，掌握运输情况。

（2）乔灌木栽植施工现场的准备。主要包括清理障碍物、地形地势的整理、地面土壤整理、道路水源准备等。

（3）定点放线。现场测出苗木种植位置和株行距。

（4）挖栽植穴。按照乔灌木规格和习性挖规范的栽植穴。

一般裸根树穴直径为根系群直径的一倍以上；带土球的苗木树穴应大于土球直径20～40cm，穴深为穴径的3/4；树穴以口面圆整，穴壁纵直，穴底平坦为标准，挖穴时将表土堆放在一边，底层土堆在另一边，剔除杂物。

（5）栽植修剪。根据树种特性和根系情况进行合理的修剪，以保证栽植成活率。

树木栽植时，首先应剪去在运输中不慎造成的断枝、断根在不影响整体树形的情况下，疏剪枝条；常绿树种栽植时，应行强剪，摘叶抹芽等，如广玉兰、香樟等常绿阔叶树种栽植后一定要疏枝摘叶，以提高其成活率。

（6）定植。散苗及栽植。

园林植物的栽植程序有很高的要求，一般先栽主导地位的主景植物乔木；然后栽植居次要地位的稍矮灌木；最后铺以地被物。树木栽植完毕，在四周培一个水堰，并充分灌水，对常绿树木行叶面喷水。水分吸收后，平掉土围子，将泥土覆在表层。大型树木栽植后，为防止歪斜，影响树木的成活率，应设立支架。支架类型多样，有单柱式、双柱式，三柱式，四柱式，三角牵引式等。

（7）养护管理。加强植后管理。

保持土壤湿润是树木成活的主要条件，除在栽植后浇足"定根水"外，还应根据气候情况及时补充水分，尤其是枝叶萌动、生长旺盛的季节，常绿树栽植后，干旱时除浇定根水外，对枝叶也应经常喷水，但是土壤中水分始终呈饱和状态，通气性不良，不利于树木生长发育。低洼地区会导致积水，应注意挖排水沟及时排水。对大面积的绿化要求比较高的地区，可以在绿化区设置自动喷灌设备或预埋水管，定时浇水。

（8）施肥。树木成活进入正常生殖状况后，可以追加肥质较为淡薄的肥料。施肥工作应在多日未雨、土壤干燥、并经松土除草后进行。

（9）病虫害的防治。其方法主要有药物毒杀和生物防治两种，在防治病虫害过程中要掌握病虫的发生规律，利用综合防治，抓住有利时机用最少的人工和药物取得最佳效果。病虫害一旦在早期给予控制，其防止很困难。

四、植物种植实训过程

（1）学生按每组5～6人分组，由指导教师和施工人员引导进入施工现场，参观一般乔灌木种植过程，拍照并记录乔灌木种植流程：树坑挖掘、树木栽植前修剪包扎处理、定植、栽后管理。

（2）分组进行乔灌木种植操作，每组完成2～3株乔灌木种植操作。各小组分工合作，完成挖掘树坑、修剪包扎植株、定植等工作，并由其他小组进行监督评价操作程序和施工技术。

（3）参观大树移植过程，对大树运输进场方式进行拍照记录。观察大树修剪情况，记录大树包扎方法，观察大树定植前后采取的保活措施和大树支撑的要点。

（4）分组讨论大树移植技术和促进成活的技术措施。

五、本实训记录格式

（1）表格。

植物种植实训记录表

工程名称_____　　　　　　　　　　　　　　　　　　　试 验 者_____

工程地点_____　　　　　　　　　　　　　　　　　　　工程时间_____

序号	内容	材料	备注
1	树坑挖掘		
2	树木栽植前修剪包扎处理		
3	定植		
4	栽后管理		

（2）效果（论文/图片）。

参 考 文 献

［1］ 江芳，郑燕宁．园林景观规划设计［M］．北京：北京理工大学出版社，2009.

［2］ 刘显国，杨旭光．试论城市建设中的园林绿化建设工程［J］．广东科技，2006，（11）B.

［3］ 俞龙飞．浅谈园林工程的特点及管理［J］．现代营销（学苑版），2011，（06）C.

［4］ 唐来春，曾小毕．园林工程［M］．北京：中国建筑工业出版社，2009.

［5］ 刘敏．园林工程施工方案范例精选［M］．北京：中国电力出版社，2006.

［6］ 孟兆祯．园林工程［M］．北京：中国林业出版社，1996.

［7］ 周初梅．园林建筑设计与施工［M］．北京：中国农业出版社，2002.

［8］ 梁伊任．园林建设工程［M］．北京：中国城市出版社，2000.

［9］ 董三孝．园林工程概预算与施工组织管理［M］．北京：中国林业出版社，2003.

［10］ 李建华，等．建筑施工组织与管理［M］．北京：清华大学出版社，2003.

［11］ 陈祺．园林工程建设现场施工技术［M］．北京：化学工业出版社，2005.

［12］ 赵玮．立体花坛的施工与养护［J］．北京：科技信息，2009，（12）.

［13］ 刘卫斌．园林工程［M］．北京：中国科学技术出版社，2003.

［14］ 徐辉，潘福荣．园林工程设计［M］．北京：机械工业出版社，2008.

［15］ 园林吧 http：//www.yuanlin8.com/plants/5706.html.

［16］ 衣学慧．园林艺术［M］．北京：江苏教育出版社，2006.

［17］ 刘敦桢．苏州古典园林［M］．北京：中国建筑工业出版社，2005.

［18］ 陈从周．说园［M］．上海：同济大学出版社，1984.

［19］ 同济大学与重庆建筑工程学院，武汉城建学院．城市园林绿地规划［M］．北京：中国建筑工业出版社．

［20］ 吴为廉．景园建筑工程规划与设计［M］．上海：同济大学出版社，1996.

［21］ 高鉁明，覃力．中国古亭［M］．北京：中国建筑工业出版社，1994.